Hilal Sezgin

Vom fordernden und beglückenden Leben mit Tieren

Hilal Sezgin

Vom fordernden und beglückenden Leben mit Tieren

KNESEBECK Stories

Inhalt

Zur Einleitung

Wir machen in unserem Dorf schon Scherze, weil wir diesen Satz so oft wiederholen, aber: Heute könnte der letzte sonnige Tag in diesem Jahr sein. Gewiss, das haben wir bereits gestern gesagt und unseren Nachmittagskaffee auf der Terrasse getrunken, während uns das erste Herbstlaub um die Nase geweht ist. Und weil wir es auch vor einer Woche dachten, haben wir uns endlich zu der lange geplanten Wanderung um diesen Bach durchgerungen, der angeblich vor Ottern nur so überquillt und in dem wir dann keinen einzigen Otter erblickt haben.

Dennoch: Heute könnte *wirklich* der letzte Tag sein, und das Leben in Garten, Wald und Weiden zeigt sich in seiner ganzen Fülle.

Es ist Anfang September. Die Schwalben im Stall haben gerade ihre dritte und letzte diesjährige Brut aufgezogen, sodass auf allen Balken befiederte schwarze Kugeln sitzen, die bei jedem vorbeifliegenden erwachsenen Vogel ihren Schnabel zu einer signalgelben Futterschleuse aufreißen. Die Rosen tragen noch die eine oder andere Blüte, gleichzeitig beginnen die Hagebutten und Eicheln bereits zu reifen. Die Disteln und Brennnesseln werden krautig, und bestimmt beginnt der eine oder andere Igel allmählich zu überlegen, unter welchem Holzstapel oder undurchdringlichen Bewuchs er sich im kommenden Winter zurückziehen könnte. In der Sonne ist es noch so warm, dass man sich unwillkürlich nach Schatten umblickt, aber im Schatten beginnt man gleich zu frösteln.

Gerade hat es zu tröpfeln begonnen. Die Schafe, die vor einigen Stunden zum Frühstücken auf die Weide gezogen sind, suchen erst einmal unter einigen Buchen Zuflucht und warten. Dann aber legt der Regen noch eine Schippe drauf, und unter den kleinen Leuten breitet sich ungewöhnliche Hast aus: zurück in den Stall, und zwar sofort! In einer schnurgeraden Diagonalen ziehen sie über die Weide heimwärts, bilden eine Reihe aus neunundzwanzig braunen, schwarzen und weißen Leibern, die Bäuche von frischem Gras gerundet, auf grazil wirkenden Beinen. Einige von ihnen tragen zwei, drei oder gar vier Hörner. Kein bisschen gleicht die hiesige Herde einem Zug aus gleichförmigen weißen Wölkchen, sondern sie ist kunterbunt gemischt: Da haben sich zierliche, haselnussbraune Kamerunschafe mit schwarz-weiß gepunkteten Vierhornschafen gepaart, später kamen noch eine silbrige Heidschnucke und zwei karamellbraune Coburger Fuchsschafe hinzu.

Begleitet und manchmal tyrannisiert wird der Trupp von einer kleinen, schwarzen, kugelrunden Ziege. Zur Strafe für ihr unkooperatives Betragen hat sie nie einen richtigen Namen erhalten. Die Enden ihrer beiden langen Hörner musste ich mit Tennisbällen, Isoliermaterial und Ducttape präparieren. Die Ziege kann nämlich recht ruppig sein, wenn sich ein Schaf bei ihrem Nahen nicht demütig genug wegduckt.

Nur mit einem Schaf geht die Ziege zärtlich um, und das ist das Joylein. Sie sehen ihn auf dem Cover: einen großen, dunklen Hammel mit weißen Tupfern und freundlichem Gemüt. Joylein, damals noch besorgniserregend schmächtig, war einst das erste Lamm, das ich mit der Flasche zufütterte, weil seine Mutter es alleine nicht schaffte.

Von Kindheit an Katzenfreundin, war ich jahrelang auf der Hut gewesen, mich nicht in eine Crazy Cat Lady zu verwandeln – und dann hat mich dieses kleine Schaf unversehens in die Rolle einer Crazy Sheep Lady eingeführt! Als es wenige Monate alt war, musste ich Joylein in einer Tierklinik operieren lassen. Und nach wie vor haben wir eine besonders enge Verbindung, schon weil seine gesundheitliche Konstitution täglich ein wenig zusätzliche Pflege erfordert. Trotz seines erschwerten Starts ins Leben ist Joylein inzwischen nämlich einer der ältesten Bewohner des Stalls, gemeinsam mit besagter Ziege. Immer wieder stehen sie zusammen, ein sehr ungleiches Paar in Aussehen und Charakter, und reiben einander zärtlich mit den Köpfen hinter den Ohren und an den Wangen.

Angeblich werden Schafe ungefähr fünfzehn Jahre alt, aber zum Glück weiß Uroma Erna das nicht, denn sie ist bereits zwanzig, und manchmal benötigen ihre Gelenke entsprechende Medikamente. Der kleine Christopher, der eifrig angetrippelt kommt, um seine Extraportion Kraftfutter entgegenzunehmen, ist wegen seiner altersbedingten Hauterkrankung in einen umgeschneiderten Hundemantel gehüllt. Als der Schafstall Ende des neunzehnten Jahrhunderts erbaut wurde, fuhren durch die mächtige Toröffnung Wagen die Ernte ein; heute hängt darüber ein Schild mit der Aufschrift »Schafaltersheim«.

Von der Lämmeraufzucht zum Schafaltersheim, dazwischen liegen bald fünfzehn Jahre. Denn so lange ist es her, dass ich, die einstige Großstadtpflanze, beschloss, meinen Jugendtraum vom Landleben zu verwirklichen, und von Frankfurt am Main in ein 500-Seelen-Dorf in der Lüneburger Heide zog. Ich richtete mich in einem hellen, freundlichen Backsteinhaus am Waldrand ein, lernte das Dorfleben zu schätzen und übernahm von den Nachbarn eine Schafherde, die im Laufe der Jahre zu einem kleinen Lebenshof mit achtzig Tieren anwuchs. In der Stadt hatte ich schon lange die Allgegenwart grauer Häuserwände beklagt und den Anblick von Grün vermisst; nun war ich endlich allseits von Vegetation und freundlichem Getier umgeben und kam an vielen Tagen aus dem Staunen nicht heraus, dass es sich hier draußen lebte wie dem Vernehmen nach einst in Bullerbü.

Ich erlebte die Geburt von Lämmern mit und zog einige von ihnen mit der Flasche auf, lernte Werkzeuge, Utensilien und Begriffe zu benutzen, von deren Existenz, geschweige denn Anwendung ich in der Stadt nichts geahnt hatte. Und so atmeten meine ersten Jahre auf diesem Hof durch alle Jahreszeiten hindurch den Duft von Frühling und Sommerzeit, drehten sich ums Lernen, Wachsen und Erblühen.

Inzwischen ist das Leben auf dem Lande durch die Corona-Pandemie wieder stärker in Mode gekommen. Erschöpfte Großstädter:innen haben sich ein zweites Zuhause auf dem Land geschaffen, und die deutsche Gegenwartsliteratur hat mehrere Dorfromane vorzuweisen, deren städtische Protagonist:innen sich im Ringen mit dörflicher Flora und Fauna erproben.

Dieses Erproben bejahe ich von Herzen, denn ich denke, dass es im Dorf mindestens ebenso viel zu entdecken gibt wie in der Stadt. Doch möchte ich Sie zur Sicherheit vorwarnen, dass Sie hier kein Buch darüber erwartet, wie man erste Spatenstiche im neu erworbenen Garten tut oder in fröhlichem Planungsüberschwang Möglichkeiten skizziert, wo man welche Zelte aufschlagen könnte. Ich dagegen habe in meinem Dorf bereits feste Wurzeln geschlagen. Bei mir wird nicht mehr fantasiert oder entworfen, sondern vieles zum zigsten Mal wiederholt, viel geschuftet und oft genug nur eben so bewältigt. Der hiesige Frühling ist längst in den Sommer übergegangen, den Spätsommer gar, es naht der Herbst; und der bringt andere Themen, Herausforderungen und Freuden mit sich.

Aber darf ich Ihnen etwas verraten? Meine Lieblingsjahreszeit war schon immer … der Herbst. Wenn dieses ganze manische Wachsen, Drängeln und Knospenexplodieren des Frühlings vorbei ist. Vorbei auch die sommerliche Verpflichtung, im Volltempo rauschende Feste zu feiern, in Biergärten herumzuhängen und sich an allen Fronten zu amüsieren; stattdessen dürfen wir jetzt dabei zusehen, wie die Dinge nicht mehr wachsen, sondern reifen. Wenn sich der Buchenwald im Mai in sein phänomenal zart leuchtendes Grün einkleidet, will man natürlich immer, dass er zartgrün bleibt; aber wenn der Herbst mit den roten und gelben Blättern kommt, denkt man: Aha, das ist es, worauf wir hinauswollten! Im Frühjahr macht man Ausflüge in die Apfelblüte, aber die Köstlichkeit beim Auflesen, Herunterschütteln und Bevorraten von Äpfeln ist nicht zu übertrumpfen. Die Kürbisse werden groß und intensiv orange, man hört überall Eicheln auf den Boden ploppen und stellt sich vor, dass alle Tiere, groß und klein, im Überfluss schwelgen.

Zugegeben, die Liebe zum Herbst lässt sich nicht nahtlos aus dem metaphorischen Bereich auf unser tatsächliches Altern übertragen. Wer als Autorin übers Älterwerden oder, vornehm: übers Reifen, schreibt, sieht auf beiden Seiten des Weges gewisse Gefahren: Einerseits will man dem allerorten herrschenden »Jugendlichkeitskult« etwas entgegensetzen, indem man von fitten und rundum glücklichen Senioren erzählt – und andererseits verführt genau das auch dazu, das Älterwerden zu sehr zu idealisieren und das Sprechen über die Schattenseiten zu tabuisieren. Als ob man nicht wirklich Einschränkungen, Schmerzen und Verluste erleben würde! So gibt es zwar zweifellos viele Freuden, die man intensiver und ungestörter genießen kann, wenn man, wie zum Beispiel ich, fünfzig ist. Doch wir reifen nicht bloß und lernen, Unspektakuläres intensiver zu genießen, sondern wir werden auch … nun ja, einfach älter. Wenn wir unter leichtem Ächzen gemütlich die Beine hochlegen, ist es nicht immer, um im Zen-Modus den Röstkastanien im Feuer zuzusehen, sondern manchmal schlicht auch Arthrose. Ich habe welche, und meine Schafe haben welche. Diese ganze Reifungs- und Herbstmetapher hat also ihre Tücken. Und trotzdem denke ich, dass man vom Herbst auch in warmem

Ton erzählen kann, definitiv! Das Altern hat seine Tücken, aber es hat auch Boni, seine Freuden und seine Würde.

Die nächste Gefahr einer Idealisierung: Tiere zu retten und zu versorgen, mit ihnen zusammenleben, klingt für viele Menschen zunächst wunderbar. Immer wieder schreiben mich Leute an mit den Worten: »Sie leben meinen Traum!« – Es stimmt: Was ich tue, empfinde ich als sinnvoll und erfüllend. Aber jede, die einmal mit einem Tier zusammengelebt hat, kennt das: Man erlebt so viel Freude, so viel Liebe; und mit dem Fortschreiten der Jahre mischt sich immer mehr Sorge in die schönen Momente und droht sie gelegentlich zu dominieren … Immer deutlicher werden mir auch die vielen Ungewissheiten, die sich auftun, wenn man anderen Wesen zu helfen versucht und doch eigentlich *das Richtige*, das Beste für sie tun will. Nur, was ist denn das Richtige, wenn man den Betreffenden nicht nach seinen Wünschen befragen kann? Wie gut kann ich mich in ein anderes Wesen hineindenken? Gehe ich oft über seine tatsächlichen Bedürfnisse hinweg? Kann man lernen, andere, präzisere, neue Fragen zu stellen und anders hinzuhören?

Ich habe im Alter von dreizehn Jahren aufgehört, Fleisch zu essen, lebe seit über einem Jahrzehnt vegan und befasse mich seit dreißig Jahren mit philosophischer Tierethik; aber ich kann wirklich nicht behaupten, ich hätte, was den idealen Umgang mit Tieren angeht, die Weisheit mit Löffeln gefressen. Nach wie vor kratze ich mir hie und da ein Spänchen Weisheit mit dem Zahnstocher aus einer vielschichtigen Realität, die ihr Wissen nicht leichtfertig preisgeben will.

Wer sich um viele andere Lebewesen kümmert, erfährt dabei jeden Tag sowohl die menschliche Macht als auch deren Grenzen: unsere Macht insofern, als wir so viel Verantwortung haben, wenn wir über das Leben dieser Tiere und bisweilen sogar über den Zeitpunkt ihres Todes entscheiden.

An unsere Grenzen wiederum werden wir ständig erinnert, weil wir dabei nur eines mit unverrückbarer Sicherheit wissen: dass selbst der mächtigste Mensch nicht über Wachstum und Tod verfügen kann.

Als Autorin habe ich mir jedenfalls vorgenommen, dieses Buch redlich zwischen den genannten zwei Gefahren hindurchzunavigieren: Weder will ich die hiesigen Geschehen zu einer einzigen Kette instagramtauglicher Highlights stilisieren noch darf ich mich allein auf die Mühen und Tiefpunkte konzentrieren. Denn den Blick nur auf die negativen Seiten des Alterns zu richten, wäre nicht richtig; wir würden die Gegenwart verfehlen, wenn wir sie ständig für das schmähten, was wir bedauern oder vermissen. Klüger wäre es, Erinnerungen an Vergangenes und den Genuss daran zu bewahren – und gleichzeitig die Fülle dessen zu würdigen, was jetzt ist.

Dazu müssen wir vermutlich eine bestimmte Form von Wertschätzung lernen und kultivieren. Wenn ich zum Beispiel noch einmal genauer die oben geschilderte Szene betrachte und meiner inzwischen nicht mehr ganz so jungen Truppe zuschaue, wie sie sich nach Einsetzen des Regens in den Stall zurückzieht … Manche bewegen sich flinker, manche steifer; drei tragen ein Jäckchen, und die allerletzte kleine Dame humpelt, wirkt ansonsten aber ganz frohgemut. Und ich erinnere mich an dieselbe »Gang« vor vierzehn Jahren und denke: Es fällt so leicht, ein Lamm zu lieben! Mit diesen süßen Bäh-Lauten, den noch unkoordinierten, aber euphorischen Sprüngen, dem Propellern des Schwänzchens, wenn es bei der Mutter trinkt. Jeder findet Lämmer niedlich, sogar Menschen, die Lämmer essen. Aber ein altes Schaf ist auch schön. Bloß sehen wir so selten alte Schafe, Rinder, Hühner, dass wir ihren Anblick und ihre sichtbare Fragilität nicht gewöhnt sind.

Wir haben ja bereits unsere Schwierigkeiten mit dem eigenen Altern, den eigenen Schwächen und denen anderer Menschen! Wir neigen dazu, sie und uns dann als Beeinträchtigte anzusehen, die zum Beispiel kahler sind als früher oder manche Bewegungen nicht mehr vollbringen, als von Krankheiten oder schwierigen Erlebnissen Gezeichnete; dabei sollten wir sie und uns als Persönlichkeiten würdigen, die schon viel erlebt haben, und wertschätzen, was sie und wir derzeit zu erleben und noch zu leisten vermögen.

Was unsere körperliche Existenz und deren Erleben angeht, sind wir Menschen nah mit den (anderen) Tieren verwandt. Wir fürchten oder genießen ähnliche Dinge, werden durch ähnliche Faktoren stärker oder auch zu Fall gebracht. Manchmal werde ich gefragt, was ich durch das Leben mit den Schafen gelernt habe. Ich merke dann, dass ich dies schwer beantworten und die oben angesprochene Wertschätzung nicht in wenigen abstrakten Worten erklären kann. Doch das macht eigentlich nichts. Schließlich handelt es sich ja nicht um feststehende »Erkenntnisse«, sondern um Bemühungen, Rückschläge und Lernprozesse. Und genau von denen möchte ich im Folgenden erzählen.

Kapitel 1

Das Haus am Waldrand

Als ich noch in der Redaktion der *Frankfurter Rundschau* arbeitete, kam eines Morgens meine Kollegin Ina Hartwig mit einer gefalteten Zeitung in die Konferenz, auf deren Titelseite ein Landhaus abgebildet war: Eher langgezogen als in die Höhe geschossen, mit Fachwerkbalken und dazwischen Backstein und mit ein paar Giebelfenstern. »Genau das wäre mein Traumhaus«, sagte ich zu ihr, meiner Jugendsehnsucht eingedenk. Ina lachte und sagte: »Na, dann würdest du dich in der Heimat meiner Kindheit sehr wohl fühlen.« Sie war in der Lüneburger Heide aufgewachsen, wenige Kilometer von dort, wo ich jetzt lebe.

Ich war etwas verwundert. Die Lüneburger Heide klang für mich, ehrlich gesagt, gar nicht so wahnsinnig anziehend oder gar romantisch. Ich assoziierte damit karge Vegetation, konservative Heimatliteratur und endloses (für mich langweiliges) Wandern … Irgendwie ist es verrückt, dass ich, halb durch absichtsvolles Suchen und halb durch Zufall, tatsächlich hier mein Zuhause gefunden habe!

Und auch meine heutigen Besucher sind oft überrascht, wenn sie die hiesige Gegend sehen; es gibt anscheinend ein paar Missverständnisse bezüglich des Stichworts »Lüneburger Heide«. So ist es zwar nicht ganz falsch, dabei an weitgehend baumlose, leicht gewellte Landschaften zu denken, deren Bewuchs von August bis Mitte September purpurfarben blüht und die von vereinzelten Wacholderbüschen durchsetzt sind. Doch zum einen ist diese Landschaft, die uns so urtümlich, geradezu archaisch und

»natürlich« anmutet, genau genommen das Ergebnis einer ökologischen Jugendsünde der Menschheit, nämlich Folge jungsteinzeitlicher Überweidung. Zum zweiten sieht die hiesige Gegend oft gar nicht mehr so aus, sondern gleicht den anderen modernen Kulturlandschaften Niedersachsens, beinhaltet also Ackerflächen voll Getreide, Mais und Rüben, grüne Weiden und bewirtschaftete Mischwälder.

Und so steht nun etliche Kilometer von dem nächsten Stückchen purpurnen Heidekrauts entfernt, dafür eingekuschelt zwischen solche Weiden und einen Buchenmischwald, das Haus, in dem ich seit gut vierzehn Jahren lebe. Obwohl es ohne Fachwerk auskommt, ähnelt es in vielem dem Haus auf der damaligen Zeitung; weil geeigneter Stein hier rar ist, wurde es aus rotem Backstein gemauert; nach vorne hin besitzt es ein romantisches großes Erkerfenster. Insgesamt erweckt es den Eindruck, als wäre es schon hundert Jahre alt, was aber nur für einige Balken und für Teile des Mauerwerks stimmt; sie gehörten einst zu einer Stellmacherei, in der Kutschen und Gerätschaften repariert wurden, und beherbergten später Ochsen. In seiner heutigen Form wurde mein Zuhause vor kaum dreißig Jahren von Grund auf neu erbaut, mit dicken Mauern, die im Winter die Wärme und im Sommer die Kühle halten, und mit dänischen Sprossenfenstern, die einen behaglichen Eindruck erwecken.

Durch alle Fenster blicke ich auf Bäume, manche davon stehen sogar recht nah am Haus. In der Pappel, in deren Krone ich beim Schreiben schaue, turnen im Frühsommer Scharen von aufgeplusterten, tollpatschigen Starenkindern herum. Zu anderen Zeiten fliegen Dutzende von Spatzen in die Buchsbaumhecke ein und aus, als wären sie Wassertropfen und die Hecke ein Schwamm; Eichhörnchen jagen einander die Buchen und Eichen hinauf und hinunter. Von einem nahe gelegenen Teich fliegen Libellen herüber, dünner als ein Essstäbchen, aber so lang wie eine menschliche

Handfläche, und schillern in Opalblau und Smaragdgrün. Gelbe Schnirkelschnecken sind alle möglichen und unmöglichen Halme und Baumstämme hochgekrochen, und jetzt im Altweibersommer breiten sich unzählige Spinnennetze zwischen Gräsern und Zweiglein aus und wirken im Sonnenlicht ungeheuer dekorativ, bevor abends dichter Nebel aus den Wiesen aufsteigt und sie allesamt bis zum nächsten Vormittag einhüllt.

Als ich einzog, waren die Buchsbäumchen auf beiden Seiten des Wegs zur Haustür noch kleiner als ein Fußball, die Buchenhecke wurde durch einige zarte Schößlinge angedeutet. Beide Hecken sind heute für Menschen und menschliche Blicke undurchdringlich und haben sich mit vielen pinkfarben und weiß blühenden Rosen zu einer imposanten Mauer vereinigt. Ich bin, vorsichtig ausgedrückt, nicht wahnsinnig eifrig im Zurückschneiden all dieses Bewuchses, und einigen meiner Freund:innen und auch meinem Vermieter bereitet dies bisweilen etwas Kummer (dem Erstere recht deutlich und Letzterer zum Glück nur sehr dezent Ausdruck verleihen). Dass Handlungsbedarf besteht, wurde mir erst im letzten Sommer so richtig klar, als ich von der Küche aus zwei alte Damen mit äußerst betrübten Gesichtern vor meinem Haus stehen sah und dessen Erscheinungsbild kommentieren hörte. Ich ging zu ihnen hinaus und fragte, was sie bedrücke. »Wie schade, dass dieses schöne Haus nicht mehr bewohnt ist!«, sagte die eine.

»Aber ich wohne doch darin!«, sagte ich, mehr als nur ein wenig empört.

Die beiden erkannten ihren Fauxpas und verkrümelten sich höflich, während ich versuchte, mein geliebtes Zuhause mit ihren Augen zu sehen.

Eine Portion Fantasie und guten Willen vorausgesetzt, war es nicht unmöglich, hinter den Ästen zweier schnell gewachsener Pappeln und hinter der voluminösen Hecke à la Dornröschen die Umrisse eines Hausdachs zu erspähen. Ich finde es besonders heimelig so, weil es nach einem Ausflug in die Stadt jedes Mal Freude macht, hinter dem vermeintlichen Wildwuchs das eigene Zuhause wiederzufinden.

Auch die vielen bunten Punkte auf den Küchenfenstern zeugen nicht etwa von Vandalismus oder einer Kindertagesstätte (wie einmal jemand anders vermutete), sondern wurden von mir nach viel Herumprobieren zum Schutz der Vögel, die seither tatsächlich viel seltener gegen die Scheiben fliegen, mit Fensterfarbe aufgetragen. Demselben Zweck dient auch der Umstand, dass die Fensterscheiben so gut wie nie richtig geputzt sind, jedenfalls nicht auf beiden Seiten gleichzeitig, sondern meist im Schichtverfahren. Zugegeben, es wäre vielleicht nicht ganz aufrichtig zu sagen, dass dies der einzige Grund für den Zustand der Fenster ist, aber: Ein wenig Dreck auf dem Glas ist für die Vögel besser erkennbar, und oft genug war mir die Freude am durchsichtigen Glas schnell vergangen, weil ständig jemand Gefiedertes mit dem Kopf dagegen knallte.

Haben Sie nun den Eindruck, dass Flora und Fauna auf diesem Grundstück vielleicht etwas aus dem Ruder geraten sind? Nun, dann führe ich Sie einmal ins Haus, und bitte fallen Sie nicht in Ohnmacht. Der Flur wird eventuell nicht ganz dem entsprechen, was Sie sich von einem regulären Haushalt erwarten – denn dies ist eben kein regulärer Haushalt, sondern das Hauptquartier einer wild durcheinandergewürfelten Wohngemeinschaft mit mehreren Dutzend Angehörigen verschiedener Spezies und, wie gesagt, teils fortgeschrittenen Alters.

Auch wenn schon etliche Erdklumpen den Boden zieren, wäre es nett, wenn Sie beim Eintreten Ihre schmutzigen Schuhe auszögen, aber bitte versuchen Sie, dabei nicht über die Gummistiefelparade zu stolpern. (Zu meiner Verteidigung: Die vielen Schuhe gehören nicht alle mir, sondern auch den diversen Helfer:innen, die gelegentlich vorbeikommen; und natürlich haben sie alle unterschiedlich große Füße.) Ihr Portemonnaie und den Autoschlüssel – nein,

Sie brauchen den Wagen nicht abzuschließen, so etwas tun nur Städter! – können Sie auf dem großen Tisch links ablegen, wenn Sie ein Plätzchen dafür finden. Ich gebe zu, das ist nicht immer ganz einfach zwischen all dem Blauspray, der Gartenschere, der Klauenschere, der Haushaltsschere, der Verbandsschere, dem Polsterverband für Pferde, den ich für Schafe verwende, der Packung Knäckebrot, auf dem ich den Schafen ihre Medikamente serviere, der Infusionslösung, den Mullbinden, den jodhaltigen Auflagen, den verschiedenen Sorten von Bandagen, mit denen Verbände und Umschläge fixiert werden; zwischen zwei Fläschchen Augentropfen und Joyleins vier Kilo Zinksalbe, die ich inzwischen direkt auf diesem Flurtisch aufhebe, weil ich es leid bin, ständig welche aus der Vorratskammer zu holen, der zweiten Verbandsschere, den Latexhandschuhen, dem Klemmbord, auf dem verzeichnet ist, welche Füße wann wieder behandelt werden müssen – na ja, und all dem anderen Kram.

Unübersehbar hat sich meine Inneneinrichtung in die geradezu entgegengesetzte Richtung entwickelt wie die von etlichen meiner Freund:innen, die sich Minimalist:innen nennen. Sie versuchen nämlich, ihren Haushalt immer weiter zu verkleinern, sie rangieren Dinge aus und vermeiden es, neue anzuschaffen. Sie träumen von Tiny Houses und davon, ihren ökologischen Fußabdruck zu minimieren.

Letzteres zählt natürlich auch zu meinen Zielen, und in anderen Lebensbereichen erreiche ich es hoffentlich besser. Ich reise fast nicht, kaufe kaum neue Kleidung, esse nichts von Tieren – aber dann kommen halt all diese Scheren, Schüsseln, Verbandsstoffe, Fieberthermometer, Sägen, Schrauben wieder ins Spiel und verunstalten mir die schmeichelhafte Bilanz. Deren unkontrollierter Vermehrung musste ich mich irgendwann fügen, und ganz abgesehen von meinen eigenen Anschaffungen schleppen auch Freund:innen und Helfer:innen Schuhe (siehe oben), alte Klamotten (»zum

Arbeiten geht das noch«), überzähliges Handwerkszeug und wundersam geformtes Altmetall (Haken, Winkel, Adapter, Aufsätze) an und deponieren all dies einstweilen bei mir für den Fall, dass ich sie mal brauche. Auf die Weise werden diese Menschen spielend leicht zu Minimalist:innen, während ich mich für meine überbordende Dingwelt geniere.

Ich hätte Ihnen diese Problematik natürlich nicht sofort auf die Nase binden müssen. Ich hätte Ihnen von anderen, gefälligeren, dem menschlichen Gast freundlicher entgegenkommenden Details meines Hauses erzählen können: von den warmen Farben, in denen die Wände gestrichen sind, oder von den vielen Bücherregalen, in denen man sich lesenderweise verlieren kann. Von den Sofas und Sitzgelegenheiten, die überall bereitstehen, und den Unmengen von dicken und dünnen und flauschigen Decken, mit denen man sich jeder Jahreszeit entsprechend einkuscheln kann. Von der Küche, deren Tisch so absurd hoch ist, dass man sich ein wenig als Kind fühlt, auf dem sich aber hervorragend Ellenbogen abstützen, Tee- und Kaffeetassen abstellen und hoch emotionale und tiefsinnige Gespräche führen lassen, und von der Terrasse, die im Sommer stets von Blumendüften umweht wird (mal Holunder, mal Rose, mal Linde, mal Geißblatt) und von der man einen freien Blick hat auf die Weiden, den angrenzenden Wald, die Bäume am Horizont, auf die Schafe und auf die benachbarten Pferde, nicht aber Häuser. Von der Terrasse und eigentlich von jeder Stelle aus, die man vom Haus in wenigen Schritten erreichen kann, kann man den Anblick von Gräsern und Blattwerk, Grün und Blüten förmlich trinken, und über einem weitet sich der norddeutsche Himmel.

Aber wissen Sie, all das sind genau die Dinge, von denen man träumt, wenn man aufs Land zieht. Diese Dinge füllen die Hochglanzmagazine, die vom Leben auf dem Lande handeln, und es ist entsprechend auch ein stets strahlendes, einrichtungskompatibles, handhabbares Leben. Mit diesen Dingen habe auch ich mich im Geiste schon umgeben gesehen, als ich in Frankfurt beschloss, aufs Land zu ziehen. Das Grün, die Natur, den großen Stall aus Backsteinfachwerk mitsamt den Schafen hatte ich mir letztlich nur als Kulisse gedacht, vor der Gedanken, Geschichten und Bücher entstehen würden, die selbst von Erde, Wunden, Grasflecken und Mist gänzlich unberührt blieben.

Nicht vorhergesehen hatte ich, dass alle, aber auch wirklich alle meine Mützen und Jacken von Heuhalmen geziert sein würden und dass ich Tastatur bedienender Weichling von der vielen körperlichen Arbeit so viel stärker werden und nötigenfalls schwere Gegenstände, Schafe und wehrhafte Gänse anheben und herumtragen würde. Dass mir meine Mutter, die mich in früheren Jahren zum Geburtstag mit fünfbändigen Ausgaben zur historischen Frauenforschung (oder Ähnlichem) beschenkt hatte, nun einen sogenannten Kipper spendieren würde, also einen Anhänger, den man mittels Hydraulik hochfahren und bequem wieder leeren kann; dass ich damit in gedrosseltem Tempo und mit kaum verhohlenem Stolz die Dorfstraße entlangfahren und die Blicke und Kommentare alteingesessener Landwirte einsammeln würde: »Oh, da hast du aber einen guten Kipper!« Und dass ich sogar lernen würde, dieses Ding rückwärts zu rangieren, nach zugegebenermaßen viel Wut- und Trotzanfällen (»Ich werde es nie lernen!«), die die erwähnten Dorfbewohner zum Glück nicht mitbekamen.

Ebenso wenig hatte ich geahnt, dass ich in heißen Sommern bisweilen um fünf Uhr morgens aufstehen würde, um die Stalltüren gegen die Morgensonne zu verschließen (nachts reiße ich zum Lüften alles auf), oder dass ich im Winter neben einem Schafpatienten Wache sitzen würde, der wegen der krassen Minustemperaturen mit einem Wärmestrahler aufgewärmt werden musste. (Man kann ein krankes Schaf nicht einfach mit ins Haus nehmen, weil es ohne die vertraute Herde panisch wird, und man kann einen Wärmestrahler nicht unbeaufsichtigt im Stall lassen, weil er sonst die Einstreu entflammen könnte.) Nicht vorhergesehen hatte ich, dass ich mir einen kleinen weißen Lieferwagen kaufen und mit alten Matratzen auspolstern würde, um Schaf-Notfälle in die 140 Kilometer entfernte Klinik zu bringen, und dass ich einer Gans namens Gwenny eine Tablette verabreichen und von dem dazugehörigen Ganter zum Dank so in den Daumen gebissen würde, dass mir der Hausarzt Antibiotika verordnen musste und mir eine zackige Narbe blieb.

Naiverweise hatte ich geglaubt, dass ich von meinem schönen Landsitz aus weiterhin völlig frei in alle Richtungen und alle Großstädte ausschwärmen könnte, ohne einen Gedanken daran zu verschwenden, dass eine alleinstehende Person, die dreißig bis achtzig Tiere versorgt, natürlich nie »Wochenende« oder sonstwie »frei« hat. Längst aber arrangiere ich sämtliche Termine so, dass sie sich mit den Schafsterminen (Heulieferung, Ausmisten, Tierarztbesuche) nicht in die Quere kommen, und schaue mir die Wettervorhersagen daraufhin an, wann ein guter Tag fürs Klauenschneiden sein würde oder für den Zahnarzt – den der Schafe, meine ich, nicht meinen. Für den Zahnarztbesuch zum Beispiel sollte man keinen heißen Tag wählen, weil die kleinen Patienten vor dem Anwerfen des Schleifgeräts in eine leichte Narkose versetzt werden und ihre Körpertemperatur dann nicht so zuverlässig regulieren können. Und für die Klauenpflege ist es gut, wenn die Schafe vorher eine Zeit lang auf einer nassen oder feuchten Wiese gelaufen sind, dann werden nämlich die Klauen weicher; wenn man mitten in einer Trockenperiode an so ein Schaffüßchen ranmuss, empfiehlt es sich, selbiges einige Stunden vorher mit einem feuchten Tuch und einer Plastiktüte zu umwickeln.

Und wenn man die Plastiktüten gut festgebunden hat – am besten mit einem selbsthaftenden, elastischen, farbigen Tape, um die Blutgefäße nicht einzuschnüren – dann halten sie über Nacht oder sogar vierundzwanzig Stunden. Wenn man es allerdings nicht so perfekt hinbekommen hat oder das Schäfchen es houdinimäßig geschafft hat, sich die Dinger wieder abzustrampeln, darf man in den nächsten Tagen fleißig mit gesenktem Kopf den Stall durchpflügen und die Weide absuchen; und dabei findet man an den sonderbarsten Stellen rote, gelbe oder türkisfarbene Papierblumen, nass und in Tüten.

Ein paar Meter weiter erblickt man dann eventuell eine sonderbare, hellgraue Kugel; eigentlich zu perfekt kugelförmig für etwas, das in der Natur gewachsen ist, und erstaunlich schwer, wenn man es in die Hand nimmt … Und dann dämmert einem: Ach, da ist ja endlich der Tennisball, den die Ziege im letzten Sommer verloren hat!

Natürlich prangt am Horn der Ziege längst ein neuer Tennisball, und damit man immer auf solche Situationen vorbereitet ist, müssen auch sie in dem ehemaligen Gästezimmer, heute Werkzeugkammer oder Futterkammer genannt, bevorratet werden: Tennisbälle und Kartuschen mit diversen Silikon- und Montageklebern und dicke Rollen von Tape in mehreren verschiedenen Festigkeitsgraden und Farben. Ein Materiallager mit Ersatzteilen für alles und jedes gehört zu einem Lebenshof einfach dazu – nehmt *das*, ihr Minimalisten!

Kapitel 2

Ein Zahnarzt für Schafe

Über die Zähne von Schafen hatte ich mir die längste Zeit meines Lebens nie Gedanken gemacht, in der Stadt schon gar nicht, aber auch nicht in den ersten Jahren auf dem Lande. Es gibt auch kein Lehrbuch für die Haltung von alten Schafen, in dem man darauf hingewiesen würde, dass Schafszähne ebenso von Verfall, Bruch und Fäulnis bedroht sind wie die vermutlich aller anderen Spezies. Genau genommen werden Seniorenschafe in Büchern zur Schafshaltung einfach gar nicht erwähnt, stattdessen ist meist ein Kapitel dazu enthalten, wie man Schafe schlachtet, verwertet oder verwurstet, denn üblicherweise werden Schafe mit spätestens fünf, sechs Jahren getötet.

Und selbst wenn es, wie mir zumindest ein Tierarzt erzählte, immer mehr Menschen gibt, die alte Tiere weiterleben lassen und versorgen, tut sich bei Diagnose und Therapie immer wieder Neuland oder zumindest wenig beschrittenes Land auf. »Solche Werte habe ich noch nie gesehen«, ist ein Satz, den ich regelmäßig höre, wenn ich bei einem kränkelnden Schaf eine Blutuntersuchung in Auftrag gegeben habe, gelegentlich sogar: »Mit den Werten dürfte es eigentlich gar nicht mehr leben!« Aber dann folgt oft die Einschränkung, dass eine normale Großtierpraxis nun einmal wenig Erfahrung mit alten Schafen sammeln kann.

Unsere Unvertrautheit mit alternden Tieren ist auch der allgemeinen Schieflage geschuldet, die so vieles im Verhältnis von Menschen und Tieren bestimmt. Wie leicht wir vergessen, wie eng wir verwandt sind! Und wie viel wichtiger wir unser Leben, unsere

Sorgen und unsere Ziele zumeist nehmen als die ihren! Wir gehen davon aus, dass sie Hunger besser ertragen können und länger den Durst; wir denken, dass sie an die Trauer um früh verlorene Kinder irgendwie »gewöhnt« sind und dass sie Schmerzen besser »wegstecken«. Wenn ein Mensch sich einen kleinen Splitter im Finger zuzieht, wird desinfiziert, die Pinzette geholt, behutsam und mitfühlend herumpräpariert; wenn ein Fisch einen Angelhaken im Schlund hat und mit seinem ganzen Körpergewicht daran hängt, wird behauptet, dass der Fisch das kaum spürt und der Vorgang für den beteiligten Menschen sogar entspannend ist. »Wie Meditation«, sagt manch passionierter Angler.

»Wir und zumal die Gesicherten und Privilegierten unter uns sind stets geneigt, insgeheim zu denken, all die, denen das Glück weniger gewogen war als uns, seien schlichtere Gemüter, die unter ihrem Unglück am Ende so sehr gar nicht leiden oder es zumindest nicht so lebhaft empfinden wie wir, wenn uns ihr Schicksal trifft«, schreibt die amerikanische Philosophin Christine Korsgaard in ihrem Buch *Tiere wie wir*, und diese Form von Ignoranz gegenüber »schlichteren« Gemütern« trifft Menschen in anderen Teilen der Welt ebenso wie Mitglieder anderer Spezies.

Wir erwerben solchen Hochmut im Laufe unserer Sozialisation, sowohl den Rassismus als auch den Speziesismus; so nennen wir Tierrechtler:innen die Geringschätzung und Missachtung (anderer) Tiere. Diese speziesistische Sozialisation macht nur leider auch nicht vor uns Tierfreund:innen und Veganer:innen halt. Ich zumindest nehme mich dabei keinesfalls aus. Um nicht den eigenen Vorurteilen und eingespielten Hierarchien auf den Leim zu gehen, muss man im Umgang mit Tieren ständig die eigene Wahrnehmung überprüfen: Fasse ich ein Tier – beim Scheren oder Klauenschneiden – zu grob an, weil ich es mir so bei anderen abgeguckt habe, und ginge es auch anders? Könnte ich eine Medikamentengabe, die normalerweise mit Zwang abläuft, auch durch Kooperation erreichen? Achte ich darauf, ob ein Tier Schmerzen hat, auch wenn es mir dies nicht sagen kann?

Was die Wahrnehmung von Schmerz und Krankheit angeht, machen insbesondere Schafe es ihrem Menschen nicht gerade leicht. Manchmal kann man ihnen am Gesicht ansehen, dass etwas nicht stimmt, der Blick ist nicht klar, irgendwie wirken sie angespannt. Oft aber beißen sie auch lange die Zähne zusammen und versuchen sich in der Herde zu verstecken, um keine Angriffsfläche für einen Fressfeind abzugeben. Wenn ein Schaf allerdings gar im Stall liegen bleibt, während alle anderen längst auf der Weide sind, dann ist es meist schon schwer krank. Man muss die Tiere genau beobachten, um Kleinigkeiten im Verhalten zu bemerken, die auf ein Unwohlsein hindeuten könnten – und dann kann es natürlich trotzdem sein, dass ausgerechnet dieses Schaf ausgerechnet heute Lust hatte, etwas einmal anders zu tun.

Ich erinnere mich, wie ich einmal zwei Tage vor Weihnachten einen riesigen Aufriss veranstaltete, weil mein lieber Hammel Josh mehrmals so sonderbar lang an der Tränke gestanden hatte. Die bevorstehenden Weihnachtsfeiertage waren insofern relevant, als alle mir bekannten und erreichbaren Labore eine Woche lang Pause machen würden; wenn ich aber eine Urin- und eine Blutprobe bis zum Abend in die Tierärztliche Hochschule (Tiho) nach Hannover bringen würde, würden sie noch vor Weihnachten untersucht.

Natürlich hatten sich auch alle anderen Tierhalter:innen entschieden, vor Weihnachten für alle fraglichen Kandidaten noch rasch den Tierarzt zu konsultieren, und so fand ich auf die Schnelle keinen, der schon einmal einem Schaf Blut abgenommen hatte. Ich konnte aber einen befreundeten Kleintierarzt überreden, es zu versuchen, und ich muss sagen, er und Josh nahmen die Sache wirklich sehr sportlich. Nach ungefähr einem halben Dutzend Versuchen an vielerlei von Joshs Gliedmaßen gelang es, ein Röhrchen mit seinem Blut zu füllen.

Die Urinprobe nahm ich selbst, die Details muss ich nicht ausführen – es waren unter anderem eine Suppenkelle und ein Frischhaltebeutel involviert –, und dann fuhr ich bei Dunkelheit los, durch den vorweihnachtlichen Nebel, der sich bis Hannover verdichtete, wo ich dann in einer ans Dickens'sche London erinnernden Szenerie durch die Gänge der Tiho stolperte, an einer großen toten Kuh vorbeikam und schließlich meine Proben beim Nachtdienst des Labors abgeben konnte.

Die Proben waren negativ, also in dem Sinne: Es war alles okay. Josh war kerngesund. Weitere minutiöse Beobachtungen während der Weihnachtstage ergaben, dass er sich bloß eine neue Form des Trinkens angewöhnt hatte, die länger dauerte als normales Trinken, aber möglicherweise mehr Spaß machte: Er pustete in die Tränke hinein und schlürfte langsam vom Rand etwas weg. Ich habe noch ein Video davon.

Mit allzu argwöhnischen Augen, könnte man daraus folgern, sollte man seine Lieblinge eben auch nicht betrachten, jedenfalls darf man nicht jede Eigenheit oder Laune als ein zwingendes Anzeichen für etwas Bedrohliches ansehen. Was aber bedeutet wann was? Auch nach vielen Jahren Schafsbetreuung kann ich das nicht sagen. Das Lavieren zwischen Nachlässigkeit und Alarmismus bleibt eine ständige Herausforderung, ich fahre auf Sicht und mache vermutlich in beide Richtungen ähnlich viele Fehler: Manchmal übersehe ich etwas, und oft rufe ich den Tierarzt in falschem Alarm.

Tierarzt Jens jedenfalls fragt mich immer, wenn ich aufgeregt wegen eines potenziell kranken Schafs anrufe, erstens danach, welchen Eindruck es mache, und zweitens: »Hast du schon Fieber gemessen?«

»Nein, Jens, hab ich nicht, du weißt doch, wie groß das Joylein ist, ich kann ihn nicht alleine festhalten und hinten noch das Thermometer …«

Kapitel 2

Wir wiederholen diesen Dialog jedes Mal, mit unterschiedlichen Namen natürlich, und meine Einwände sind Jens jedes Mal völlig egal. »Ich muss jetzt noch ein Pferd wieder auf die Beine stellen, dann komme ich – aber bis dahin hast du Fieber gemessen!«

Ich muss sogar zugeben, dass diese Pädagogik Wirkung gezeigt hat, denn inzwischen kann ich tatsächlich bei fast allen Schafen alleine die Temperatur messen oder etwas anspruchsvollere Spritzen verabreichen, bei denen es mir anfangs nicht gelungen ist, weil die Patienten so viel Kraft haben und doppelt so viele Beine wie ich Arme. Und da ich nicht bemerkt habe, dass mir seitdem weitere Arme gewachsen wären, gehe ich davon aus, dass sich Menschen und Schafe aufeinander einstellen. An meinem Dialog mit Jens hat das allerdings nichts geändert.

Außer dem Fieberthermometer habe ich mir im Laufe der Jahre noch ein weiteres Hilfsmittel zugelegt, um den Zustand der Tiere etwas objektivierbarer zu erfassen, nämlich eine Waage. Es handelt sich um eine große Waage mit Metalloberfläche, wie sie im Wartezimmer vom Tierarzt steht, damit Hunde- und Katzenhalter:innen während der Langeweile des Wartens etwas zu tun haben. Und ich versichere Ihnen, dass nichts, was ich an Bemühungen, einen widerstrebenden Hund auf eine solche Waage zu bugsieren, in langer Wartezimmererfahrung mitbekommen habe, auch nur entfernt an das Gezappel herankommt, das man beim Schafewiegen erleben darf. Zumal Schafe es hassen, mit den Klauen Metall zu berühren, und auch der Gummimatte nicht wirklich trauen, bei der man ja sieht, dass sie auf dem gruseligen Metall liegt.

Hat man sich aber eine Wiegepraxis angewöhnt und schafft es, sie über die Jahre so halbwegs durchzuhalten und darüber Buch zu führen, so erkennt man manchmal das Vorliegen von Krankheiten, die sonst unbemerkt geblieben wären – allerdings weiß man natürlich nicht automatisch, welche. Als ich feststellte, dass Schoko, ein dunkelbraunes Kamerunschaf, im Vergleich zum Vorjahr mehrere Kilo Gewicht verloren hatte, brachte ich sie ziemlich besorgt zwecks Diagnostik in die bereits erwähnte Tiho in Hannover – nur um sie bereits wenige Stunden später wieder mitnehmen zu dürfen, denn in der Zwischenzeit hatte man sie sediert und die problematischen Zähne abgeschliffen.

Bei der Gelegenheit wurde ich über diverse Eigenheiten des Schafsgebisses aufgeklärt, das nämlich ziemlich anders aufgebaut ist als das von uns Menschen. Im vorderen Bereich besitzen Schafe nur unten vier Schneidezähne, die mit dem Alter nach und nach ausfallen. Bei manchen entwickeln die letzten verbliebenen ein, zwei Schneidezähne ein erstaunliches Eigenleben, sodass sie wackeln oder unter der Oberlippe hervorstehen. Wenn dies Menschen wären, denkt man unwillkürlich, würden sie ziemlich doll lispeln, und man kriegt diese Lispel-Assoziation dann auch nur schwer wieder aus dem Kopf, obwohl man ja weiß: Sie brauchen keine schwierigen Konsonanten auszusprechen, denn sie sind Schafe.

Im hinteren Bereich des Gebisses haben sie oben und unten zueinander passende Backenzähne, und wenn die auf ungünstige Weise abgerieben werden, kommt das ganze Wiederkäuen ins Stocken. Manchmal steht dann irgendwo so ein kleiner Haken hervor und hindert die Kiefer daran, ordentlich zu malmen. Da die Backenzähne aber nachwachsen, ist es mit einer einmaligen Behandlung nicht getan, sondern ab dem Alter von etwa sieben Jahren, so wurde uns empfohlen, sollte man die Zähne immer mal wieder kontrollieren lassen.

Und so läutete Schoko mit diesem Vorkommnis eine lange Reihe von Zahnarztterminen ein, für die nun keine einzelnen Schafe mehr nach Hannover gekarrt werden, sondern zwei bis manchmal vier Mal im Jahr ein Team von Tierarzt und Studierenden aus Hannover anrückt, um allgemeine Untersuchungen durchzuführen, Impfungen zu verabreichen und eben Zähne zu kontrollieren, eventuell einige zu ziehen, andere abzuschleifen … Und was eben sonst noch anfällt. Es kann durchaus sein, dass ich den Tierarzt bitte, ein bestimmtes Schaf abzuhören, das meiner Meinung nach ein auffälliges Nies- und Schniefverhalten zeigt. Und der Tierarzt befindet, an den Atemwegsorganen sei alles in Ordnung – dafür aber hat er an den Hinterklauen des Schafes Verhornungen festgestellt, die auf Milben schließen lassen und die ich von nun an jede Woche mit einer Tinktur behandeln muss.

Mehrere Jahre lang wurde dieser Außendienst der Tiho von einem Tierarzt ausgeführt, der heute eine eigene Praxis hat und den ich Dr. T. nennen möchte. Dr. T. war ein sympathisches Original ungefähr Mitte, Ende dreißig, das hemdsärmelig aussah und die Tiere dennoch sanft anfasste. Für den zahnärztlichen Part entwickelte er eine regelrechte Leidenschaft. Bevor er die Mäulchen untersuchte, umwickelte er die Metallstäbe des Untersuchungsgeräts mit Stoff, um die Mundschleimhaut nicht zu verletzen. Dann schaute er mithilfe einer Taschenlampe in den Rachen und freute sich voll Entdeckerstolz über jeden Zahn, der irgendwie aus der Reihe tanzte. Anscheinend wiesen mehrere meiner Kamerunschafe – die fast alle eng miteinander verwandt sind – im Unterkiefer einen schräg sitzenden schwarzen Backenzahn auf, und immer, wenn Dr. T. einen davon erblickte, frohlockte er angesichts dieser Bestätigung der Zahnverwandtschaften, rief die Studierenden herbei und ließ die Kamera mit derselben Begeisterung hervorholen, die der Besucher eines Nationalparks angesichts einer fünfhundertjährigen Eiche oder eines verwegenen Felsbogens an den Tag legt.

Aus Sicht der Schafe hingegen nimmt sich die Sache nicht ganz so fröhlich aus. Immer, wenn ein Tierarztbesuch ansteht, scheuche ich die kleinen Leute aus dem Stall auf, und sie laufen in Richtung des Vordachs, wo ihnen aber der Weg von einem weiteren mobilen Gitter versperrt wird. Ich laufe ihnen hinterher und schließe schnell ein zweites Gitter, zusammen bilden sie den Behandlungspferch. Ich weiß nicht genau, wie unangenehm den Schafen allein dieses Getrieben- und Eingepferchtwerden ist. Unverkennbar ist zumindest, dass sie durchaus wissen, dass ihnen eine Behandlung, irgendetwas mit Anfassen und Zwang, bevorsteht; gleichzeitig allerdings scheinen sie dabei auch immer wieder zu kooperieren. Wenn ich zum Beispiel ein bestimmtes Schaf in dem Behandlungspferch haben will, kann ich es oft auch dirigieren.

Ganz gleichgültig jedoch, wie man das »Einfangen« anstellt, die Zahnbehandlung selbst lässt das Tier nicht freiwillig mit sich machen. Man hält es fest und kann ihm auch nicht erklären, wozu das Ganze gut sein soll.

Und dann also kommt erst mal eine Injektionsnarkose … Manche Behandlungen, die beim Menschen nur unter Narkose verlaufen, vollzieht man bei Schafen ohne. Dies liegt teilweise wieder einmal daran, dass man ihren Schmerz geringschätzt, etwa wenn in der kommerziellen Schafshaltung routinemäßig der Schwanz der Lämmer abgeklemmt wird, bis er nach einigen Tagen abstirbt und abfällt. In anderen Fällen muss man aber den Schmerz gegen das Narkoserisiko abwägen und auch gegen das unangenehme Erleben der Narkose.

Es ist nämlich ein großes Missverständnis zugunsten des Menschen und seiner Grobheiten zu meinen, dass eine Betäubung für Tiere automatisch ohne Leiden abläuft. Mein Zahnarzt zum Beispiel gibt mir, bevor er mir die eigentliche Betäubungsspritze setzt, eine weitere Spritze zum leichteren Ertragen der eigentlichen Betäubung; und manche Menschen, die Angst vorm Zahnarzt haben, lassen sich schonend in Vollnarkose versetzen. Am anderen Ende der breiten Palette dessen, was Betäubung heißt, steht das Geschehen im Schlachthof; eine »Betäubung« per Bolzenschuss bedeutet einfach bloß, dass man vor der eigentlichen Tötung den Kopf zertrümmert bekommt. Eine »Betäubung« mit Kohlendioxid bedeutet, dass sich die Tiere wie am Ersticken fühlen und ohnmächtig werden – dann aber vor dem tatsächlichen Erstickungstod mit anderen Mitteln getötet werden.

Irgendwo zwischen diesen beiden Enden der Skala liegt vermutlich das Erleben meiner Schafe: Sobald die große Müdigkeit einzusetzen beginnt, kämpfen sie tapfer dagegen an. Das Köpfchen neigt sich nach vorne, die Augen fallen gelegentlich zu, der Körper schwankt … Aber wie jemand, der in einer langweiligen Konferenz nicht beim Einschlafen erwischt werden will, reißt sich der kleine Patient noch mehrmals wieder zusammen, bis er irgendwann wider Willen in die Knie geht.

Das Aufwachen verläuft ähnlich, nur umgekehrt. Oft bluten die Tiere nach einer zahnärztlichen Behandlung ein wenig aus dem Mäulchen, manchmal schäumt ihr Speichel, sie wirken ziemlich mitgenommen, physisch und noch mehr psychisch. Aber sobald sie wieder halbwegs bei Bewusstsein sind, wären sie gern wieder Herren oder Herrinnen ihrer Lage. Daher bleibt immer jemand (ein Mensch) eine Zeit lang bei ihnen sitzen, um zu verhindern, dass sie zu früh aufstehen, umkippen und sich verletzen.

Dr. T. behandelte meine Schafe übrigens nicht nur um der konkreten Verbesserungen für die Einzelnen willen, sondern im Dienst von Wissenschaft und Weiterbildung dokumentierte er auch alles, was er vollbrachte, damit künftige Generationen von Tierärzt:innen davon lernen. Daher muss sich heute eine große Kollektion an Fotografien von den erwähnten schwarzen Backenzähnen irgendwo in den digitalen Archiven der Tiho befinden.

Standardmäßig gibt es keine Zahnschemata für Schafe, einfach weil (noch!) nicht so viele Leute Schafe alt werden und sie zahnärztlich behandeln lassen; also entwickelte Dr. T. sein eigenes Formular, für das er eine Vorlage aus dem Pferdebereich etwas abwandelte. Und so habe ich heute in meiner Schublade knapp drei Dutzend Papiere, auf denen jeweils die Zahnreihen eines jeden

Schafs eingetragen sind – in welchem Zustand sie waren, welche fehlten und welche rausmussten.

Am Anfang, bei Dr. T.s erstem Besuch, galt Letzteres für ziemlich viele Zähne, nämlich ganze vier Stück. Und Dr. T. gestand, er wisse selbst nicht, ob es daran liege, dass dies nun der erste so umfangreiche Zahnarztbesuch bei meiner Herde war und sich daher so viele faule Zähne angestaut hatten, oder ob seine Diagnostik nicht auch von seiner neuen Zahnzange beeinflusst wurde, in deren Gebrauch er die anwesenden Studierenden dann auch gleich einführte, wenn er sie nicht gerade bat, einen besonderen Zahn zu fotografieren oder das Schleifgerät zu halten.

»Herr T., wollen Sie sich aus den Zähnen eine Halskette machen, so wie andere Leute mit den Krallen von Bären?«, fragte die an jenem Tag anwesende Freundin und Helferin.

Eigentlich sei er kein passionierter Zähnezieher, sagte Dr. T., er habe in seinem ganzen Leben erst einmal einem Schaf einen Zahn gezogen – sich aber sicherheitshalber vor diesem Besuch dieses Spezialinstrument zugelegt.

Er schnüffelte an dem frisch gezogenen Zahn, der Geruch bestätigte ihm, dass der Zaun tatsächlich zu faulen und somit zu schmerzen begonnen hatte. Aber ganz genau kennt man die eigenen Motive natürlich nicht. Er zuckte mit den Schultern und sagte offenherzig: »For someone with a hammer, everything looks like a nail.« – Jemandem, der einen Hammer in der Hand hält, kommt alles vor wie ein Nagel.

Selbstverständlich bin ich mir sicher, dass Dr. T.s selbstironische Kommentare in der Sache nicht zutrafen und jeder Zahn die entsprechende Behandlung auch wirklich verdient hatte. Und wenn ich mir nicht sicher wäre, dass die Schafe von dem Besuch des Zahnarzts profitieren, würde ich keinen kommen lassen. Dennoch, wenn sie dann nachher dort liegen und langsam aus ihrer Narkose aufwachen, mit Spuren blutigen Speichels, bieten sie einen kläglichen Anblick. Daher habe ich, ehrlich gesagt, vor jedem solchen Tierarztbesuch etwas Angst, gehe aber nachher, wenn alle versorgt und wieder komplett wach sind, beinahe euphorisiert wieder ins Haus.

Morgen schon kann eines der Schafe zu humpeln beginnen oder sich das Horn abreißen und wie verrückt bluten … Oder ein Hagelsturm schlägt Löcher ins Vordach, und der Regen durchnässt die frische Einstreu. Oder der Tränkenwärmer geht kaputt, mitten im Winter. Oder es gibt Lieferschwierigkeiten bei Joyleins Salbe, und ich muss selbst welche in der Küche zusammenrühren und Vaseline im Wasserbad erhitzen, und ganz nebenbei bekomme ich dadurch ein tieferes Verständnis dafür, warum Zinksalbe genau dieses Rezept hat: weil sie so nämlich wahnsinnig gut klebt, auch an Herdplatten und Kacheln … Ständig kann alles Mögliche passieren – und tut es auch –, und das Wenigste lässt sich vorhersehen oder gar verhindern.

Aber zumindest die faulen Zähne sind jetzt raus, immerhin das wäre jetzt erledigt.

Kapitel 3

Die beiden Kekse

Während sich für die Zahnproblematik eine so gute Lösung gefunden hat, bin ich mit manch weiteren Details meines »Schafaltersheims« schon seit Jahren unzufrieden. Denn dadurch, dass ich es sozusagen bei laufendem Betrieb aufgebaut, verändert und erweitert habe, konnte ich zu keinem Zeitpunkt einen perfekten Plan entwerfen und nirgends ein ordentliches Fundament legen. Letzteres gilt auch wörtlich: Der unter Denkmalschutz stehende Schafstall wurde Ende des neunzehnten Jahrhunderts auf bloßem Erdboden errichtet, und die darin aufsteigende beziehungsweise hineinsickernde Feuchtigkeit ist fürs Stallklima nicht ideal.

Außerdem habe ich keinen Traktor und auch keinen Platz für einen solchen; dadurch bin ich manchmal auf die Hilfe der Nachbarn angewiesen, und vieles wird mühsam von Hand gemacht. Der Gänsestall, der einmal ein Hühnergehege für gerettete Biolegehennen war, wurde mehrmals umgebaut, verschoben und vergrößert, und in jeder Fassung sah und sieht er aus wie ein Provisorium, das nach handwerklicher Zuwendung schreit. Überhaupt habe ich im Laufe der Jahre so viel improvisiert – ein Krankenabteil hier, eine Halterung oder Absperrung dort –, dass es mir oft so vorkommt, als hätte ich jede Schraube, die hier verbaut ist, jedes Stück Gitter und jede Holzlatte schon zigmal in der Hand gehabt.

Die eine Sache aber, die ungebührlich lange nach einer Lösung rief, war die Badegelegenheit der Gänse. Zwei weiße Hausgänse leben hier, deren Alter zunächst einmal beinahe methusalemisch klingen mag, angesichts der für Gänse möglichen Lebensspanne von bis zu fünfzig Jahren aber eher die Blüte des Erwachsenseins markiert. Die zierliche Gwenny ist dreizehn Jahre alt und bis heute sehr scheu geblieben. Wenn man sich ihr nähert, flattert sie panisch von dannen, als ob alle Menschen Mörder wären (eine Auffassung, die aus Gänsesicht nicht ganz unbegründet ist). Ihr Partner ist der sechzehn Jahre alte Keks. Außer im späten Winter und im Frühjahr, wenn er Gwenny – meist auf ihre Aufforderung hin – begattet und später das Nest bewacht, ist er ziemlich gutmütig. Irgendwann hat meine Mutter begonnen, von beiden als den »Keksen« zu sprechen, und der Name ist geblieben.

Gänse sind wahnsinnig reinliche Geschöpfe, die sogar beim schlimmsten Matschwetter von November bis Januar makellos weiß durch die Landschaft spazieren. Manchmal sehe ich auf Überlandfahrten »Bio-Höfe« mit Gänseherden, die angeblich artgerecht gehalten und deren Körper kurz vor Weihnachten auf den Plakaten diverser Hofläden beworben werden; diese Gänse haben ausnahmslos ein verschmutztes Gefieder. Und nie habe ich bei einem solchen Hof mehr als nur einen kleinen Tränkeeimer gesehen; der ist aber nicht ausreichend für die Gefiederpflege der Gänse.

Gwenny und Keks hingegen besitzen eine blaue Bademuschel, die sie täglich nutzen, außer in den Wochen der Mauser im Juli. Abwechselnd klettern sie hinein, schlagen lautstark mit den Flügeln, wirbeln mit großem Schwung Wasser auf und erzeugen damit, wenn die Sonne scheint, einen Vorhang aus farbig schillernden Tropfen. Danach nehmen sie beinahe jede Feder einzeln zwischen ihre Schnäbel, glätten sie, reinigen sie und säubern Stellen, die noch nicht ihren Vorstellungen entsprechen. Nach jeder menschlichen Berührung haben sie ein besonderes Bedürfnis, sich zu reinigen, ebenso nach dem – bei Gänsen zum Glück einvernehmlichen – Sex mit dem Partner.

Neben der Körperpflege haben die Gänse allerdings noch weitere wasserbezogene Hobbys, die sich mir als Mensch nicht ganz erschließen. In manchen Wochen pflegen Gwenny und Keks alles, was nicht niet- und nagelfest ist, also Halme, Gräser, welke Blätter, abzuzupfen und ins Wasser zu schmeißen. Zu anderen Zeiten scheint es ihnen geboten, die Badeschale mit Erde anzureichern. Dazu wühlen sie viele Schnabelladungen Boden auf und werfen diese ins Wasser. Nachdem sie damit fertig sind, beäugen sie ihre Wanne – so bilde ich es mir zumindest ein – mit höchstem Abscheu: In dieser widerlichen Pampe kann man doch nicht baden!

Man sieht also, dass Gänse ein komplexes Verhältnis zu ihrem Wasser haben, und ob die blaue Planschmuschel all diese Bedürfnisse wirklich befriedigen kann, scheint fraglich. Jeden Abend leere und fülle ich die Muschel wieder, jeden zweiten Tag wird der Belag mit einem Schwämmchen abgewischt; doch geschieht es stets mit einem Anflug schlechten Gewissens, denn eigentlich finde ich, dass Wasservögel ein Anrecht auf mehr haben als auf so ein Kunststoffbecken, in das sie nicht komplett eintauchen und in dem sie schon gar nicht schwimmen können.

Vor einigen Jahren habe ich ein eher philosophisches Buch über Tierethik geschrieben und für den Titel einen Slogan der Tierrechtsbewegung verwendet: »Artgerecht ist nur die Freiheit«. An die landwirtschaftliche Nutzung von Tieren, ob konventionell oder bio, ob weniger oder ein kleines bisschen mehr Tierwohl, richtete dieser Slogan die Botschaft: Bitte hört endlich damit auf, uns die Produktion und Tötung von Tieren als in irgendeiner Weise »artgerecht« zu verkaufen. Denn artgerecht wäre nur ein Leben in Freiheit – aber die Freiheit verträgt sich mit dem Verzehr und der sonstigen Unterwerfung und ökonomischen Nutzung von Tieren eben nicht.

Nun hat der Begriff »Freiheit« allerdings so viele Facetten, dass man sich erst einmal darauf verständigen muss, welche davon man im Sinn hat. Schon etliche Male habe ich seit dem Erscheinen des erwähnten Buches von Bauernschaftsvertretern und von

Gegnerinnen der veganen Idee an den Kopf geworfen bekommen, dass meine Schafe ja auch nicht frei leben würden, es gebe hier schließlich Zäune ... Aber Freiheit bedeutet nicht, immer überall hingehen zu dürfen, selbst wenn es zum Beispiel gefährlich ist. Auch Menschenkinder lässt man nicht einfach so über die Straße rennen, und aus demselben Grund gibt es hier Zäune. Beschneidet es Schafe in ihrer Freiheit, sie einige Stunden im Stall einzupferchen, um ihnen eine ärztliche Behandlung zukommen zu lassen? Nur sehr kurzfristig gesehen, denn die Behandlung dient ja ihrer weiteren Freiheit, ein langes, gutes Leben zu führen.

»Artgerechtigkeit« klingt als Messlatte praktikabler, hat aber auch ihre Tücken: Man darf nicht meinen, »Artgerechtigkeit« wäre mit Gerechtigkeit allgemein identisch. Ist es etwa artgerecht, die verformten Zähne der Schafe wieder auf Reihe zu bringen? Irgendwie ergibt der Bezug auf die »Art« hier keinen Sinn. Zahnschmerzen sind da wohl eher »artgerecht«, aber nicht gut! Wäre es aber gerecht, den Schafen eine solche Zahnarztbehandlung vorzuenthalten, wenn sie verfügbar, machbar, bezahlbar ist? Ich denke nicht. Artgerechtigkeit, also die Perspektive der typischen Lebensweise einer Spezies, enthält Hinweise auf Gerechtigkeit; gleichbedeutend sind beide nicht.

Zumal man ja auch das einzelne Lebewesen nicht darauf reduzieren darf, welcher Art es angehört. Generell zum Beispiel scheuen Katzen Wasser. Aber wenn man nun dieses eine, spezielle Katerchen bei sich wohnen hat, das es liebt, auf dem Badewannenrand zu balancieren und die Pfote ins Wasser zu tauchen, wäre es idiotisch zu sagen: Du musst raus aus dem Bad, denn du bist eine Katze und magst das nicht.

Um wieder auf die Gänse und ihre Badeschale zurückzukommen: Die Orientierung an der Lebensweise einer Spezies ist wichtig; gleichzeitig muss jedes Individuum für sich beobachtet und dessen eigener Wunsch und Wille berücksichtigt werden. Ungefähr so: Gänse *sind* Wasservögel, und sie *können* schwimmen, und vermutlich *wollen* Gwenny und Keks dies auch.

Tatsächlich befindet sich ein Teich in der Nähe des hiesigen Stalls, allerdings liegen mehrere Zäune und ein viel genutzter Spazierweg dazwischen. Ich kann die beiden also nicht unbegleitet dorthin watscheln lassen. Vielleicht sollte ich ihnen angewöhnen, zu einer bestimmten Tageszeit mit mir über diese Straße zum Teich zu gehen und zu schwimmen. Aber was, wenn wir unterwegs Hunden begegnen, die nicht angeleint sind? Nicht jeder »Der tut nichts«-Hund ist schließlich frei von Jagdinstinkten.

Ehrlich gesagt enthielt dieses Bündel gansbezogener praktischer Fragen auch einen egoistischen Zusatzaspekt: Es ist ohnehin nicht ganz einfach, als Einzelperson so viele Tiere zu versorgen, obendrein noch als Publizistin zu arbeiten und natürlich auch den eigenen Haushalt und ein Sozialleben mit Menschen zu führen. Ich schreckte also davor zurück, regelmäßige Badezeiten mit den Gänsen in meinen Alltag zu quetschen. Denn wenn die beiden erst einmal Gefallen an dem Teich gefunden hätten, gäbe es kein Zurück mehr, und wir müssten regelmäßig dorthin.

Ich haderte also, wägte ab und grübelte – und dann nahmen die Kekse das Problem eines Tages in die eigenen Paddel. Und zwar hatte kurz zuvor eine Art Miniorkan gewütet, nur wenige Minuten lang, nur punktuell. Aber er hatte ein entscheidendes Stück Zaun umgerissen, das Gwenny und Keks normalerweise davon abhielt, sich auf Wanderschaft zu begeben. Als ich wenig später aus dem Haus kam, waren sie verschwunden. Einer Ahnung folgend, ging ich zum Teich – und dort schwammen, grazil wie Schwäne, meine beiden Gänse. Oh, was sahen sie glücklich aus! Endlich wieder mit ihrem Lieblingselement vereint, drehten sie zufrieden ihre Runden.

Moment, nein: Sie waren gar nicht glücklich und zufrieden! Vielmehr versuchten sie, wieder an Land zu gehen! Immer wieder setzten sie dazu an, sich dem Ufer zu nähern, aber die Uferkante war zu hoch beziehungsweise der Wasserstand zu niedrig. Und während Gwenny mit den Flügeln immerhin ein wenig in die Höhe flattern kann, hat Keks dort, wo seine Füße keinen festen Grund erreichen, keine Chance, sich zu erheben. Er hätte das Bad so gern beendet, und das Ufer nicht erklimmen zu können, bereitete ihm zusehends Stress. Er begann, leise zu fauchen oder zu zischen. Erst recht, als die Dämmerung einsetzte – eine Zeit, zu der die Gänse immer in den Stall gehen, um vor Fuchs & Co. sicher zu sein.

Die beiden fühlten sich offensichtlich unwohl, zu dieser gefährlichen Zeit außerhalb des vertrauten und eingefriedeten Terrains zu sein. Sie trieben ein wenig in Ufernähe herum; anscheinend waren sie erschöpft, denn sie ließen ab und zu die Füße ruhig hängen. Um aber nicht zu stark in die Richtung abgetrieben zu werden, wo der Teich in Richtung eines niedriger liegenden Beckens überlief, mussten sie immer wieder weiterpaddeln.

Erst kurze Zeit zuvor war Keks ernsthaft krank gewesen, und ich war froh gewesen, ihn überhaupt lebend aus der Klinik abholen zu können; nun machte ich mir Sorgen, dass er sich bei all dem unfreiwilligen Paddeln und unwilligen Fauchen oder Zischen zu sehr verausgaben würde.

Ich holte ein Brett und legte es an eine seichtere Stelle, um den beiden den Ausstieg zu ermöglichen. Ich warf ihnen Stücke von Toastbrot ins Wasser, um sie zu diesem Brett hinzulocken. (Anders als beim Entenfüttern im Park, wo Brot eine Gesundheitsgefahr für die Wildvögel darstellt, ist ein wenig wohl dosiertes Toastbrot bei Hausgänsen ein legitimes Mittel, um sie aufzupäppeln und ihnen Medikamente zu verabreichen. Ebenso, wenn sie sich in einem Teich verschwommen haben, das steht genau so auf der Packungsbeilage.) Ich holte Pflastersteine herbei und kleidete damit den Übergang zwischen Wasser und Uferkante aus. Ich rief meine Nachbarin und Freundin Charlotte herbei, ob sie noch Ideen hätte, denn Charlotte hat immer welche und nicht die schlechtesten! Wir schleppten noch mehr Steine heran. Inzwischen hätte sich eigentlich jedes beliebige wohlgerundete Walross bequem aus dem Teich schieben können, aber Keks war das Ganze nicht geheuer. Da bewegte sich nichts.

»Leg ihnen noch eine Brotspur, und dann verstecken wir uns«, schlug Lotte vor. Ich streute die Krümel, und wir setzten uns in mein Auto, das wir in Sichtweite abgestellt hatten. Inzwischen war es dunkel geworden, und da ich annehme, dass Gänse im Dunkel nicht so gut sehen, richtete ich die Scheinwerfer zwar nicht direkt auf das Brett, aber es wurde doch gut beleuchtet.

Keine Gans ließ sich im Scheinwerferlicht blicken.

Niemand watschelte aus dem Wasser.

Irgendwann zog Lotte davon, weil sie sich um ihre Pferde kümmern musste, die ja auch längst auf ihr Abendbrot warteten, und ich hielt nun allein in dem dunklen Auto Wache.

Womöglich fragen Sie sich jetzt, warum ich mich so angestellt habe, nicht einfach selbst in den Teich geklettert bin und die Gänse herausgehoben habe. Nun, natürlich habe ich darüber nachgedacht. Der Teich war sehr trüb und voller Wasserlinsen und insgesamt nicht sehr vertrauenerweckend, also jedenfalls nicht die Sorte von kristallklarem Bergsee, der sich nach menschlichen Schwimmern geradezu sehnt; ohnehin war er nicht tief genug zum Schwimmen, man müsste waten. Dennoch wäre ich, ein insgesamt recht wasseraffiner Mensch, nicht abgeneigt gewesen, es zu probieren; ich rief meinen Nachbarn und Vermieter Christian an und fragte, wie der Grund denn so beschaffen sei und ob man in dem Teich herumwaten könne. Er riet mir ab, und zwar dringend!

Dabei ist Christian nicht von der zimperlichen Sorte, keiner, der lockenden Abenteuern aus dem Weg geht. Als ein solches versuchte ich ihm meinen »Plan« zunächst zu verkaufen. »Wenn ich mir ein Seil umbinde und du am Ufer stehst und mich notfalls rausziehst?«, fragte ich. Er machte in höflichen Worten deutlich, dass er das Seil dann eher zu einem anderen Zweck verwenden würde, nämlich um mich am Einstieg in den See zu hindern.

Erneut ging ich zum Teich, die Kekse versuchten anscheinend, sich in Ufernähe etwas zu erholen; aber immer, wenn ich mich näherte, schwammen sie – vielleicht aus Furcht vor einem Fuchs – hinaus, und ich hörte Keks immer noch gestresst zischen.

Ich rief meine Freundin Karin Mück an, die an der Nordsee mit ihrem Partner Jan das berühmte Kuhaltersheim Hof Butenland aufgebaut hat, wo Kühe, aber auch Schweine, Hühner und eben Gänse leben. Meine größte Sorge war, dass Gwenny und Keks während der Nacht doch herauskommen würden und auf ihrem Heimweg zum Stall einem Fuchs begegneten. Meine fast ebenso große Sorge war, dass sie überhaupt nicht mehr allein herausfinden würden. Jan, ein unerschrockener norddeutscher Ex-Landwirt und heutiger Tierrechtler, der sogar schon einmal in ein gefülltes Jauchebecken gesprungen war, um eine Ente herauszuholen, bot an, am nächsten Tag drei Stunden Fahrt auf sich zu nehmen und die Gänse aus dem Teich zu bergen, egal, was wir über Schlick und Geschlängel am Boden des Teiches wussten beziehungsweise nicht wussten.

Um es kurz zu machen: Am frühen Morgen, es war gerade wieder hell geworden, waren Gwenny und Keks an das andere Ende des Teiches geschwommen und hatten dort eine seichtere Stelle zum Ausstieg gefunden. Ich durchquerte den Garten der Nachbarin, trieb die beiden heim und fütterte sie. Später am Tag wog ich sie auch: Keks hatte in dieser einen strapaziösen Nacht ein ganzes Kilo verloren! Doch es war ihnen kein weiterer Schaden anzumerken.

Das Erlebte arbeitete in mir. Die Kekse wollten also tatsächlich schwimmen, bei der erstbesten Gelegenheit hatten sie es mir bewiesen. Und so weit war der Teich ja nun auch nicht weg. Das durfte doch nicht daran scheitern, dass diese blöde Uferkante zu hoch war, oder daran, dass Keksens Vorfahren für die Mast gezüchtet und dadurch flugunfähig geworden waren! Ich bestellte allerlei Materialien, darunter ökologisch verträgliche Bootslacke, und fertigte einen Steg aus Holz, mit kleinen Sprossen für trittsicheres Watscheln sowie umweltfreundlich lackiert. Freundin C. kam zu Hilfe, um das gar nicht mal so kleine Brett zu Wasser zu lassen.

Das Ergebnis war ein Meisterwerk – fanden wir. Nicht zu steil, nicht zu rutschig. Hinreichend breit und gut sichtbar. Keine Brombeerranken drumherum, kein unübersichtlicher Bewuchs – jede halbwegs schwimmwillige Gans würde sich sofort auf diesem Steg ins Wasser stürzen und, das war ja noch wichtiger, bei Bedarf auch wieder auf ihm herausklettern.

Stolz führte ich meine zwei Gänse zu ihrer neuen Badestelle – aber die beiden waren nicht willens zu baden, jedenfalls nicht mehr. Es waren etwa zwei Wochen seit jener Horrornacht vergangen, aber natürlich erinnerten sie sich, und sie trauten diesem Teich nicht. Schon als sie nur in die Nähe des Ufers kamen, begannen sie zu zischen und zu fauchen. Dort wollten sie nicht hinein. Nie wieder!

An diesem Punkt glaubte ich als Mensch, es besser zu wissen als meine Gänse. Denn *sie* wussten ja nicht, wie einfach es werden würde, den Teich wieder zu verlassen, und *ich* wusste, dass Gänsen das Schwimmen im Blut liegt und dieses Bedürfnis vermutlich tiefer verankert war als jedes Malheur mit traumatischer Note. Schließlich griff ich zum ultimativen Mittel des Menschen, wenn er Tiere irgendwohin haben will, wohin sie nicht wollen: zu Angst, sprich, ich kam ihnen näher und zeigte Entschlossenheit, und um sich vor dem Wahnsinn in meinen Augen in Sicherheit zu bringen, retteten sie sich schließlich ins Wasser. Ohne den Steg zu benutzen. Eine sprang links und einer rechts (oder umgekehrt) vom Steg ins Wasser.

Noch war ich zuversichtlich: Ganz gewiss würden sie den Steg nutzen, um wieder herauszukommen. – Von wegen. Es spielte sich das Gleiche ab wie zwei Wochen zuvor, planloses Herumpaddeln, unglückliche Landungsversuche, gestresstes Zischen.

Und schon wieder ging die Sonne unter … Ich hätte mir sonstwohin beißen können, dass ich mir eingebildet hatte, die beiden Vögel zu ihrem Glück zwingen zu können. Ich hörte Keks zischen, machte mir Vorwürfe und war verzweifelt.

Nicht so C., die eine athletisch gebaute, dabei aber ganz unauffällige, sich nie hervordrängende Person ist. Ich vermute, schon als ich es wieder mit toastgestützten Lockmanövern versuchte, ahnte sie, worauf es letztlich hinauslaufen würde. Jedenfalls begann sie, sich mit völliger Selbstverständlichkeit zu entkleiden. Es wurde bereits dunkel, ein Septembernachmittag, und es waren übrigens, ich habe nachher aufs Thermometer geschaut, acht Grad Celsius. Wie kalt das Wasser war, habe ich nicht geprüft.

»Was soll das werden?«, fragte ich, etwas scheinheilig, denn ihre Absicht war klar.

Und natürlich hätte ich ihr das Unternehmen ausreden sollen, aus Freundschaft und Verantwortungsgefühl – stattdessen war ich glücklich: Es nahte Rettung für die armen Kekse!

Derweil zog sich C. Gummistiefel an und kletterte in den Teich, ohne Seil übrigens, aber immerhin in Begleitung des Scheins meiner Taschenlampe. Zunächst enterte sie den Teich dort, wo der Steg war, aber das erwies sich als ungünstig, denn Keks und Gwenny schwammen daraufhin noch weiter weg.

Also kam C. nochmals ans Ufer und stieg einige Meter weiter wieder ein, genau dort, wo sich Brombeeren und Brennnesseln so richtig austobten, und trieb die beiden Gänse in Richtung Steg. Noch an Land hatte ich ihr trocken demonstriert, wie man Gänse am besten einfing – schließlich musste man auch ihre Flügel fixieren, die einen sonst richtig verletzen konnten. Dazu waren, in meiner Vorführung zumindest, zwei Arme notwendig gewesen, aber irgendwie genügte C. nur ein Arm; sie schnappte sich Keks, umschlang seinen Körper mitsamt den Flügeln und zog sich mit der anderen Hand ans Ufer.

Meine halbherzigen Versuche, ihr das Ganze auszureden, waren längst aufrichtigem Lobpreis gewichen, unterstützend lief ich mit der Taschenlampe neben den beiden her und hatte immerhin daran gedacht, einen großen Hundetransportkäfig bereitzustellen. Von nun an bestand der Plan darin, Keks in den Käfig zu setzen und aus einiger Entfernung weiterhin die Taschenlampe auf ihn zu richten, sodass Gwenny ihn sehen würde. Und weil die beiden nie mehr als ein paar Meter voneinander getrennt sein wollten, und in diesem gruseligen dunklen Teich schon gar nicht, dauerte es auch tatsächlich nur wenige Minuten, bis Gwenny all ihre Kraft und vor allem ihren Mut zusammennahm und sich mit den Flügeln – wie gesagt, ein wenig flattern kann sie – aus dem Teich wuchtete und zu Keks gesellte. Dann ließen wir ihn wieder frei und geleiteten die beiden in ihren Stall, wo sie sich mit verständlichem Heißhunger über eine Extraportion Körner hermachten.

Das mit dem Hunger bei Gänsen ist so eine Sache. Auch Schafe dürfen nicht so viel Getreide oder Kraftfutter zu sich nehmen, wie sie möchten, denn ihre Pansenbakterien sind auf die Zerlegung von Zellulose spezialisiert, und zu viele Kohlenhydrate bringen das Gleichgewicht durcheinander. Bei Gänsen wiederum stellt sich ein anderes Problem, auf das ich in einem Januar vor etlichen Jahren aufmerksam wurde, als Keks immer träger wurde, nicht baden wollte, äußerlich aber sonst keinerlei Anzeichen einer Krankheit zeigte. Auch die Kotproben erbrachten kein Ergebnis. Damals lag Schnee, weshalb ich Keksens Bewegungsarmut darauf schob, dass es sozusagen witzlos war, unter der Schneedecke nach dem kraftlosen Gras zu wühlen, und es in den wenigen hellen Stunden des

Tages nichts Sinnvolles zu tun gab. Das Getreide, das ich den beiden abends brachte, verschmähte er allerdings auch, und das stimmte mich dann doch misstrauisch; ich brachte ihn in eine auf Vögel spezialisierte Klinik.

Es stellte sich heraus, dass Keks bereits stark abgenommen hatte (unter dem dichten Wintergefieder ist es nahezu unmöglich, dies mit bloßem Auge zu sehen) und an einem Phänomen litt, das man sich als Mensch schlecht vorstellen kann: Er aß nichts mehr, weil er zu dick geworden und sein Stoffwechsel im Winter stark heruntergefahren war; dieses Abnehmen aber führte zu einer lebensgefährlichen Überlastung der Leber.

Die Tierklinik behandelte ihn also mit Medikamenten, die die Leber unterstützten, und fütterte ihn über einen Schlauch, um den Stoffwechsel wieder anzukurbeln. Dennoch war einige Tage ungewiss, ob er überleben würde, und ich machte mir große Vorwürfe, das Problem nicht früher erkannt zu haben. Leider musste er alleine in seiner Box in der Klinik bleiben; nicht nur Gwenny litt sehr unter der Trennung, auch seiner Genesung und der Wiederkehr seines Appetits was dies nicht zuträglich. Daher sollte ich Keks, sobald er wenigstens wieder ein klein wenig aß, abholen und zu Hause weiterbehandeln.

Normalerweise ist man ja froh, wenn man ein Tier aus der Klinik abholen und es sich wieder seinen Lieben beigesellen darf. In diesem Fall aber, das gebe ich zu, war die Weiterbehandlung für mich dramatisch (vermutlich auch für Keks, aber in der Klinik hatte er ja dasselbe erlebt). Ihm täglich Tabletten zur Genesung seiner Leber einzuflößen, war nicht das Schlimmste – mit den Jahren habe ich gelernt, eine widerspenstige Gans einzufangen, festzuhalten, ihren Schnabel zu öffnen und zum Beispiel ein Entwurmungsmittel hineinzustecken, *ohne* mich dabei von schlagenden Flügeln oder zubeißenden Schnäbeln verletzen zu lassen, ohne also mit geschwollenem Daumen später beim Hausarzt vorstellig werden zu müssen, und übrigens auch *ohne* dass das Hineingesteckte kurz danach wieder ausgespuckt wurde und ich auf den Knien im Stroh herumsuchen musste, um zu sehen, wie viel jetzt in der Gans gelandet war und wie viel nicht.

Das Schreckliche dieses Mal war die Zwangsfütterung, die immer noch nötig war, weil Keks freiwillig kaum etwas schnabulierte. Vielleicht müssen auch Sie jetzt an die sogenannten Stopfgänse denken, denen zum Beispiel in Frankreich und Polen über eine Art metallenen Trichter, der weit in die Speiseröhre eingeführt werden muss, mehr Futter als nötig eingetrichtert (ein sehr unschöner Kontext für dieses meist so harmlos verwendete Wort) wird, als ihnen bekommt; sie bilden sozusagen planmäßig eine vergrößerte Fettleber aus wie die, von der Keks geheilt werden musste. In diesen Ställen wird natürlich auch ansonsten nicht zimperlich mit den Tieren umgegangen, oft werden Schlund und Schleimhaut verletzt und der restliche Körper des Vogels.

»Sie werden ihn noch einige Tage zwangsernähren müssen«, sagte also der Tierarzt, und ich hatte all die obigen Bilder vor Augen.

Aber so etwas würde der Tierarzt natürlich nicht von mir verlangen – kleiner Hoffnungsschimmer: »Kann ich ihm vielleicht eingeweichtes Toastbrot in den Schnabel stecken?«

Der Arzt schüttelte den Kopf: »Das wird nicht funktionieren, er frisst noch zu wenig. Wir geben Ihnen aber einen Schlauch mit, und damit ist es eigentlich nicht schwer. Sie müssen nur darauf achten, dass Sie den Schlauch in die Speiseröhre einführen, nicht in die Luftröhre.«

Schlauch? Nicht schwer? *Nur* darauf achten, dass nicht Luftröhre? Allein die Vorstellung versetzte mich in Panik.

»Ach, keine Sorge«, sagte der Tierarzt. »Sie können das ertasten. Wenn Sie zwei feste Stränge fühlen, ist das eine die Luftröhre und das andere der Schlauch in der Speiseröhre. Wenn der Schlauch in der Luftröhre wäre, würden Sie ihn nicht spüren.«

Liebe Leserinnen und Leser, falls auch Sie einmal eine schwerkranke Gans haben, benutzen Sie diese Worte bitte nicht als Anleitung! Vielleicht ist es auch genau umgekehrt, ich weiß es nicht mehr. Ich schrieb es mir auf, ich fragte nach, ich las es mir mehrere Male durch, ich schickte konfuse Stoßgebete zum Himmel, dass mir doch bitte irgendjemand, der gerade eine unsichtbare Hand oder einen Engelsflügel frei hatte, helfen möge, mich in Keksens Anatomie richtig zu orientieren. Dieses ganze Miteinander und Durcheinander von zur Gans gehörigen Röhren und künstlich eingeführtem Schlauch jagte mir eine Heidenangst ein. Ich war mir nie sicher, was was war, eigentlich spürte ich auch nicht genau, wie viele … Moment mal: Gab es nicht außer den Röhren, die mir beschrieben worden waren, vielleicht auch Sehnen? Und war schlicht und einfach Hals?

Ich klemmte mir den armen Keks jeweils morgens und abends zwischen die Knie, versuchte den Schlauch in dem empfohlenen Winkel dorthin zu führen, wo mir der Arzt den besten Eingang in die Speiseröhre beschrieben hatte, und dann hielt ich die Luft an aus Angst, ich hätte doch die Luftröhre getroffen und Keks würde erschwert atmen, und dann flößte ich über eine große dicke Spritze den nach Anleitung mit einem Teelöffel Traubenzucker angemischten Babyhaferbrei ein, und wieder hielt ich die Luft an, ob Keks unter meinen Händen ersticken und versterben würde, was aber Gott sei Dank nicht geschah, und ich war jedes Mal heilfroh, wenn wir die eine morgendliche Fütterung überstanden hatten, und wenig später fürchtete ich bereits die vom Abend.

Ich glaube, das war das Schlimmste, was ich je einem Tier zu seinem Besten, aber unter Zwang antun musste. Zigmal am Tag dachte ich: »Ich bringe es nicht noch mal über mich, dann stirbt er halt!« Natürlich versuchte ich es trotzdem wieder, und zum Glück erlangte Keks in der gewohnten Umgebung und vor allem wohl in der geliebten Gegenwart von Gwenny seinen Appetit wieder, und nach wenigen Tagen konnte ich die Zwangsprozedur beenden.

Daraufhin schaffte ich die bereits erwähnte große Tierarztwaage an, und seit jenem Vorfall werden Keks und Gwenny gewogen. Mit einigen Ausnahmen, wenn alles gutgeht: jede Woche. Ich führe seit Jahren Buch über ihr Sommer- und Wintergewicht, ich dosiere ihr abendliches Getreide mal rauf, mal runter, damit sie ihr Idealgewicht halten. Auch ich selbst habe schon einige Diätwochen oder -monate absolviert und entsprechende Werte in Apps oder Kalender eingetragen. Aber von niemandem auf der Welt kann ich so genau sagen, wie viel er oder sie im November 2016 oder im März 2020 gewogen hat wie von Keks und Gwenny.

Allerdings benötigt man zum Aufstellen dieser Tierarztwaage eine möglichst ebene Fläche, sonst schraubt man sich beim wiederholten Austarieren der vier Füßchen dumm und dusselig. Und die einzige ebene Fläche war bei mir im Haus, in der zum Glück sehr großen Diele. Keks und Gwenny beizubringen, dass sie sich in das Menschenhaus begeben sollten – was sie sonst nie taten – und sich dort auf die silbern glänzende Fläche stellten, dauerte gerade mal eine Woche. Natürlich schnatterten sie empört, wann immer ich ihnen signalisierte, dass es heute Abend nicht direkt in ihren Stall gehe, wo ihre Körner schon auf sie warteten, sondern erst einmal um das Haus herum und durch die Tür. Aber sie wussten, wo es lang ging, und sträubten sich nicht.

Übrigens lässt Keks Gwenny immer vorangehen, wenn die Lage übersichtlich ist – also etwa in den Stall hinein –, er ist aber der erste, sobald es gilt, unbekanntes Gelände zu sichern. Dieser Wechsel in der Reihenfolge der beiden erfolgt mit hundertprozentiger Verlässlichkeit und so geschwind wie die Zusammenarbeit zweier Hände. Für den Gang vom Garten zur Waage bedeutete das, dass zuerst Gwenny voranging, dass sich Keks dann aber blitzschnell vorschaltete, wenn die beiden das Haus betraten. Dann begann ein gewisses Herumgeeier, wer zuerst auf die Waage ging – oder doch gleichzeitig oder nur mit einem Fuß und dann mit dem anderen hinterher, aber mit dem ersten wieder hinunter …

Und dann, auch das muss ich leider sagen, hinterließ mir mindestens einer der beiden zum Dank eine Portion grünen Outputs, vielleicht zur Markierung des neu erschlossenen Territoriums oder aufgrund der Erleichterung ob überstandener Anstrengungen.

Aber nun doch noch einmal zurück zu Teich und Steg. Es erklärt sich von selbst, dass Letzterer – so hübsch er mit seinen Sprossen *für Menschen* aussehen mochte und so giftfrei die Speziallacke auch sein mochten – nach dem zweiten Abenteuer der Kekse aus dem Teich gezogen und nie wieder eingesetzt wurde. Wenn die beiden nach einer Horrornacht nicht mehr dort schwimmen wollten, würden sie es nach der zweiten erst recht nicht.

Aber der Gedanke, dass sie als Gänse doch eigentlich schwimmen wollen müssten, ließ mich nicht los. Ein Jahr später verstopfte in dem Wald, an den unsere Weide grenzt und an dessen Saum ein kleiner Bach verläuft, das Rohr, das diesen Bach unter einem Weg hindurch leitet. So entstand mitten im Wald ein weiteres Teichlein, frisch und nicht so schlammig und undurchschaubar wie jenes andere. Abgesehen davon, dass er den Wurzeln der dortigen Bäume sicher nicht guttat, erstreckte er sich geradezu malerisch zwischen allerlei Erlen und Buchen und war genau die Sorte Teich, in der die Elfen einer Tolkien-Verfilmung ihr edles Antlitz spiegeln würden.

Es war nicht schwer, Gwenny und Keks den Waldweg entlang hin zu dem angestauten Bach zu treiben. Ab hier, war ich mir sicher, würde der Magnetismus des Wassers auf die beiden Vögel wirken und sie magisch in den Elfenteich hineinziehen; das Grün der Bäume spiegelte sich darin, und das Wasser war klar bis auf den nicht sehr tiefen, mit Blättern ausgekleideten Grund.

Es gab keinen Magnetismus. Das mit den Elfen zog bei den Keksen nicht. Ich weiß nicht, ob die beiden ihre schrecklichen Erfahrungen mit dem anderen Teich auch auf diesen übertrugen oder ob das neue Gewässer wiederum andere Nachteile aufwies, von denen ich nichts ahnte – aber statt sich dem Teich interessiert zuzuwenden, blieben Gwenny und Keks am Rand stehen wie zwei Kinder vor einer sehr großen Schüssel zerkochtem Spinat. Oder noch Schrecklicherem. Dabei schauten sie mich mit leicht schief gelegten Köpfen an, als wollten sie mich und meine ihnen höchst suspekten Absichten ergründen.

Manche Leute lernen einfach nicht dazu. »Jetzt geht schon schwimmen, ihr werdet es lieben!«, rief ich und näherte mich ihnen noch einige Schritte.

Hastig watschelten sie vorwärts, um sich meinem Zugriff zu entziehen. Einmal im Wasser, schwammen sie gerade so weit weg, wie ihnen erforderlich schien, und als ich mich zurückzog, kamen sie sofort wieder an den Rand. Halleluja, dieses Mal schafften sie es von alleine.

Aber ich wollte ja gar nicht, dass sie an Land kamen. »Ihr sollt doch schwimmen!«, rief ich und trieb sie wieder in den Teich. Wieder paddelten sie einige Meter und verharrten im Wasser, man sah gleichsam genervte Denkblasen über ihren Köpfen aufsteigen. »Was hat sie vor? Wann können wir endlich heim?«

Schließlich gab ich auf. Ich trat zur Seite, damit die beiden wieder den Rückweg antreten konnten, was sie auch flugs und ohne weitere Probleme taten. Erfreut schritten sie auch durch das Tor, das zu ihrer Weide führte, und reinigten sich dort erst einmal gründlich in ihrer Badeschale, was nach dem Kontakt mit solch ekligem, mit Blättern verseuchtem Wasser gewiss auch dringend nötig war!

Es blieb mein letzter Versuch, die beiden mit einem natürlichen Gewässer bekannt zu machen, und besiegelte den Triumph der

Planschschale. Warum aber wollten sie weder in dem größeren noch in dem kleineren Teich schwimmen? Ich weiß nicht, ob es nicht doch die Erfahrung der ersten Nacht war, die ihnen die Lust aufs Abenteuer des Schwimmens gründlich ausgetrieben hatte. Vielleicht störte sie auch die dichte Entengrütze auf dem größeren Teich, und vielleicht wirkten die Blätter am Grunde des Waldteichs auf sie wie Schmutz – nichts für Gänse, die Badewannen mit täglich gewechseltem Leitungswasser gewöhnt sind. Oder vielleicht passte ihnen irgendetwas anderes nicht, die Mitschwimmer zum Beispiel: zu viele oder zu wenige Fische. Der blöde Reiher hat genervt. Oder an den Füßen streiften sie irgendwelche Frösche – ich kenne die Kriterien nicht, nach denen Gänse die Qualität ihrer Badegelegenheiten messen.

Vielleicht aber sollte ich das Kapitel nicht beschließen, ohne mich gegen Missverständnisse abzusichern – nicht, dass mich später Landwirt:innen zitieren und behaupten, ich hätte gesagt, Wasservögel brauchten keine Gelegenheit zu schwimmen, um gut zu leben! Einmal habe ich auf einer Pressefahrt einen niedersächsischen Betrieb besichtigt, der in einem Stall mit mehreren Hundert oder Tausend Jungenten einen Bereich mit zwei Baderinnen installiert hatte, die jeweils ungefähr doppelt so breit wie ein Blumenkasten waren. Das Wasser war schnell verschmutzt, es passten auch nur wenige Tiere gleichzeitig hinein. Und die wenigsten schafften es überhaupt oder wären in den wenigen Wochen ihrer Existenz auf die Idee gekommen, sich zwischen ihren Geschwistern durch die ganze Halle zu drängeln, um einmal zu baden.

Dass »alle Tiere Zugang« zum Bad hatten, war also eine höchst suggestive Behauptung. Schon diese Wasserinstallation aber galt als vorbildlich, weil ja standardmäßig für Enten nur trichterförmige Tränken vorgeschrieben sind. In die können die Vögel ihre Schnäbel nur zu ungefähr zwei Dritteln eintauchen, Wasser herausschnippen und über Teile ihres Körpers tropfen lassen.

Experimente mit blau gefärbtem Wasser haben gezeigt, dass es den Enten so nicht einmal gelingt, ihren gesamten Rücken zu benetzen, geschweige denn zu baden oder den Kopf einzutauchen. Doch das genügt der Vorstellung des Gesetzgebers von »artgerechten« Stalleinrichtungen: Ein Wasservogel will sein Gefieder benässen, also bieten wir ihm einen eierbechergroßen Trichter.

Ich hoffe, es ist klar, dass sich die erwähnten Planschschalen von solch einem Quatsch unterscheiden und dass es noch einen entscheidenden Unterschied gibt: Ich habe den Gänsen mehrere Möglichkeiten angeboten, und sie haben sich gegen die Teiche entschieden – zumindest gegen die beiden verfügbaren. Ich kenne aber viele andere Gänse auf anderen Lebenshöfen, die gerne schwimmen – sei es in den Entwässerungsgräben auf den Weiden, sei es in alten oder in eigens für sie ausgehobenen Teichen.

Und ich habe Videos von Entenbefreiungen gesehen, in denen Jungenten von Tierrechtsaktivist:innen aus einem Maststall geholt und auf einen Lebenshof mit Teich und Bächen verbracht wurden. Kaum waren die Türen ihrer Transportkörbe geöffnet und kaum waren die Tiere ihre ersten Schritte in Freiheit gewatschelt und hatten dabei die Gewässer entdeckt, waren sie in hellem Entzücken auf diese zugeeilt und hatten sich in die Fluten gestürzt. Enten, die noch nie mehr Wasser gesehen hatten als in so einem Trichter, tauchten nun ihre Köpfe ein, bewegten Wasser mit ihren Flügeln und kippten lustvoll vornüber, Schwänzchen in die Höh', ganz wie wir es aus dem Kinderlied kennen.

Ja, natürlich gibt es solche tief verankerten Triebe auch in Gänsen wie auch den Magnetismus, auf dessen Wirken ich bei den Keksen vergeblich gehofft habe. Es bleibt mir, wie gesagt, ein Rätsel, woran ihre Freundschaft mit den beiden Teichen hier gescheitert ist, und ich vermute, ich werde es auch nicht mehr ergründen.

Kapitel 4

Essen auf Rädern

Die Vorstellung, dass einige meiner geliebten und umhegten Schafe wochen- oder gar monatelang mit Zahnschmerzen herumgelaufen waren, betrübte mich und warf auch gewisse Fragen auf, wie es ist, als »natürliches« Tier zu leben. Wenn man zum Beispiel ein wildes Mufflon ist und unter eben solchen Zahnproblemen leidet, hilft einem keiner. Ebenso wenig, wenn man sich als Reh einen Fuß verstaucht hat oder als Igel unter Parasitenbefall hustet. Weil ich so nah an Wald und Feld lebe, bekomme ich sehr viel von dem Leben wilder Tiere mit und dadurch auch mehr von ihren Problemen, als mir lieb ist. Der Gedanke, dass Natur etwas Friedliches, Harmonisches ist, wo man »einfach mal durchatmen« und sich von den Zumutungen der Menschenwelt erholen kann, ist mir jedenfalls recht bald vergangen.

Das Leben in der nicht menschlichen Welt hat seine eigenen Zumutungen; umgekehrt muss das Leben unter Menschen für Tiere nicht unbedingt von Nachteil sein – obwohl es für die allermeisten »Nutztiere«, »Labortiere« und »Kuscheltiere« ein Horror ist. Ich setze diese Wörter in Anführungsstriche, weil kein Tier von sich aus genutzt, im Versuch eingesetzt oder in einem Käfig gehalten und gelegentlich zwangsbekuschelt werden will.

Auch Schafe, deren Geschichte der Domestikation oft romantischer dargestellt wird, als sie verlief, sind den »Bund« mit den Menschen nicht freiwillig eingegangen und haben ständig unter den Absichten der Menschen und der menschlichen Zivilisation zu leiden: Sie geben ihre Kinder nicht freiwillig her, nicht ihre

Wolle, nicht ihr eigenes Leben. Nur punktuell, nicht aber aufs Ganze ihres Lebens und das ihrer Familie gesehen profitieren Schafe von der Nähe der Menschen.

Aber die Idee eines Lebenshofs ist ja, es ganz anders zu machen und auch »Nutztiere« nicht als Eigentum oder Mittel zum Zweck, sondern als Individuen mit eigenem Lebensrecht zu behandeln: Jedes Leben zählt! Und jedes Leben verdient Unterstützung, auch wenn dies bisweilen zu Paradoxien führt, mit denen ich mich später noch ausführlicher befassen werde.

Wir Tierrechtler:innen sprechen übrigens absichtlich von »Lebenshöfen« und nicht von »Gnadenhöfen«, denn es ist keine besondere Gnade, die wir Menschen diesen Tieren gewähren, sondern sie haben alle ein Recht darauf, ihr Leben zu leben. Wenn man ihnen aber ein gutes Leben bis zum biologisch bedingten Tod ermöglichen will, wird man sie auch bald in den Genuss dessen kommen lassen wollen, womit wir Menschen unser eigenes Leben dank unserem technischen und medizinischen Fortschritt schützen und verbessern.

Also zum Beispiel die zahnärztliche Behandlung. Wer macht sich schon klar, dass auch im Dienste der Zahnmedizin Tierversuche durchgeführt werden, und zwar sowohl für die Erforschung von Behandlungsmethoden als auch für technische und pharmazeutische Mittel? Tieren werden Zähne gezogen, implantiert und angebohrt; und alles, was wir an rosafarbener Paste oder Fluortinktur zum Wohle des menschlichen Gebisses in den Mund geschoben oder gepinselt bekommen, wurde vorher zigfach an Tieren erprobt, die dafür leiden und ihre Freiheit und ihr Leben lassen mussten.

Von komplizierten OPs an Schafen zu hören, kommt manchen Menschen etwas sonderbar vor, als ob da zwei Dinge zusammenträfen, die eigentlich nichts miteinander zu tun haben: moderne Medizin und Schafe. Aber tatsächlich ist es eher umgekehrt: Um die heutige Medizin dahin zu bringen, wo sie heute steht, wurde der Weg der Tierversuche gewählt. Und je bewusster man sich dessen wird, was wir Tieren »verdanken« – wieder ein Wort in Anführungsstrichen, denn eigentlich ist es falsch, von Dank zu sprechen, wenn die »Gabe« ja unfreiwillig und ihr Kontext alles andere als friedlich war –, desto plausibler wird es, endlich auch Tiere an dem teilhaben und von dem profitieren zu lassen, wofür ihre Vorfahren mit ihrem Leben bezahlen mussten und wofür ihre Artgenossen und andere Tiere bis heute leidvoll bezahlen.

Seitdem ich durch Schoko auf das Zahnproblem aufmerksam geworden bin, lasse ich nicht nur mehrmals im Jahr einen Tierarzt zur Zahnbehandlung und -prophylaxe kommen, sondern ich habe auch das Futter umgestellt. Und das, obwohl die hiesige Weide die meisten Monate über schön saftig und grün aussieht und obwohl ich von einem Schäfer alljährlich mit erstklassigem Heu, in dicke Rundballen aufgewickelt, beliefert werde.

Aber alte Leutchen mit dürftigen Zähnen können nun einmal nicht mehr alles gleichermaßen gut verarbeiten. Und so wurde mir, nachdem man mir Schoko mit frisch geglätteten Kauflächen wieder in den Wagen geladen hatte, sogenanntes Seniorenheu empfohlen, das kaum eine Schafhalterin kennt, weil es das normalerweise nur im Pferdebedarf zu kaufen gibt. Sackweise, nicht per Ballen, denn es handelt sich um ganz klein gehäckseltes Heu; die einzelnen Stücke messen so um die fünf Millimeter. Und dieses Beinahe-Pulver kann sogar ein zahnloses Schaf aufnehmen, solange es noch die Kieferbewegungen des Wiederkäuens hinbekommt.

Meine Schafe stürzten sich geradezu auf dieses Wunderheu, und für mich war es in der Handhabung wahnsinnig komfortabel. Wie oft hatte ich bis dahin geflucht, wenn ich die großen Ballen hatte abwickeln und portionsweise in die Raufen füllen müssen! Mit der Heugabel herumzufuhrwerken, hatte ich bald aufgegeben, weil der Schafstall etwas verwinkelt ist und alle paar Meter große Balken am

Boden verlegt sind, über die man leicht stolpern kann. Also presste ich mir das widerspenstige, unhandliche Heu in großen Packen an die Brust und stapfte damit über die Balken auf und ab. Dabei bemühte ich mich, mein Gesicht nicht allzu dicht in das kratzige Material zu drücken, während dieses unvermeidlich in und durch meine Shirts und Pullover einwanderte, egal wie dicht ich mich eingepackt hatte. Andere Menschen sammeln aus dem Abflusssieb ihrer Dusche Haare, ich konnte dort Heu ernten.

Seit der Einführung des Seniorenheus jedoch musste ich mir nur ganz bequem einen 15-Kilo-Sack schnappen und seinen Inhalt in die neu montierten Tröge verteilen. Aus dem einst lästigen Sport wurde ein Spaziergang.

Leider hatte diese Annehmlichkeit einen hohen Preis, und das ganz wörtlich: Dieses Heu wird aufwendig irgendwo auf Voralpenwiesen geerntet, mit warmer Luft getrocknet, dann zu Pellets gepresst und nochmals zerrieben (oder in anderer Reihenfolge, das Geschäftsgeheimnis erschloss sich mir nie ganz). Dieser Aufwand spiegelt sich auch in den Preisen nieder, und so gingen die jährlichen Heukosten förmlich durch die Decke. Und ein gewisses logistisches Problem ergab sich daraus auch, denn die Säcke werden auf Paletten geliefert.

Jede davon wiegt an die 600 Kilo; etwa fünfzehn Paletten brauchen wir pro Jahr – und irgendwie müssen sie ja von dem Lkw in den Stall. Die Anlieferung ist jedes Mal ein Abenteuer. Manchmal werden Sattelschlepper zu mir geschickt, die hier kaum wenden können; aber von dem großen Vorteil des Sattelschleppers, nämlich dass man auf ihm einen Gabelstapler mitführen kann, machen sie meist keinen Gebrauch. Also muss ich herumtelefonieren und einen der benachbarten Bauern bitten, eine Gabel auf den Traktor zu stecken und auszuhelfen.

Einmal kam der Fahrer des Lkw beim Manövrieren mit der eigenen Laderampe nicht zurecht; beim Abladen stellte er sich so ungeschickt an, dass eine Palette umfiel und alle neununddreißig Säcke durcheinanderpurzelten. Dort konnten sie natürlich nicht liegen bleiben.

Zum Glück führte die Bundeswehr in genau jener Woche eine Truppenübung bei uns im Dorf und auch auf dem Gelände meines Vermieters durch, und als sie das Durcheinander an Säcken sahen, legten einige vorbeikommende Soldaten ihre Gewehre ab (»keine scharfe Munition«, versicherten sie mir beruhigend) und trugen die losen Säcke in den Stall. Was die anderen, noch vollständig bepackten Paletten anging, hatte ich zufällig mitbekommen, dass die militärisch Übenden über einen sehr einsatztauglichen Gabelstapler verfügten, den sie FUG (für Feldumschlaggerät) nannten. Ich ging also zu der Kommandozentrale, die unter einem großen tarnfarbenen Netz nahe unserer Dorfstraße praktisch unsichtbar war, und bat darum, den Befehlshabenden zu sprechen. Ich hätte da ein Lieferproblem, ob vielleicht ihr Gabelstapler zu Hilfe kommen könne? Der Oberst entschied freundlich, man werde mir helfen und griff zum Funkgerät.

»Ich habe hier eine …« Er kam ins Stocken. Dieser Fall kam in den Szenarien der Übung vermutlich nicht vor. (Wie übrigens auch Gänse. Die Soldaten hatten bereits einen Wachposten verlegen müssen, weil Ganter Keks der noch viel bessere Wachposten war und ständig Alarm schlug, wenn sich ein Soldat näherte.)

»Ratlose Zivilistin«, schlug ich vor.

»Ich habe hier eine ratlose Zivilistin, die mal Unterstützung vom FUG braucht.« Keine Stunde später war alles erledigt. Ich muss sagen, ich bin sonst keine Freundin von Herbstmanövern, und ich erschrecke mich auch jedes Mal, wenn ein Soldat in Botanikgrün und manchmal gar mit aufgeschminkten schwarzen Balken an meinem Gartenzaun vorbeischleicht; aber was helfende Hände anging, waren diese Leute vorzüglich. Ich bat sie während dieser Woche auch ein paar Mal, ein Schaf für Injektionen oder zum

Temperaturmessen festzuhalten; nicht allein, weil es mit einem Extrapaar Hände viel komfortabler war, sondern auch, ich gebe es zu, weil ich insgeheim dachte, dass der Kontakt mit so sanftmütigen Wesen wie Schafen einen ausgleichenden, mildernden Einfluss auf eine Institution wie das Militär haben könnte.

Die überraschendste Hilfe beim Einlagern der Heuvorräte allerdings kam eines Sommers in Gestalt eines – Achtung, dies ist kein Klischee, sondern eine realitätsgetreue Beschreibung – glatzköpfigen, großen, breitschultrigen Bomberjackenträgers mit thüringischem Akzent und Springerstiefeln.

Natürlich ist diese Beschreibung, obwohl sie der Realität entspricht, dennoch ein einziges Klischee, denn vielleicht hatte der Mann ja schöne Augen, einen wohl gerundeten Po oder einen besonderen Schmelz in der Stimme, die mir allesamt entgingen. Ich sah nur jene anderen Merkmale, und ich fand, dass das Aufeinandertreffen von »so jemandem« mit »jemandem wie mir« – türkischer Name, mediterraner Teint und so weiter – in einem niedersächsischen Dorf nicht eines gewissen Fargo-Charmes entbehrte. Auch dieses Mal stellte sich die Frage, wie das Heu in den Stall sollte, denn dort, wo man normalerweise den Hubwagen entlangzog, hatten Regen und Traktoren eine tiefe Kuhle entstehen lassen, der kein Hubwagen gewachsen war.

Der thüringische Hüne schaute sich die Lage kurz an und zog die Bomberjacke aus. Dann schlitzte er die Folie um die Paletten auf und fing an, mir die Säcke in den Stall zu tragen – immer zwei auf einmal, alles von Hand.

Ich wusste vor Dankbarkeit, ja fast schon Scham gar nicht, wohin mit mir, und umhüpfte ihn, übersprudelnd vor Dankesbezeugungen, Entschuldigungsgemurmel und mehrfachen Bitten, die Säcke doch nach Möglichkeit ganz am Rand des Stalls abzulegen und nicht noch tiefer hineinzutragen. Jeder Meter kostete den Mann noch mehr Zeit und Kraft.

»Aber Sie brauchen die Säcke später da hinten, oder?«, fragte er.

»Ja, schon.«

»Dann trag ich sie auch dahin.«

Meinerseits noch mehr aufgeregtes Gehüpfe plus dankbar-verlegenes Händeringen. »Aber das können Sie doch nicht machen, das dauert so lange!«

»Ich hab jetzt eh Mittag.«

»Aber das können Sie doch nicht ...« Und so weiter.

Wenn er gehofft hatte, die über anderthalb Tonnen Heu in seiner Mittagspause wenigstens in Ruhe in meinen Stall tragen zu können, hatte er sich geirrt, denn ich führte die in ihren Redeanteilen nicht ganz symmetrische Konversation stetig fort. Er war ziemlich nett. Er kam tatsächlich aus Thüringen, machte viel Sport, und sein Schwager hielt auch Schafe – allerdings zum Essen. Von einer Putenhaltung war auch die Rede, Details wären zu haben gewesen, aber ich ließ diesen Gesprächsfaden in seinem emsigen Hin und Her mit den Säcken untergehen. Doch dann: Eine Angeheiratete war auch Veganerin. Wenn der Hüne bei ihr eingeladen war, aß er notgedrungen auch vegan. Schmeckte ihm nicht schlecht, machte seiner Meinung aber nicht richtig satt.

»Wäre es trotzdem okay, wenn ich Ihnen eine vegane Brotzeit mitgebe? Ich hab ja gar nichts anderes.«

Doch, das sei in Ordnung. Ich belegte ihm einige dick beschmierte Brote (spare nie an gutem Fett, wenn du Gäste zufriedenstellen willst!) mit veganer Wurst und platzierte sie mit einer Flasche Limo auf seiner Beifahrerseite. Er ging in dem Stall ein und aus wie ein Uhrwerk. Etwaiges Gerümpel oder leere Paletten, die herumstanden, hob er mit leichter Hand an die Seite, und mit den neuen Vorräten erschuf er mehrere akkurate Berge, von denen es verheißungsvoll nach Sommer, Heu und Alpen duftete. Als er irgendwann abzog und, ich kontrollierte es aus den Augenwinkeln, auch tatsächlich brav in sein veganes Wurstbrot biss, war ich selig.

Weil die Begegnung zwischen dem Bomberjackenträger und der Mediterranen mit dieser unerwarteten Extraportion Freundlichkeit verlaufen war. Weil es es ohnehin immer ein erhebendes Gefühl bereitet, wenn man von Fremden geholfen bekommt.

Und weil meine Schafe für die nächsten Monate genug zu futtern hatten. Dank der besonderen Speise erlangten die alten Leutchen, die Probleme mit den Zähnen hatten, nach und nach wieder ihr ursprüngliches Gewicht. Sogar nach einem langen Winter wiegen sie jetzt wieder so viel wie während der Weidesaison; im Sommer rühren wir ihnen das Pulver mit viel Wasser zu einer kühlenden Suppe an, die sie hingebungsvoll in sich hinein schlabbern.

Manche Menschen gehen in den Park und füttern Enten und Schwäne; andere stellen Futterhäuschen und Badeschalen für Singvögel auf; immer mehr Menschen riskieren einen Rüffel vom Ordnungsamt und versorgen Stadttauben, die ansonsten die Abfälle durchsuchen müssen. Andere Lebewesen zu füttern und ihnen beim Trinken zuzusehen, ist für viele Menschen höchst befriedigend. Zugegeben, es gibt Tage, an denen ich mich frage, was ich »hier draußen« eigentlich mache. Und wofür ich eigentlich so furchtbar viel Geld ausgebe. Und die Antwort ist: füttern, füttern und nochmals füttern. So gesehen ist es ein riesiges Privileg, das, was so viele Menschen ab und zu mit Freude erfüllt, jeden einzelnen Tag tun zu dürfen.

Kapitel 5

Nougats Geschichte

Als ich hierherzog – und mehr noch: als ich in den darauffolgenden Jahren zaghaft, unbeholfen und wenig konsequent zu gärtnern begann –, waren Schnecken allgegenwärtig. Nicht nur nach und bei Regen, sondern eigentlich bei jedem auch nur halbwegs saftigen Wetter krochen sie auf Wegen, über die Terrasse, über die Waldwege und im Gras: Hain-Bänderschnecken mit ihrem schwarz-gelb geringelten Gehäuse, unscheinbare braune Baumschnecken und Weinbergschnecken verschiedenen Alters und verschiedener Größe, mit braunen und steingrauen Gehäusen. Und natürlich gab es in Hülle und Fülle gehäuselose rote Schnecken, deren Schleim einem noch stundenlang an den Fingern kleben blieb, wenn man die Tierchen aus dem Beet in die Wildnis umgesetzt hatte, sowie große schwarze, über zwölf Zentimeter lange Schnecken, die ich mich, ehrlich gesagt, selten anzufassen überwand. Gemeinsam sortierten die roten und schwarzen Schnecken die von mir gesäten und gepflanzten Kräuter, Gemüse und Blumen mit größerer Entschlossenheit aus, als ich sie gepflanzt hatte. Petersilie, Salat, Rittersporn – kann weg! Kürbis, Tomaten, Kresse – weg.

Ich berichtete schon in meinem ersten Buch über das hiesige Landleben, dass mir als Nutzpflanzen im Grunde nur noch Brennnesseln und Pfefferminze blieben (und die Brennnesseln auch nur, weil ich sie rasch von »Unkraut« in »Gemüse« umgetauft hatte). Das Problem lag vermutlich darin, dass mein Haus rundherum von Wald und feuchten Wiesen, von Brombeerhecken, Buchen, schnell wachsenden Pappeln und überbordenden, teils manns- oder fraushohen Haufen von, nun ja, jenem besonderen Gemüse umgeben ist. Überall dort lebten besagte Schnecken, und wenn ich pro Tag zehn von ihnen an den Waldrand trug, erzählten sie dort zwanzig Verwandten, wie viel leckere Jungpflänzchen es bei mir gebe, und selbst wenn von den dreißig Schnecken, die sich in der folgenden Dunkelheit auf den Schleimweg machten, die Hälfte die Richtung verlor, wurden es in meinem Garten doch immer mehr. »Gefühlt«, wie man so sagt. Aber ich denke, wenn ich mir die Mühe des Zählens gemacht hätte, hätte sich das Gefühlte als harter Fakt erwiesen.

All das wurde Vergangenheit, veränderte sich so langsam und kontinuierlich, dass ich es zunächst kaum bemerkte. Die Allgegenwart der Schnecken, insbesondere der unbehausten unter ihnen, schien sich ihrem Ende zu nähern. Denn die folgenden Sommer wurden trockener und heißer, und auch wenn das menschliche Auge die Unterschiede in der Vegetation und im Wasserhaushalt noch nicht bemerkte, müssen sie doch wesentlich früher bereits die Lebensbedingungen der Schnecken verschlechtert haben.

Zum ersten Mal wurde ich auf den Klimawandel vor der eigenen Haustür im Sommer 2018 aufmerksam, das war lange vor der Flutkatastrophe in Nordrhein-Westfalen und Rheinland-Pfalz und natürlich bei Weitem nicht so entsetzlich. Bei uns im Dorf und in der Umgebung sahen wir erst einmal nur die Vorzeichen, so wie sich graue Wolken vor einem Gewitter allmählich zusammenballen; es waren Fingerzeige, dass sich um uns herum etwas veränderte, und nicht zum Guten. Aus dem mittleren Drittel der Schafsweide, wo normalerweise in dichten Büscheln Binsen wuchsen und es bis weit in den Sommer hinein unter den Schritten zu quietschen pflegte, als wanderte man über einen Spülschwamm, wurde eine normale Wiese, und die Weide drumherum, die immer wie ein Sinnbild üppigen Wachstums in den Saft geschossen war, mutierte zur Savanne: gelblich-fahl, trocken und unattraktiv selbst für die anspruchslosesten Schafe.

Man konnte die Veränderung von meiner Terrasse aus sehen – und vom Schafstall aus und sogar im Schafstall selbst: Denn die Schafe, die keine Lust hatten, in der Hitze an irgendwelchen vertrockneten Stängeln zu nagen, blieben lieber im Stall und warteten ab, bis ich ihnen Heu aus anderen Regionen und dem vorigen, grasreicheren Sommer servierte. Besucher und Tierärztinnen sprachen mich auf das gelbe Geraschel auf der Weide an, weil die Veränderung so sehr ins Auge stach. Der Bach, der sich hinter dem Zaun entlangzog, trocknete aus. Ich stand an seinem eher breiten als tiefen, nun aber leeren Bett und konnte es nicht fassen. Normalerweise versuchte ich auf einem Brett darüber zu balancieren, das auf beiden Seiten im Matsch steckte und mit grünlich-schleimigem Bewuchs überzogen war. Nun konnte ich den Graben trockenen Fußes durchqueren.

Die Quelle, etwa fünfzig Meter oberhalb meiner improvisierten Brücke, war mir immer wieder wie ein kleines Wunder vorgekommen, weil das Wasser hier nicht etwa mit Gluckern oder Sprudeln, sondern ganz beiläufig und lautlos aus der Erde trat. Wasser, das so reichlich vorhanden war, dass die Erde es nicht mehr halten konnte, verließ sein unterirdisches Reservoir ohne großes Spektakel und suchte sich an der Oberfläche einen anderen Weg.

Auch in meinem Garten konnte man kaum ein Pflanzloch für einen Baum graben, ohne den Eindruck zu gewinnen, man habe aus Versehen einen Brunnen angelegt. Der Grundwasserspiegel lag hier normalerweise sehr hoch.

Doch jedes heiße und trockene Jahr hatte die Wasservorräte schrumpfen lassen, und im Sommer 2018 war es dann so weit, dass auch Unwissende wie ich es bemerkten: Die Quelle versiegte. Die Binsen bildeten keine Stängel aus. In den Gärten mancher Dorfbewohner stand der Brunnen leer. Der Grundwasserspiegel war so niedrig, dass die Feuerwehr ihren Löschwasserbrunnen nicht mehr hätte nutzen können, wenn es gebrannt hätte. Jeden Tag schaute ich auf der Website unseres Landkreises Lüneburg die jeweilige Waldbrandgefahrenstufe nach und sah seither den Wald, an dem ich lebte, mit anderen Augen.

In den 1980er-Jahren, als ich Teenager gewesen war, war man über sauren Regen und Waldsterben besorgt gewesen und hatte entsprechende Maßnahmen eingeleitet, sodass der Wald noch einmal davongekommen war. Nun aber befand er sich erneut in Gefahr, ohne dass man es auf den ersten Blick bemerkte, und es war unwahrscheinlich, dass sich dieses Problem so schnell beheben ließe wie damals. Mein Vermieter, der Besitzer dieses Waldes und weiterer Waldflächen, erklärte mir, dass der Grundwasserspiegel für viele Wurzeln nicht mehr erreichbar sei und die Bäume anfällig würden für diverse Krankheiten. Man sah einzelne Äste vertrocknen und sogar ganze Bäume absterben. Essbare Pilze wie Steinpilz, Rehkappe und Parasol blieben in jenem Jahr aus. Die teils über mehrere Hundert Jahre alten Eichen bildeten im August 2018 irrwitzige Mengen an Früchten aus, vielleicht in einer Art Panikreaktion, um noch rasch für Nachwuchs zu sorgen, und die gelben Halme auf der Weide fügten meinen Sorgen bezüglich der Zukunft eine neue Note hinzu.

Dürre, Flutkatastrophen (und übrigens auch Epidemien) waren Ereignisse, die die meisten von uns bisher nur aus dem Fernsehen kannten. So etwas gab's vermeintlich nur in anderen, zudem ärmeren Ländern, deren Nöte wir mit einigem, aber auch nicht allzu intensivem Mitleid betrachteten. Doch der Hochmut, mit dem wir uns in Europa in Sicherheit vor den Folgen auch des eigenen Handelns wähnten, gelangte allmählich an sein Ende.

Im Zuge dieser Veränderungen meiner natürlichen Nachbarschaft wurde ich auch aufmerksamer für die Schnecken – nicht allerdings für Nacktschnecken, von deren eifrigen Aktivitäten in meinem Garten ich oben erzählt habe, sondern für Gehäuseschnecken und insbesondere für die Weinbergschnecken. Bevor ich in die Lüneburger Heide gezogen war, hatte ich fälschlicherweise geglaubt, Weinbergschnecken seien nur im Süden Deutschlands beheimatet, und war dann hocherfreut, als ich auf Spaziergängen und rund um mein Zuhause jede Menge von ihnen entdeckte.

Natürlich ist es vollkommen irrational, irgendeinen Unterschied zwischen Schnecken mit und ohne Gehäuse zu machen, und noch mehr: zwischen Schnecken mit einem gelben oder einem braunen Gehäuse. Dennoch interessiere ich mich vor allem für Weinbergschnecken, vermutlich weil ich sie schon seit meiner Kindheit viel aus der Nähe beobachtet habe. Es waren die einzigen Tiere, die mir meine Mutter zu »halten« erlaubte. Sie empfand es als Gräuel, Tiere in Käfige zu sperren, und hielt Hunde und Katzen für uns für ungeeignet, weil wir jeden Sommer viele Wochen lang in die Türkei fuhren. Bei Schnecken immerhin ließ sie sich erweichen, und so besaß ich einige Jahre lang ein Terrarium, in dem zwei Weinbergschnecken mit Salatblättern und Tomatenscheiben gefüttert wurden. Ich schaute dem Ein- und Ausrollen ihrer Stielaugen zu, dem Tasten ihrer kleinen Tentakeln, dem langsamen Vorwärtsschieben oder eher -rollen des Leibes und den miniaturartigen Bewegungen ihrer Mundöffnung.

Rückblickend möchte ich nicht behaupten, dass ich den Schnecken in dem Terrarium wirklich gerecht wurde. Manchmal nahm ich sie heraus und ließ sie auf meinen Beinen entlangkriechen; sie verloren zwar ihre Scheu vor mir, aber ein richtiger Spaß war das für sie sicher nicht. Diesbezüglich habe ich ähnlich unbehagliche Erinnerungen wie viele meiner Mitmenschen, die an die innig geliebten Kaninchen, Meerschweinchen oder Hamster ihrer Kindheit zurückdenken und sich heute fragen, was sie den Tieren damals mit der Gefangenschaft wirklich angetan haben. Dennoch haben sie die Tiere in den Käfigen geliebt – so wie ich meine Schnecken im Terrarium. Nur schützt Liebe leider nicht vor Missverständnissen und Fehlverhalten.

Ebenso haben wir von unseren tierlichen Freunden etwas gelernt, und manchmal sind wir sogar gerade durch ihre Gefangenhaltung zu der Einsicht gelangt, dass diese Tiere Individuen sind, die man eben nicht gefangen halten darf. Bis heute betrachte ich daher Weinbergschnecken, die ich bei einem Spaziergang entdecke, mit ähnlichem Interesse wie ein Reh oder eine Maus, also Säugetiere, die uns viel näher stehen und deren Gesicht uns viel ähnlicher ist. Ich finde Weinbergschnecken nicht nur hübsch, sondern *was sie da tun, interessiert mich:* Ist sie auf den Löwenzahn scharf oder will sie sich an zertretenen Halmen gütlich tun? Ist sie die Hauswand emporgekrochen und ruht dort, um sich vor einem etwaigen Sturzregen zu schützen oder um an exponierter Stelle Sonne zu tanken?

Das Leben wird komplizierter, wenn man auch so kleinen Wesen einen eigenen Willen – und Lebenswillen – zugesteht. »Someone, not something«, lautet ein Slogan der Tierrechtsbewegung: »Jemand, nicht etwas«. Dass dieser Satz auf Wirbeltiere wie Kühe, Fische und Amseln zutrifft, die definitiv ein subjektives Empfinden besitzen, ist wohl unstrittig. Doch gilt dasselbe auch für Weichtiere, die Wirbellosen? Man weiß es nicht.

Dass sie aber schlicht gar nichts empfinden und man sie daher so rücksichtslos behandeln darf wie einen Kiesel, ist unwahrscheinlich. Fast jeder, der einen Garten oder überhaupt Füße besitzt, ist schon einmal auf eine Schnecke getreten; wenn das Tier stark verletzt ist, windet es sich und verkrampft sich regelrecht im Todeskampf, der sich oft viele Stunden, manchmal tagelang hinzieht. Das direkte Einfühlen in ein solches kleines, gesichts- und gliedmaßenloses Wesen fällt zugegebenermaßen schwer beziehungsweise kann nicht gelingen, weil sich ja unsere Vermutungen gar nicht überprüfen lassen. Aber die Behauptung, die Verletzung mache dem kleinen Tier nichts aus und werde von ihm selbst nicht als schmerzhaft empfunden, ist wenig überzeugend.

Auch Schnecken haben schließlich Nerven. Es wurden sogar schon etliche neurologische Versuche an den Nerven großer Schnecken durchgeführt, die man vorher herauspräpariert hat. (Leider ist es mir nicht gelungen herauszufinden, ob die Schnecken davor wenigstens betäubt wurden oder nicht; eventuell wurden sie nur gekühlt.) Doch wenn sich anhand von Schneckennerven Relevantes über menschliche Nerven lernen lässt, sollten wir die Zuckungen verletzter oder sterbender Schnecken nicht als empfindungslose Mechanik abtun. Unsere Füße, der Spaten oder das Gartentor können einen Schaden anrichten, der sich nur für uns unbedeutend ausnimmt, aus Sicht der Schnecke aber eine Katastrophe ist.

In dem auf das erste Dürrejahr folgenden Frühling überkam mich der seltene Ehrgeiz, in meinen sogenannten Kräutergarten etwas mehr Luft für Minze, Zitronenmelisse und Pimpernelle zu bringen, und dabei trat ich auf eine kleine, dunkelbraune Schnecke. Sie war ungefähr so groß wie mein Daumennagel, und ich hielt sie aufgrund ihrer Größe und Farbe zunächst für eine Laubschnecke. Ihr Gehäuse war allerdings beinah gänzlich zerstört und ließ sich nicht mehr richtig zuordnen.

Schon öfter hatte ich Schnecken mit beschädigtem Gehäuse eine Zeit lang in ein zum Terrarium umfunktioniertes Behältnis verbracht und sie dort mit optimalen Feuchtigkeitsverhältnissen und viel Kalk versorgt. Sie können ihre Gehäuse nämlich reparieren – aber natürlich nicht, indem sie von außen etwas auf das Loch draufspachteln, sondern indem sie von innen eine Membran bilden und in diese Kalk einlagern. Ob das gelingt und ob sie vor allem die ersten Tage nach dem Unfall überstehen, hängt von der Schwere und der Stelle der Verletzung ab; selbst nach Jahren des Beobachtens kann ich die Überlebenschancen verletzter Schnecken schwer einschätzen. In diesem Fall der vermeintlichen Laubschnecke war ich skeptisch, weil von dem Gehäuse praktisch nichts mehr am rechten Platz saß. Doch vielleicht waren ihre Organe noch intakt, immerhin schien sie zu atmen; ich richtete ein Terrarium her und hoffte auf das Beste.

Diesem Unfall folgte die erstaunlichste Heilung, die ich je beobachten durfte. Ich bot der Schnecke diverse Kräuter und Gemüse an, und es stellte sich schnell heraus, dass Gurken ihre Lieblingsspeise waren, genauer: das Innere, die besonders nährstoffhaltigen Kerne der Gurke. Nougat – so nannte ich die Schnecke wegen ihrer dunkelbraunen Farbe, obgleich ein Name für ein Tier, das keine Ohren hat, natürlich nur begrenzt sinnvoll ist – zerbohrte eine Gurkenscheibe nach der anderen. Es ist ganz erstaunlich, wie viel so ein kleines Tier ohne Kiefer und entsprechendes Gebiss wegfuttern kann, allein durch emsiges Geraspel. Dazwischen kroch Nougat zu einem Stein, auf den ich etwas Kalkpulver gestäubt hatte, und verleibte sich Kalk ein. Dies geschah durch den Mund und nicht, wie es Weinbergschnecken ebenfalls möglich ist, durch die Sohle. Wenn Nougat an der durchsichtigen Seitenwand ihres Terrariums saß, konnte man das Öffnen und Schließen ihres Mündchens sowie dessen mit Zacken besetztes Inneres sehr gut beobachten. Manchmal trank sie aus einer Untertasse, in die ich etwas Wasser gegeben hatte, dann ging es wieder an die Gurke. Und dann ans Schlafen.

Ich meine mich zu erinnern, dass eine amerikanische Autorin einmal einen Bestseller über diese Art von Leben geschrieben hat, der mit Julia Roberts verfilmt wurde: *Raspeln, Schlafen, Wachsen.* Und Nougat wuchs in rasantem Tempo! Wegen ihres so schwer beschädigten Häuschens hatte ich sie eingangs nicht vermessen oder wiegen können, aber ich vermute, dass sie ihr Gewicht innerhalb der ersten ein bis zwei Wochen verdoppelte. (Spoiler: Einige Monate später war sie mit 42 Gramm die schwerste Weinbergschnecke, die ich je auf die Briefwaage gesetzt habe – behutsam natürlich! Man darf nicht einfach an dem Gehäuse nach oben ziehen, denn dadurch entsteht ein Unterdruck, der die Schnecke verletzen könnte.)

Die Bruchstellen ihres Gehäuses reparierte Nougat wie beschrieben von innen, bis ein charakteristisches Durcheinander entstand, das mich ein wenig an die Wucherungen auf den Gehäusen von Einsiedlerkrebsen erinnerte, wie ich sie in meiner Kindheit gesehen hatte. Damals konnte man in dem Marmarameer vor Istanbul nämlich noch baden! Inzwischen sind durch den Bosporus so viele Abwässer in diesem Meer gelandet, dass die Anzahl der dort lebenden Fischarten, Muscheln und anderen Spezies stark dezimiert wurde und der Sauerstoffgehalt des Wassers immer weiter gesunken ist; im Jahr 2021 waren weite Flächen gar von Schleim bedeckt. Ich frage mich, ob es von den Einsiedlerkrebsen, die ich damals auf dem sandigen Meeresboden in ihren Secondhand-Häusern kriechen sah, überhaupt noch lebende Nachfahren gibt.

Wie auch immer: An ihr beschädigtes und als Schneckenhausspirale kaum wiedererkennbares Zentrum legte Nougat, wie sich das gehört, nach der Reparatur weitere, nun wieder ganz regelmäßige Windungen an, und es stellte sich heraus: Nougat war eine Weinbergschnecke. Eine noch sehr junge Weinbergschnecke, vermutlich kurz vor Vollendung ihres ersten Lebensjahrs – auch wenn ich mir nicht vorstellen kann, wie es sich mit einem so kleinen Gehäuse bei Minusgraden überwintern lässt.

Allerdings kann ich mir ohnehin sehr viel aus dem Leben von Schnecken nicht vorstellen. Zum Beispiel ihren wahnsinnig guten Geruchssinn, mit dem sie bevorzugte Pflanzen auf mehrere Meter Entfernung riechen können. Es begegnet einem ja manchmal eine Schnecke »allein auf weiter Flur«, also auf einer unbewachsenen Fläche, wo sie aber anscheinend ein bestimmtes Kräutchen anstrebt. Da hast du aber Glück, dass genau in dieser Richtung und in zwanzig Zentimetern Entfernung mal was wächst!, mag man denken. Möglicherweise hat die Schnecke aber auch tatsächlich dieses Kräutlein gerochen und angestrebt und auf dem Weg dorthin die leere Strecke dazwischen in Kauf genommen.

Der Wissenschaftsjournalist Ed Yong beschreibt in seinem Buch über *Die erstaunlichen Sinne der Tiere*, zu welch phänomenalen Leistungen die diversen – es sind wesentlich mehr als fünf! – Sinne anderer Spezies in der Lage sind und wie unterschiedlich sie sich in dem von uns allen geteilten Raum orientieren. Wie es sich aber subjektiv anfühlt, zum Beispiel als Fisch quasi mit dem Bauch zu spüren, ob anderswo ein Fressfeind auf einen zuschwimmt, oder eben als Schnecke Kräuter zu raspeln, vermag niemand zu sagen. Bestimmt verfehlen unsere Vermutungen die Realität der anderen oft, vor allem zu Beginn unserer Erkundungen und Interpretationen.

Wenn ich früher Weinbergschnecken an einem Sommertag gesehen hatte, nicht zu heiß, aber doch sonnig, dazu wehte vielleicht ein frisches Lüftchen, hatte ich gedacht, dass dies ein ideales Wetter für sie sein musste. Menschen lieben es, Schafe auch. Wieso also nicht Schnecken? Dann allerdings las ich auf der Website von Leuten, die Schnecken retten, und im Büchlein eines auf Weichtiere spezialisierten Biologen, dass es für Schnecken ab 25 Grad nicht mehr angenehm ist, erst recht nicht in der Sonne. Wenn ich sie an einem sonnigen Tag sah, krochen sie also womöglich nur in der Sonne herum, *obwohl* die Sonne schien und nicht deswegen. Auch der Wind, den ich mir für die Schnecken als erfrischend vorstellte, zumal er doch sicher tausend tolle Gerüche für das sensible Riechorgan mit sich führte, stellt für sie durchaus ein Problem dar, denn sobald sie aushäusig sind, müssen sie stets vor Austrocknung auf der Hut sein.

Und vor Ameisen, Vögeln, manchen hungrigen Säugetieren …

In meinem Vorgarten, unterm Kirschbaum, gibt es eine Stelle, wo erstaunlich viele leere Schneckenhäuser herumliegen. Ich habe es noch nicht beobachtet, vermute aber, dass Krähen gelegentlich ihre Schneckenbeute dorthin schleppen und ihnen den Garaus machen. (Sobald sie mit den darüber liegenden Kirschen fertig sind. Ich habe in keinem Jahr mehr als eine Handvoll selbst geerntet.) Es kann nicht allzu schwer sein, Weinbergschnecken zu erbeuten – allein die Paarung dauert ja bis zu vierundzwanzig Stunden und wird überall vollzogen, wo jeder zugucken kann. Wenn man so etwas sieht, beginnt man sich zu fragen, wie es eine solche Tierart überhaupt durch die mühsamen Prüfungen der Evolution geschafft hat. Wie kann denn ein Tier, das ohnehin schon sprichwörtlich langsam ist, auch noch vierundzwanzig Stunden an derselben Stelle verharren, abgelenkt, wehrlos, manchmal ohne den Schutz irgendwelcher Vegetation? Wenn man sich so viel Zeit beim Sex lässt, ist doch die Wahrscheinlichkeit für Nachwuchs entsprechend geringer, oder?

Diese Fragen beschäftigten mich deshalb, weil ich allmählich darüber nachdenken musste, wie es mit Nougat weitergehen sollte. Den Sommer über hatte sie sich repariert und war gewachsen. Als es auf den Herbst zuging, war sie zwar noch nicht ausgewachsen, trug aber ein stattliches Haus (samt eigenwilliger Verschnörkelungen) auf dem Leib. Ich hätte sie wieder hinaussetzen können – aber wie verhielt es sich mit dem Herbst in Bezug auf Schneckentauglichkeit? Die Sommerhitze war überstanden, das war gut, es regnete oft, das war ebenfalls gut. Aber es war windig! Und ich hatte ja gelesen, dass Schnecken Wind nicht gut vertrugen. Außerdem steht im Herbst eine weitere große Gefahr ins Haus, dass nämlich irgendwann die ersten kalten Nächte kommen. Zu Winterbeginn den richtigen Moment zu finden, in dem man sich einige Zentimeter in die Erde eingrub, in sein Gehäuse zurückzog und es mit einem Kalkdeckel verschloss, war für jede Schnecke offenbar jedes Jahr wieder kniffelig. Wenn man sich zu früh zurückzog, verpasste man zu viele Tage, an denen man noch hätte futtern können, verlor Feuchtigkeit und musste eventuell weitere Deckel im Innern nachlegen, was zusätzliche Vorräte kostete. Wenn man sich aber nicht rechtzeitig in Sicherheit brachte, dann drohte man zu erfrieren. Woher soll eine Schnecke wissen, wann es zu kalt wird?

Die Herausforderungen, die aus solch folgeträchtigen Prognosen erwuchsen, schienen mir Nougat in all ihrer Jugend noch nicht zumutbar. Zumal dasselbe riskante Spiel im Frühjahr wieder losging! Man könnte ja meinen, im Frühjahr sprieße alles und sprühe nur so vor Lebensfreude. Aber von wegen! Eine Schnecke, die sich zu früh freut, begegnet auch wieder dem Frost.

Zusammengefasst ließ sich festhalten, dass der Herbst keine gute Jahreszeit für Schnecken war, und der Winter natürlich erst recht nicht. Der Sommer war eine einzige Gefahrenzone wegen Hitze und Trockenheit, und nicht einmal der Frühling schien für Schnecken eine halbwegs sichere Angelegenheit zu sein.

Und da waren die erwähnten Feinde wie Krähen, Ameisen, Traktorenreifen und achtlose Füße noch nicht mal einberechnet; je häufiger ich mir vorstellte, ob ich Nougat hier oder dort wieder entlassen sollte, desto mehr Gefahren wurden mir bewusst.

Wie Sie sehen, gelang es mir, mich beim Nachgrübeln über Nougat in einige Zwickmühlen zu manövrieren: Da hatte ich zunächst aufgrund des menschengemachten Klimawandels den Schnecken in meiner Umgebung mehr Aufmerksamkeit geschenkt – und endete bei der verwunderten Feststellung, dass es geradezu aberwitzig unwahrscheinlich erschien, dass sich die Spezies Helix pomatia überhaupt eine ökologische Nische hatte erobern können, zumal sie in keiner Jahreszeit wirklich zu Hause zu sein schien. (Und tatsächlich ist ja beides richtig: Dass die von uns Menschen angestoßenen Veränderungen der natürlichen Welt nicht nur Eisbären und Tigern, sondern auch den kleineren und unscheinbareren Tieren das Leben erschweren – und dass schon das Leben in der natürlichen Umgebung kein Zuckerschlecken ist.)

Da lief ich, zweitens, Gefahr, gewisse Fehler meiner Kindheit zu wiederholen, nämlich: ein Tier in meine Obhut nehmen zu wollen auf die Gefahr hin, dass ihm dadurch Wichtiges entging. Natürlich verfügte ich jetzt als Erwachsene über mehr Know-how in Sachen Schneckenpflege und -terrarium, zumal es im Internet einige gute Informationen dazu gab; aber welche eigennützigen Motive steckten hinter solch einer Anmaßung, für ein anderes, auch ohne mich lebensfähiges Wesen zu sorgen?

Und drittens schließlich spürte ich beim Nachdenken über dieses Tierchen, das so viel kleiner als die Schafe und Gänse war und dessen Überlebenswahrscheinlichkeit in der freien Natur noch geringer war, wieder überdeutlich, wie menschliche Vorstellung und natürliche Welt aufeinanderprallten. Biologisch gesehen, war Nougat nur eine von Hunderten von Weichtieren in meinem Garten, für mich aber, nach einem Sommer intensiver Beobachtung beim Raspeln, Trinken und Kalkschlabbern – Nougat! Unser menschliches Mitgefühl und unsere Moral sind stets aufs Individuum zentriert, jedes Leben zählt, das Wohlergehen jedes und jeder Einzelnen ist wichtig. In Nougats Welt hingegen gab es diese Wertschätzung des Individuums nicht – und zwar nicht nur deswegen, weil Nougat und ihre Verwandten natürlich nicht über die Sorte Hirn verfügen, die über solche Fragen nachdenkt, sondern auch schon, weil »das Individuum« keine relevante Größe in der Lebensweise eines sogenannten r-Strategen ist, also einer Spezies, die viele Nachkommen produziert, weil die meisten ohnehin vor Erreichen der Geschlechtsreife sterben.

In gewisser Weise waren Individuen für die Schneckenwelt nicht relevant – in anderer Hinsicht aber schon, nämlich deswegen, weil jede Schnecke »für sich« fühlt, sich paart und leben will. Das sehen wir Menschen, die sich lebenspraktisch und moralisch gesehen an der Entität des Individuums orientieren und individuelle Zuneigung entwickeln, überdeutlich.

Wieder dachte ich über den Zusammenhang von Art»gerechtigkeit« und Freiheit nach. Verlor Nougat an wirklichen Freiheiten oder nur rein quantitativ an Bewegungsspielraum, wenn sie im Terrarium lebte? Tat man einer Schnecke vielleicht sogar einen Gefallen, wenn man sie in einem Terrarium hielt, sofern Temperatur, Einrichtung und Nahrungsangebot perfekt auf sie abgestimmt waren?

Sie ahnen schon, worauf es hinauslief: Ich behielt Nougat drin. Ich verstand selbst nicht recht, warum ich mich so in das Schicksal dieser einen Schnecke hineingesteigert hatte. Aber angesichts dessen, dass ich sie bereits einmal dem Tode so nahe gesehen hatte, brachte ich es schlicht nicht übers Herz, sie hinauszusetzen und bei jedem starken Regen und jeder Frostnacht daran denken zu müssen, wie es ihr wohl gerade erging.

Laut der kargen, mir verfügbaren Fachliteratur zu Helix pomatia war es anscheinend gesundheitlich nicht notwendig, eine Winterstarre zu provozieren, und so setzte ich Nougat den ganzen Winter über Salat, Kräuter und natürlich Gurke vor. Die ersten Tage hatte ich sie in einem großen Topf untergebracht und wenig später in einem Baumarkt ein dreißig Zentimeter hohes und fünfzig Zentimeter langes Glasaquarium gekauft. In dem Baumarktregal, wo die Aquarien standen, gab es auch Kescher – und Fische. Fische, die teils wild gefangen worden waren und die teils aus Zuchteinrichtungen stammten. So oder so hatten sie meist lange Transportwege hinter sich und ein Leben in Gefangenschaft vor sich. Um ihre Behältnisse abwechslungsreich zu gestalten, legen Menschen Steine, Wurzeln und Kunststoffschlösser hinein. Das Ganze sieht für den menschlichen Betrachter zwar nach einer Landschaft aus – aber kann es einem Fisch ein gutes Leben bieten? Das ist zu bezweifeln.

Und was machte ich? Ich füllte das Aquarium, das ich unter der mir möglichen Ausblendung des Fischunglücks um mich herum aus dem Regal gezogen hatte, mit Erde, mischte sie mit Kalk; gab eine Untertasse und ein Küchenbrett für die Nahrung hinein; grub zwei kleine Efeupflanzen im Wald aus, damit sie Nougat als Bodendecker Unterschlupf gewähren sollten; suchte ein paar Rinden aus, denn manchmal nehmen Schnecken angeblich auch gerne Moos zu sich (wenn ich auch nie herausgefunden habe, warum, wann und welches). Schließlich sägte ich aus einigen Hölzern ein Gestell zurecht, das das Aquarium innen wie eine Galerie umgab, weil Schnecken sich oft auch gern in die Höhe zurückziehen und dort an einem überstehenden Stein oder Ast »andocken«.

Wenn ich dann mit durchaus großer Befriedigung auf Nougats kleines Reich – das aber tatsächlich ja *mein* Reich, meine Schöpfung und für Nougat eventuell gar nicht so toll war – blickte, konnte ich nicht umhin, Parallelen zu den moralisch fragwürdigen Motiven der Aquariumsliebhaber zu ziehen. Zwar hatte ich keine Plastikschlösser aufgestellt, aber das dahinter stehende Prinzip war durchaus als dasselbe erkennbar: der Wunsch, eine kleine Welt nachzubauen, deren Grenzen man überblickte und deren Geschicke man vermeintlich steuern konnte »wie ein Gott«. Ich bestimmte die Temperatur, den Lichteinfall, die Luftfeuchtigkeit und das Nahrungsangebot. Und wo Gott selbst, wie ihm oft vorgeworfen wird, oder eben die Natur oder die Evolution (letzteren beiden kann man allerdings nichts vorwerfen) es rätselhafterweise so eingerichtet hatte, dass jedes Wesen ständig davon bedroht war, von einem anderen aufgefressen zu werden, konnte ich hier alle potenziellen Feinde ausschließen. Dies war ein übersichtliches Stückchen Welt, das eher meinen Vorstellungen entsprach und nicht so verwirrend, unkontrollierbar und gefährlich war wie das riesige, überwältigende Drumherum.

Natürlich gab es diesen entscheidenden Unterschied zu den Aquaristen, so wie schon bei der Badeschale der Gänse: Ich hatte lange und immer wieder darüber nachgedacht, ob die, nun ja, Gefangenschaft Nougats für sie selbst von Vorteil wäre, also ob sie, wenn sie vollständiges Wissen über die Welt draußen und hier drinnen besäße, nicht auch lieber selbst das Aquarium wählen würde. Wovon ich ausging. In diesem Sinne war es dann wiederum keine Gefangenschaft, auch wenn Nougats Bewegungsmöglichkeiten beschnitten waren; aber, so hoffte ich, ich hatte ja ihren Entscheidungsspielraum nicht beschnitten, sondern gesichert.

Dennoch fragte ich mich wiederholt, ob der Wunsch, es ihr gut gehen zu lassen, wirklich der ausschlaggebende Grund dafür war, weshalb ich sie drinnen behielt. Oder ging es mir nicht vielmehr um das beschriebene Erschaffen und Kontrollieren einer Miniwelt? Ich merkte, dass mir der Blick in Nougats Terrarium, auf die von ihr zu kleinen Näpfen zurechtgeraspelten Gurkenscheiben und ihren Kriechspuren im Kalk merkwürdig guttat. Und mir ging auf, dass Nougats stilles Florieren in wohltuendem Kontrast stand zu dem, was sich in jenen Wochen im Schafstall ereignete: Schafe wurden krank, einige starben. Ich wusste nie, welches Wesen als nächstes den Kopf hängen lassen würde, manchmal kam der Wechsel zwischen Gesund und Sterbenskrank völlig abrupt, zumindest für mich. In der »echten Welt« außerhalb des umhegten gläsernen Territoriums herrschte ein oft unerträgliches Auf und Ab.

Nougat hingegen wuchs und genoss ihren unspektakulären Alltag, das wage ich mit aller gebotenen Vorsicht doch zu behaupten, und sie entwickelte in ihrem Zuhause sogar einige Routinen. Eine Zeitlang zog es sie abends, wenn es dunkel wurde, in Richtung Gurke und, wenn vorhanden, zum Löwenzahn; dann nahm sie etwas Kalk auf, und zum Ruhen verzog sie sich in eine Höhle unter einer Baumscheibe. Je mehr sie wuchs, desto kleiner erschien ihr Aquarium, und ich kaufte über eine Kleinanzeige ein gebrauchtes, über ein Meter langes, vierzig Zentimeter tiefes und fünfzig Zentimeter hohes Aquarium aus Kunststoff. Es passte perfekt in die Fensterhöhle meiner Gästetoilette, und abgesehen davon, dass nun kein Platz mehr für Toilettenpapier, Seife und Handtücher war, war es ein ideales Arrangement. Noch mehr Aquaristikfreuden ohne Fische!

Im zweiten Frühjahr ihres Lebens, also im Alter von einem Jahr, war Nougat zwar größenmäßig ausgewachsen, aber noch nicht geschlechtsreif; wieder überlegte ich, wie es weitergehen sollte. Der Frühling gefährlich, der Sommer potenziell tödlich, der Herbst wieder bedrohlich … Doch noch während ich wieder meine gedanklichen Schleifen um Artgerechtigkeit, Gerechtigkeit, Freiheit und Lebensqualität zog, geschah etwas ganz anderes, das einige weitere Aquarien und noch viele weitere Schnecken – einen wahren Schneckensommer! – nach sich zog.

Kapitel 6

Schneckensommer

Das Schlamassel begann mit einem der hiesigen Traktoren, die ja ohnehin ambivalente Zeitgenossen sind, so nützlich und oft unnütz in einem. Neulich erst beobachtete ich, wie ein Traktor einen Feldweg entlangfuhr und einen sehr großen Anhänger dort abstellte; was er vorhabe, fragte ich den Fahrer. »Das ist für Bauschutt«, sagte er.

In der Tat lag zwei Wochen später auch ein – zwar recht kleines, aber mit dem bloßen Augen durchaus erkennbares – Häufchen zerbrochener Ziegel und Mörtelreste darin. Für mein Gefühl hätte man die paar Scherben durchaus anderswo aufheben können als in einem Anhänger dieses Ausmaßes, aber ich wusste schließlich nicht, was sie sonst noch vorhatten.

Durch einen Zufall war ich wieder vor Ort, als sie das nächste Vorhaben umsetzten: Dieses Mal kamen gleich zwei Traktoren, einer kuppelte den Anhänger an, der andere platzierte seine Schaufel unter dem Anhänger. Der vorne angekuppelte schaltete die Kippvorrichtung ein, das Bauschüttchen setzte sich in Bewegung und glitt laut rumpelnd in die Schaufel des zweiten Traktors. Der fuhr davon, der vordere kuppelte los und folgte. Übrig blieb ein nun wieder leerer, sehr großer Anhänger auf einem Feldweg.

Auf mich wirkte das ganze Manöver, bei dem wer weiß wie viele Pferdestärken involviert waren und etliche Liter Diesel verbraten wurden, eher sinnlos. Hier kam womöglich wieder Dr. T.s Weisheit zum Zuge: »To someone with a hammer everything looks like a nail.« So vermute ich, dass das Besitzen starker Motoren dazu verführt, seine Fahrten und Gänge mit dem größtmöglichen Gerät durchzuführen, das einem zur Verfügung steht, und die Schaufel seines Traktors auch bei Anlässen einzusetzen, bei denen traktorlose Mitmenschen sich einer Schubkarre oder eines Eimers bedienen würden. Eventuell gar eines Löffels.

Dann wiederum denke ich, ich sollte nicht so harsch sein und vor allem nicht so überheblich: Wenn man einen Traktor fährt, fällt den Umstehenden nun einmal jeder Fehler und alles Schusselige mehr ins Auge. Wie oft bin ich schon mit meinem Pkw zum Einkaufen gefahren, um kurz vor Dorfende festzustellen, dass ich den Einkaufszettel oder ein Rezept für die Apotheke vergessen hatte! Oder habe eine Tasse Tee ins Wohnzimmer getragen und musste dann in die Küche zurückkehren, weil ich dort das Schälchen für den Teebeutel hatte stehen lassen. Was die beiden mit dem Anhänger auf dem Feldweg veranstaltet hatten, war ja eigentlich ähnlich schusselig, nur eben in größeren Dimensionen.

Nachdem ich auf diese Weise selbstkritisch angemerkt habe, dass wir alle gelegentlich unnötige Wege zurücklegen, weil wir das Unternehmen anfänglich schlecht geplant haben, möchte ich gern wieder zu meiner Ausgangsvermutung zurückkehren: Ich glaube, ein Traktor verführt dazu, ihn auch da mit Trara durch die Gegend zu fahren, wo ein Dreirad genügt hätte.

Jedenfalls rollte eines Tages im Mai ein anderer Traktor meine Auffahrt herab, am Steuer G., der neue Praktikant meines Vermieters. Wir hatten uns schon einmal aus der Ferne gesehen und zugenickt, aber noch nicht miteinander bekannt gemacht. Als der Traktor seitlich an der Kartoffelscheune hielt, gingen bei mir die Alarmglocken an. Es ist nämlich so, dass ich nach etlichen Jahren des Schneckenbeobachtens und des Darüber-Nachgrübelns, wie sie eigentlich am besten und liebsten leben, eine recht genaue Vorstellung davon habe, was gute Schneckengebiete sind und was nicht. Im Wald zum Beispiel sind Weinbergschnecken gar nicht so gut aufgehoben, wie viele Menschen meinen, schon weil der Boden dort meist zu sauer ist. Weinbergschnecken bevorzugen die Ränder, die Säume der Wiesen, dummerweise auch die Orte, wo Menschen oder ihre Autos die Vegetation beschädigt haben und das Grün beginnt, sich zu versetzen: Welkes und angedetschtes Zeugs mögen Weinbergschnecken am liebsten. Sie machen sich freudig über das Zertretene oder Überfahrene her, und dann kommt leider oft der nächste Mensch oder das nächste Auto.

Nicht alles, was eine Weinbergschnecke erst einmal verlockend findet, ist also wirklich zukunftsträchtig. Am Anfang unseres Waldweges aber, an der Westseite meines Hauses sowie östlich des Kirschbaums liegen nicht bloß gute, sondern regelrecht exzellente Schneckengebiete (im folgenden: ESchneG). Ebenso wie seitlich der Kartoffelscheune: warm, aber nicht ungeschützt, feucht durch einen nahe gelegenen Teich. Zudem viele Brennnesseln, in deren Spitzen die jungen Tiere hinaufkriechen, um sich beim Ruhen in Sicherheit zu bringen, und deren abgestorbene Blätter Schnecken sehr mögen. Genau dort also, an diesem ganz besonderen ESchneG, hielt der Traktor in offenkundig landwirtschaftlicher oder flurbereinigender Absicht.

Ich versuchte, meine Landegeschwindigkeit normalem Gehtempo anzupassen, als ich rausbrauste. »Hallo, ich bin Hilal und wohne dort drüben. Was hast du vor?«, fragte ich (so oder ähnlich diplomatisch.)

»Ich soll hier bisschen Ordnung reinbringen«, brummte der Praktikant.

»Ordnung?!« Jetzt war ich wirklich alarmiert. Meine Erfahrungen mit Ordnung, die Traktorfahrer irgendwo reinbringen, sind nicht die besten. Gewiss, manchmal benutzen sie ihre Schaufel, um einen Haufen Erde abzutragen oder Ziegelscherben umzusiedeln, siehe oben; aber noch viel öfter fährt ein Traktor in ein

Gelände, um eine schief gewachsene junge Birke umzulegen, um irgendwelche Zäune platt zu drücken oder um hinter einem landwirtschaftlichen Gebäude zum Beispiel nach einer Kartoffelkiste zu suchen. Diese Kiste wird zumeist nicht gefunden, aber die gesamte Vegetation dorthin ist auf Wochen erledigt.

Ich wollte nicht, dass ESchneG 4 eine solche Katastrophe widerfuhr, und erklärte G., dass dieser feuchte Maientag ein guter Tag für Schnecken sei, nicht aber für das Schaffen von Ordnung. »Könntest du mir bitte ein paar Minuten geben, damit ich die Weinbergschnecken, die hier herumkriechen, woanders hintragen kann?«

G. nickte. Wie ich später erfuhr, war dies noch ein Ansinnen, das er gut nachvollziehen konnte, wobei er mein weiteres Vorgehen in dieser Sache für derart, nun ja, eigenwillig hielt, dass er meinen Vermieter verstohlen fragte, ob ich aus sozusagen karitativen Gründen auf dem Hof aufgenommen wurde, also weil ich nicht für mich selbst sorgen und nicht nach den üblichen Maßstäben alleinverantwortlich leben konnte.

Neben diesem kleinen Missverständnis gab es unmittelbar noch ein weiteres, nämlich dass G. und ich unter »ein paar Minuten« jeweils Unterschiedliches verstanden. Der Traktor rollte davon. Ich nahm drei, vier Schnecken auf und überlegte, wohin mit ihnen.

Es war wirklich schade, dass diese Tierchen ihr Gebiet aufgeben mussten, und das nur wegen der Ordnungswünsche eines anderen. Vermutlich würde es nachher wieder zu einem ebenso exzellenten Schneckengebiet werden, sie könnten am Abend wieder zurück. Ich beschloss, die vier Schnecken zu Nougat zu setzen.

Ich entdeckte noch zwei, es wurden also sechs. Weil Nougat inzwischen in dem sehr großen, fensternischenfüllenden Terrarium mit einem halben Quadratmeter Grundfläche und fünfzig Zentimetern Höhe lebte, schien es mir keine Zumutung für sieben Schnecken zu sein, dort einen Tag zu überbrücken.

Nach einer Stunde war G. immer noch nicht da. Ich schritt noch einmal die Brennnesselrabatten von ESchneG 4 ab, und siehe da: Weitere vier große, schöne Weinbergschnecken hatten sich aus dem Gestrüpp ins Offene getraut. Sie alle würden platt gefahren, wenn G. demnächst, spätestens nach seiner Mittagspause, wiederkäme.

Ich besaß ja noch das kleinere Aquarium, in dem Nougat zuerst gesessen hatte, und gab die vier dort hinein, mit Kalk, Gurke, Löwenzahn.

Der Nachmittag ging dahin, und mir kamen Bedenken, ob G. nicht langsam Feierabend machen würde. Nun gut, es war eigentlich kein Problem, die Schnecken eine Nacht drinnen zu behalten. Sicher würde G. am nächsten Tag kommen.

Am nächsten Morgen stand ich extra früh auf und kontrollierte nochmals die Heimat der Schnecken: wieder drei neue. Schwupps, auch noch schnell in den Aquarien geparkt. Als G. am frühen Nachmittag immer noch nicht erschienen war, lief ich zum Hof, um ihn zu suchen. Es war nämlich ein Freitag, und tatsächlich hatte er auch nicht vor, in dieser Woche noch Ordnung zu schaffen. Er würde Anfang der nächsten Woche wiederkommen. Falls es klappte, fügte er hinzu.

»Das hoffe ich sehr«, sagte ich mit Nachdruck. »Die Schnecken hab ich nämlich jetzt alle zu mir ins Haus genommen.« (Dies war, im Nachhinein rekonstruiert, der Punkt, an dem ihm Zweifel bezüglich meiner Mündigkeit gekommen sein müssen. Er ließ sich allerdings nichts anmerken.)

Ich brauche Ihnen nicht jeden Tag der folgenden Woche nachzuerzählen, auch nicht, wie viele weitere Schnecken ich jeweils fand, und auch nicht die ereignislosen Ereignisse der darauffolgenden Woche. Immer hieß es, G. werde ganz bald kommen, und immer kamen nur noch mehr Weinbergschnecken. Ich kaufte natürlich ein weiteres gebrauchtes Aquarium und funktionierte zwei große Plastikkisten um. Manche Schnecken setzte ich auch an andere

ESchneGs um – Waldweg, Westseite, unter die Kirsche –, aber je mehr Schnecken ich in ihrer ursprünglichen Heimat fand, desto mehr wurde ich in meiner Vermutung bestärkt, dass es sich um ein Gebiet von wirklich einzigartiger Exzellenz handeln musste. Es wäre schade, später niemanden dorthin zurückzusiedeln.

Den inzwischen zwei Dutzend Schnecken ging es derweil in den Aquarien sehr gut, soweit ich das beurteilen kann. Sie tankten Kalk und raspelten Gurke, und weil es auf den Sommer zuging, nahmen sie ihr Liebesleben auf. Und zwar mit Begeisterung: Sie schienen sich zu paaren, wo immer sie sich begegneten, und da man in einem Aquarium alle Fühler lang ganz mühelos jemandem begegnete, hatten überall Schnecken Sex. Oft auch drei miteinander, die Häuser nach außen gerichtet, die drei Körper zu einem einzigen feuchten, lebenden, hoffentlich glückseligen Gebilde verschmolzen.

Ich machte mir also nicht direkt Sorgen um das Wohlergehen der Schnecken, aber langsam zeichnete sich doch ab, dass das Projekt Schneckenrettung ein wenig aus dem Ruder gelaufen war. In der Werkzeugkammer standen drei Terrarien, im Bad und im Flur noch jeweils eins. Ständig musste ich irgendwo Wasser hinein sprühen oder welke Salatblätter herausholen. Ich fuhr zu einem befreundeten Biobauern und holte mehrmals die Woche Gurken, Salat und noch mehr Gurken. So konnte das nicht weitergehen. Leider dauerte es mindestens zwei Wochen, bis ich G.s wieder habhaft wurde, und dann kam sie heraus, die ganze Wahrheit: Die Ordnung, die er im Sinne hatte, bestand vor allem darin, die Brennnesseln niederzumähen, und dazu brauchte der Traktor einen bestimmten Aufsatz, und an diesem Aufsatz war ein Messer kaputt gegangen, und dieses Messer musste nachbestellt werden, und die Ankunft desselben ließ auf sich warten.

Weil G. ein echter norddeutscher Jung ist, brauchte ich noch viel länger, diese Informationen aus ihm herauszuholen, als Sie jetzt lesen mussten. Es war eine gleichsam detektivische Arbeit, jedenfalls lautete die Antwort auf die Frage, wann der Traktor wieder voll einsatzfähig sein würde: Niemand wusste es.

Wieder überlegte ich, die Schnecken einfach auf die übrigen Territorien zu verteilen, und wieder dachte ich, dass das aber sehr schade wäre – niemand, der Schnecken in einer solchen Evakuierungsaktion an die drei Wochen in fünf großen Terrarien bei sich zu Hause beherbergt hat, gibt dann einfach klein bei und bringt sie anderswo hin.

Okay, um eine Aussage über »niemanden« zu machen, ist die Bezugsmenge vielleicht zu gering – jedenfalls wollte *ich* nicht klein beigeben. Da fiel mir ein, dass ich von einer früheren Kaninchenbeherbergung noch ein Stück Garten mit einer Art Voliere abgetrennt hatte. Dies müsste auch ein gutes Gebiet für Schnecken sein. Ich könnte Kalk streuen, ein paar Möglichkeiten zum Hoch- und Drunterkriechen schaffen, weiterhin Gurken und Salatköpfe auslegen …

An der besagten Stelle wollte in unbestimmter Zukunft die Telekom das Glasfaserkabel verlegen, das mich mit Internet versorgen würde. Endlich! Über die bisherige Telefonleitung hatte ich nämlich keinerlei Internetempfang, und auch die LTE-Masten der Nachbarorte waren von meinem Haus aus unerreichbar; daher hatte mir ein Freund eine Satellitenschüssel montiert, damit ich meine Daten mit dem Rest der Welt austauschen konnte.

Derweil wartete unser gesamtes Dorf sehnlichst auf das Glasfaserkabel. Es hatte schon vor Langem eine Informationsveranstaltung in unserer Dorfkneipe gegeben, wo wir die entsprechenden Verträge oder vielmehr die Anträge auf die Verträge hatten stellen können. Zusagen über den Zeitpunkt der Verlegung gab es aber nicht. In einem etliche Kilometer weit entfernten Dorf waren bereits vor Monaten große Spulen mit orangefarbenen Plastikröhren gesichtet worden, in denen später das Glasfaserkabel verlaufen sollte. Langsam bewegte sich diese orangefarbene Schlange ins unmittelbare Nachbardorf, und dann tauchte tatsächlich auch bei uns eine solche Spule auf, ohne dass allerdings gebuddelt, abgespult oder gar verlegt worden wäre. Seither bestand also zwar Hoffnung, dass die Bauarbeiten irgendwann zu uns vordringen würden, aber sonderlich konkret war diese Hoffnung noch nicht.

Das nun folgende Missgeschick beruhte auf einem so exakten Timing, dass ich als Autorin Sie explizit bitten möchte, mir zu glauben, dass es nicht irgendwelcher erzählerischen Effekte wegen erfunden ist. Ich hatte also die Ex-Kaninchen-Voliere mit Brettern, Baumstämmen, Schüsseln, Kalk und Gurken schneckengerecht aufgehübscht und meine inzwischen dreißig Exilantinnen dorthin ausgesetzt. Zwei Tage später kam ein in Orange gekleideter Herr von der Telekom und kündigte an, in genau diesem Fleckchen Niedersachsens Erdarbeiten durchführen zu wollen, die mein Häuschen mit dem künftig an der Hauptstraße verlaufenden Kabel verbinden sollten. Wann? Natürlich morgen.

Wenn man anderthalb Jahre lang auf eine Anbindung ans WorldWideWeb gewartet hat und dann endlich ein Fernmeldetechniker (oder wie das heute heißt) vor der Tür steht, bleiben einem sämtliche Einwände im Halse stecken. Es mag überraschen, und man mag es auch feige finden, aber ich sagte nicht etwa: »Das geht nicht, da habe ich doch gerade die Schnecken hingesetzt!« Sondern ich nickte – nein, nicht einfach nur zustimmend, sondern voller Begeisterung.

Kaum war der Mann gegangen, richtete ich die fünf Aquarien wieder her und sammelte die Schnecken wieder ein. Zum Glück wusste ich noch genau, wie viele es gewesen waren – dreißig –, und ich fand sie auch alle wieder.

Allerdings: Wenn ein Fernmeldetrupp »morgen« kommt, heißt das bekanntlich nicht, dass er übermorgen fertig ist. Es heißt, dass morgen einer vorbeischaut und sich etwas notiert, dass übermorgen jemand anderes kommt und einen Minibagger abstellt und dass die folgenden drei Tage lang nichts passiert … Erst wenn man die Hoffnung eigentlich schon aufgegeben hat, wird man sehr früh am Morgen davon wach, dass jemand den Minibagger angeworfen hat und in der Nähe der Hauswand im Erdreich herumkratzt.

Bis es so weit war, wurde mir das mit den Schnecken allerdings doch etwas zu viel. Wie gesagt, ich bin ein großer Weinbergschneckenfan, und ich möchte niemanden in dem etwaigen Vorurteil bestärken, dass es langweilige Tiere sind! Vermutlich hätte ich genauso empfunden, wenn ich dreißig Pinguine oder dreißig Wombats so lange in Werkzeugkammer, Bad und Diele hätte beherbergen müssen. Aber irgendwann meldet sich in einem Menschenkopf dann doch eine leise Stimme zu Wort und raunt, man habe nun oft genug dabei zugesehen, wie sich die kleinen Gäste in eine Gurkenscheibe hineinraspeln oder zu dritt vereinigen. Als Folge von all dem Sex hatten etliche von ihnen bereits Gelege angelegt, wozu sie einige Zentimeter tief in der Erde eine kleine Höhle an- und jeweils etwa fünfzig perlenähnliche Eier hineingelegt hatten. Im Laufe von etwa vier Wochen würden in diesen Eiern die neuen kleinen Schnecken heranreifen, sich nach dem Schlüpfen erst einmal in ihrer Höhle bewegen, teils auch von anderen Eiern ernähren und dann allmählich einen Weg nach oben buddeln.

Mir blieb also nicht mehr viel Zeit, bis es in den Aquarien von Hundertschaften von Minischnecken nur so wimmeln würde, und das spezielle Traktormesser war auch noch nicht eingetroffen. Also beschloss ich, die Gelege vorsichtig mit der sie umgebenen Erde aus- und draußen wieder einzubuddeln. Und die Elterngeneration der dreißig setzte ich auch hinaus. Einige in ESchneG Nr. 1, andere in Nr. 2, und die meisten setzte ich in ein weiteres Gartenstück nach Westen, das von einem Zaun umgeben und dadurch vor Menschenfüßen weitgehend geschützt war.

Auch Nougat setzte ich dort hin, schweren Herzens; aber die Erde in den Aquarien musste erneuert und die Glasscheiben gereinigt werden, und es waren noch einige, hoffentlich gute Monate bis zu Kälte oder gar Frost. Der Zeitpunkt war nachgerade ideal – falls es für Weinbergschnecken ideale Zeitpunkte gab.

Irgendwann tauchte dann auch der Traktor wieder auf, jetzt mit dem besonderen Messer. Und er mähte nicht nur die Brennnesseln ab, sondern riss auch ein paar Ahornschößlinge aus, die zu nah an der Scheune Wurzeln geschlagen hatten; bei dieser Aktion walzte er das gesamte ehemalige ESchneG Nr. 4 nieder. So gesehen hätte ich die Schnecken sowieso nicht wieder dort aussetzen können, denn es gab kein Grün mehr, weder als Nahrung noch zum Verstecken. Erst im darauffolgenden Jahr wuchsen wieder Gräser, Brennnesseln und auch einige Ahornschößlinge nach; und immer wenn ich eine Weinbergschnecke auf dem Gartenweg oder in Stallnähe sehe, wo sie sowohl von Menschen- wie auch von Schaffüßen bedroht ist, trage ich sie hinüber in das wiedererstandene Schneckenparadies.

Alle Besucher und Helfer wissen von der erstaunlich starken Präsenz von Weinbergschnecken in meinem Garten, sie sitzen ja auch sichtbar überall auf Mäuerchen, unter Gartenstühlen und an der Hauswand, und weniger sichtbar auf und unter vielen Pflanzen. Der Pflege meines Gartens hat das insgesamt nicht gutgetan, denn um die Zahl Tod bringender Begegnungen zu verringern, sind etliche Stellen des Gartens zu Schneckenreservaten erklärt worden. Man kann sich nicht mehr im Beet bewegen, ohne vorher unter jeden Grashalm zu schauen, und mähen will hier schon gar keiner mehr, weil uns allen so deutlich bewusst geworden ist, wie viele extrakleine Leute hier wohnen. Gelegentlich stäube ich etwas Kalk über die »Reservate«, und wenn es sehr heiß und trocken ist, wässere ich auch mal einige dicht bewachsene Stellen.

Dennoch bleibt es in Menschennähe für sehr kleine Wesen stets bedrohlich. Je mehr Schnecken ich aus dem ESchneG 4 retten und in meinen Garten setzen konnte, desto mehr gerieten dort in Gefahr, von meinen eigenen Füßen zertreten zu werden; und insbesondere der Nachwuchs, der ja nicht nur klein, sondern auch erdbraun gefärbt ist, gerät immer wieder unter unsere Sohlen. Einmal habe ich eine Schnecke gar beim Öffnen der Terrassentür zerquetscht! In solchen Momenten möchte man dieses evolutionäre Arrangement verfluchen: Was sind wir Menschen nur für Trampel? – Aber wir können ja nichts dafür, dass wir so groß sind.

Ein andermal zertrat ich, während ich für Nougat Löwenzahn pflücken wollte, eine andere, gute verborgene Weinbergschnecke. Verrückt. Rein rechnerisch gesehen könnte man mit Blick auf die Gesamtgröße der Schneckenpopulation fragen, ob es da nicht besser oder wenigstens ethisch neutral gewesen wäre, Nougat sterben zu lassen. Erst recht, wenn man an die Ressourcen denkt, die für die Herstellung des Aquariums verbraucht worden waren, oder die Ackerfläche für all die Gurken!

Aber wie gesagt: All das gilt nur rein rechnerisch, und weder das geheimnisvolle große Gefüge des Lebens noch der viel kleinere Ausschnitt unserer menschlichen Ethik folgen strikt den Zahlen. Irgendwie kostet ja alles Tun Ressourcen und damit zumindest indirekt Leben. Hätte ich zum Beispiel keinen Löwenzahn für Nougat gepflückt, wäre ich vermutlich einer anderen Beschäftigung nachgegangen; vielleicht wäre ich im Wald spazieren gewesen und hätte dabei ebenfalls jemanden zertreten. Oder ich wäre einem anderen Hobby nachgegangen, das andere und vielleicht noch mehr Ressourcen und Leben gekostet hätte …

Sie sehen, wieder einmal verführte mich das Nachdenken über die sehr kleinen Wesen zu endlosem, mehr oder weniger philosophischem Grübeln. Demnach ist der Versuch, alles »richtig« zu machen, vergeblich. Und dennoch ist er absolut notwendig, oder etwa nicht? Es macht eben einen Unterschied, ob wir achtlos herumtrampeln oder bewusst auf die anderen achten, mit denen unser Leben verflochten ist – selbst wenn unsere Rücksichtnahme »rechnerisch« womöglich kaum einen Unterschied macht und selbst wenn wir mit den Ergebnissen nie zufrieden sein können, weil in der Natur ständig ungezählte Individuen elendig zugrunde gehen.

Man könnte sich eine Welt denken, in der die Menschen resigniert haben und sagen: Ist doch egal, was wir alles so an Kollateralschäden anrichten, das Gesamtgefüge ist zu kompliziert für Moral und Mitgefühl, und von den Schnecken gibt es doch eh so viele … Aber man kann sich eben auch eine Welt denken und an dieser mitwirken, in der es *nicht* egal ist.

Ich möchte lieber in Letzterer leben.

Und was wurde aus Nougat? Überstand sie den Winter – den zweiten Winter in ihrem Leben? Zog sie sich nicht zu spät und nicht zu früh, sondern zum genau richtigen Zeitpunkt zurück und verschloss ihr Gehäuse mit einem Kalkdeckel? Fiel sie womöglich Ameisen zum Opfer oder Krähen oder der Hitze des folgenden Sommers – oder wurde sie im kommenden Sommer geschlechtsreif und stammten einige der kleinen braunen Kerlchen, die ich an Stängeln und Wänden sah, von ihr ab?

Anderthalb Jahre später, also zwei Winter nach dieser ganzen Rettungsaktion, trat ich an dem ersten warmen Tag des Frühlings auf meine Terrasse. Auf der Weide wuchs noch nicht viel, die Schafe wanderten mal hier- und mal dorthin, nahmen ein Mäulchen voll Probe und trollten sich wieder in den Stall, um in den Heuraufen zu stöbern. Das Kraut zwischen den Ritzen auf der Terrasse hatte noch nicht wieder zu sprießen begonnen, witterte aber schon die Möglichkeiten. An der Rose sah man, wenn man ganz genau hinsah, an einigen Stellen hellgrünes Leben erwachen. Und an dem Mäuerchen, das die Terrasse umfasste, krochen zwei Weinbergschnecken. Viel zu früh, wie ich befürchtete. Der Wetterbericht hatte noch etliche Frostnächte angesagt.

Beide Schnecken waren weißlich bis hellgrau und schon voll ausgewachsen.

Die eine hatte ein auffälliges Gehäuse, ich schaute sie mir genauer an. Die Windungen im Zentrum waren völlig durcheinander, und es sah aus, als hätte sie irgendwelchen einsiedlerkrebsartigen Stuck auf ihrem Gehäuse … Es war Nougat! Vergleiche mit früheren Fotos bewiesen es. Sie war inzwischen nicht mehr kastanienbraun, sondern wie ausgebleicht – ich weiß nicht, ob das bei zwei- bis dreijährigen Schnecken immer so ist.

Ich freute mich kolossal über das Wiedersehen und war wirklich sehr überrascht. All meinen Freund:innen, die monatelang Nougats Wachstums in der Gästetoilette hatten mitverfolgen müssen, schickte ich neuerliche Fotos von der nun hellen Nougat.

Und ich dachte an die aktuelle Wettervorhersage. Richtete das Aquarium wieder her, platzierte Untertasse und Gurken. Setzte Nougat und die andere helle Schnecke hinein, ein (vermutlich) letztes Mal. Ich wog beide auf der Küchenwaage. Das frühere Gewicht der hellen Schnecke kannte ich ja nicht, aber sie erreichte nicht einmal dreißig Gramm; und Nougat lag bei zweiunddreißig. Sie hatte über den Winter viel an Substanz verloren!

Aber die beiden legten bald schon wieder ordentlich zu. Sie verleibten sich Gurkenscheiben und Löwenzahn ein ohne Ende. Nach einer Woche bereits hatte Nougat acht Gramm wieder aufgestockt, die andere Schnecke sechs Gramm. Nachdem sie die ersten Tage praktisch in einem durch gefuttert hatten, pendelte sich nun ein normaler Rhythmus ein, Mahlzeiten wechselten sich ab mit Ruhephasen.

Und dann, als ich mir recht sicher war, dass ein ziemlich gutes Frühlingswetter für Schnecken ins Haus stand – kein Frost mehr, noch nicht zu viel Sonne –, setzte ich die beiden wieder in den Garten. Trotz allem, was ich mir vorher so kompliziert zu Wohlergehen und Freiheit von Schnecken überlegt hatte. Und obwohl ich denke, dass Schnecken, alles in allem betrachtet, in einem (idealen) Terrarium gut dran sind: Wir können den Lauf der Natur nicht ändern, aber dieser individuellen Schnecke selbst tun wir damit höchstwahrscheinlich etwas Gutes; wir verlängern ihr Leben deutlich und enthalten ihr vermutlich nichts Wesentliches vor, anders als bei der Käfighaltung eines Meerschweinchens oder Kanarienvogels oder bei der Gefangenhaltung einer Kuh, einer Forelle oder eines Masthuhns. Es ist nicht verpflichtend (und empirisch natürlich auch unmöglich), jede Schnecke, die einem über den Weg kriecht, in einem Terrarium zu schützen – aber moralisch ist es wohl in Ordnung.

Andererseits: Was, wenn Schnecken nun doch die Fülle unterschiedlicher Gerüche essbarer wie nicht essbarer Pflanzen als angenehm empfinden? Was, wenn die Sonnenstrahlen ihnen zwar gefährlich werden können, sie im Frühsommer aber auch in Erregung versetzen? (Jetzt kommt die aufregende Zeit voller Sex!) Was, wenn auch eine Schnecke nicht nur froh ist, wenn sie immerzu weiß, wo die nächste Gurkenscheibe liegt, sondern wenn es ihr besonders viel Freude bereitet, sich auf die Suche zu machen, etwas Neues zu finden und sich den Magen nach einer kleinen Dürrezeit wieder vollzuraspeln?

Eindeutige Antworten auf diese Fragen werden wir wohl nicht finden, aber vielleicht führt uns dieses Rätseln zu neuem Respekt vor dem Leben auch der ganz kleinen oder anderen Wesen, das wir trotz aller menschlichen Schläue und Technik nicht zu durchschauen vermögen. Respekt vielleicht vor der Komplexität überhaupt jedweden Lebens. Und vielleicht steht hinter diesem Respekt sogar eine Art religiös oder spirituell eingefärbte Haltung, mit der wir eben trotz allem Negativen die Welt bejahen wollen, wenn wir trotz allem, was wir über Krieg, Not, Gewalt und Bösartigkeit wissen, sagen, das Leben sei schön. Wenn wir uns zu dieser Bejahung durchringen können, dann gilt sie für unser Leben und für das der Schnecken.

Kapitel 7

Das Nahen der Wölfe

Inzwischen, Sie werden es sich schon gedacht haben, hat sich der Klimawandel noch auf andere Weise als durch Hitze und Dürre bemerkbar gemacht. Die ESchneGs mit Wasser zu berieseln, war in diesem Sommer zum Beispiel nicht meine vordringlichste Aufgabe – eher hatte ich Sorge, es würde plötzlich zu viel Wasser gegen die Hauswände drücken, an denen die Schnecken Zuflucht gesucht hatten, und sie könnten sich nicht retten. Früher habe ich das Wort »Starkregen« in der Wetterapp gar nicht wahrgenommen – seit der Flutkatastrophe im Westen Deutschlands im Juli 2021 hat es einen bedrohlichen Beiklang bekommen. Denn in diesem Jahr habe ich Luftaufnahmen von Weiden gesehen, auf denen Dutzende cremeweißer Punkte zu erkennen waren: die Körper toter Schafe, die die Fluten an die Zäune getrieben hatten.

Das eine Ende unseres Schafstalls liegt in der Nähe des Teiches, in dem die Gänse zunächst so dringend und dann nie wieder baden wollten, und ist leicht erhöht. Was, wenn der Abfluss bei solch einem Starkregen nicht ausreichte? Würde das Wasser unter der altehrwürdigen, durch fast einhundertfünfzig Jahre Gebrauch leicht ramponierten Stalltür hindurchfließen? Das Futter verderben, die Schafe durchnässen, die kleineren unter ihnen gar ertränken? Wie sollte ich die mir anvertrauten Tiere vor solch einer Flut schützen – oder, wo wir schon mal bei den Katastrophenszenarien sind, bei einer extremen Hitze, wie sie Südeuropa und den Westen Nordamerikas in diesem Jahr heimgesucht hat?

Ich befragte diverse Feuerwehrleute, Tierärzte und Tierärztinnen, Landwirte und jemanden, den ich zu diesem Zeitpunkt noch für einen Bauingenieur hielt (der aber, obwohl er einen ganz anderen Beruf ausübt, den ich wieder vergessen habe, doch sehr nützlich war). Was die Flut angeht, waren sich alle einig, und ich hoffe, sie liegen richtig: Niemand hielt meine angstvolle Fantasie für realistisch, dass sich auf dem hiesigen Teich und meiner Weide solche Wassermassen aufbauen könnten, dass die Schafe gefährdet wären. Dabei war ich schon drauf und dran gewesen, den gesamten Stallsockel außen prophylaktisch mit Folie einzuhüllen und Hunderte von Sandsäcken zum Befüllen und Beschweren zu ordern … Inzwischen habe ich das Vorhaben abgeblasen – zumal mich der Beinahe-Bauingenieur auf etliche große Risse im Mauerwerk hinwies, die ich ohnehin nicht alle hätte abdecken können.

Was den Fall extremer Hitze angeht, erwog ich diverse Evakuierungsmöglichkeiten, telefonierte mit den Herstellern von Klimatechnik für (allerdings moderne, nahezu hermetisch geschlossene) Ställe und beschloss, bestimmte Schattenplätze mit Gehölz zu verdichten und große Ventilatoren anzuschaffen.

Doch ganz gleich, wie oft ich diese Sorgen in meinem Geist hin- und herwälze, mich nachts von ihnen wachhalten lasse und mir vermutlich insgeheim einbilde, allein durch das sorgenvolle Begrübeln könnte ich die Schrecken solcher Katastrophen bannen oder verhindern: Sowohl extremer Regen als auch extreme Hitze, extremer Schnee oder Wind würden meine Tiere und mich vor große Probleme stellen.

Und natürlich nicht nur *meine* Tiere. Manche Leute aus Nordrhein-Westfalen haben in diesem Sommer erzählt, nach dem Abebben der Flut habe man mancherorts ganze Leichenberge von Haustieren gesichtet. Was aber ist erst mit denen, die keiner sieht und keiner zählt? Den Mäusen, den Jungtieren, denen, die von den Wassermassen eingeschlossen wurden …? Oder all denen, die bei Hitze verdursten, im Winter nicht genug Nahrung finden und so weiter?

Aber Moment mal: Schon bei den Schnecken fiel auf, dass die Abläufe der »Natur« auch ohne menschengemachte Probleme eine Fülle von Katastrophen bereithalten. Jede Klimaschwankung, von Jahr zu Jahr, bedeutet, dass Nahrung ausbleibt, mit der gerechnet wurde. Krankheiten und Parasiten befallen Bäume, vernichten Früchte. Es kann zu viel oder zu wenig für eine gute Ernte (für Tiere) geben, und auch naturnahe Flüsse, die regelmäßig über ihre Ufer treten, ertränken unzählige Tiere. Zum natürlichen Rhythmus mancher Steppen und Wälder gehören Brandepisoden, und auch in diesen natürlichen Bränden stirbt es sich nicht »angenehm«. Es gehört zu den verzwicktesten Gebieten der philosophischen Tierethik zu bestimmen, warum genau die einen Katastrophen »noch schlimmer« als die anderen sind – beziehungsweise wann wir Menschen zur Hilfe verpflichtet oder überhaupt nur fähig sind. Die in den USA lehrende Philosophin Clare Palmer hat unter dem Titel *Animal Ethics in Context* ein sehr differenziertes Buch darüber geschrieben, unter welchen Umständen wir Wildtieren gegenüber Verantwortung haben, und diskutiert auch ausführlich den Fall einer (natürlich verursachten) Flut, in der Hunderte von Gazellen zu ertrinken drohen. Sollten oder müssen wir ihnen gar helfen?

Dennoch muss ich zugeben, dass mir die vielen Kategorien und Hilfsmittel zur theoretischen Unterscheidung immer undurchsichtiger werden, je länger ich in der Nähe von Wald und Weiden lebe und je genauer ich hinschaue. Vielleicht merkte man es schon an meinen Erzählungen über die Schnecken: Pflücke ich der einen einen Löwenzahn, zertrete ich dabei vielleicht eine andere.

Vor zwei Jahren zerstörte auf einem Nachbarhof ein Unwetter das Nest eines Turmfalken, und eines der Jungen wurde am darauf folgenden Tag auf dem leeren Hof gesichtet, verwaist und offenkundig hungrig. Eine Anwohnerin konnte das Elend dieses Kindes – um das es sich ja handelte – nicht mehr mit ansehen und brachte es in eine Wildtierstation.

Da wurde es versorgt – und mit Mäusen gefüttert, die extra zu diesem Zweck irgendwo gefangen gehalten und gezüchtet wurden. Ja, wir verspüren und besitzen eine Verantwortung gegenüber einem solchen in Not geratenen, kindlichen Falken, zumal unsere moderne Landwirtschaft die Lebensbedingungen der Greifvögel erschwert hat – aber besitzen wir nicht auch gegenüber den Mäusen in unserer Gefangenschaft oder Obhut eine Verantwortung?

Zu den drängendsten Aufgaben des Tierschutzes oder des Tierrechtsaktivismus zählt es, dass wir überhaupt erst einmal wahrnehmen, mit wie vielen nicht-menschlichen Tieren wir in Kontakt kommen, sich unsere Wege kreuzen. Aber wenn wir sie dann wahrnehmen, sehen wir sie plötzlich überall, und jetzt wird es wirklich schwierig: Sie nicht zu essen, nicht zu quälen, nicht zu züchten ist ja noch einfach. Aber wie sollen wir mit all ihnen interagieren? Welchen von ihnen sollen wir im Notfall helfen, welche Beutetiere vor welchen Raubtieren beschützen? Inwieweit könnten wir das überhaupt?

Diese Fragen sind für mich nicht ganz so abstrakt, wie sie sich vielleicht anhören. Es gab nämlich noch eine wesentliche Veränderung im Leben der Schafe und dadurch in meinem Leben, die nichts mit dem Klimawandel und oder dem Prozess des Alterns zu tun hatte. Ich meine die in der Öffentlichkeit mal mit Ehrfurcht, mal mit kaum verhohlener Furcht oder gar Feindseligkeit beschworene »Rückkehr der Wölfe«.

Die längste Zeit meines Lebens waren Wölfe für mich Tiere gewesen, die bloß in Märchen und Fernsehdokumentationen existierten. Darum benötigte ich einige Zeit, um zu realisieren, dass Wölfe tatsächlich auch durch die benachbarten Wälder und gelegentlich sogar durch unser Dorf zogen. Schon seit 2006 gab es

Hinweise auf einzelne Wölfe in Niedersachsen, seit 2007 Belege für feste Rudel. Soweit ich wusste, handelte es sich aber lange nur um wenige Rudel mit relativ festen Revieren, etwa auf einem abgelegenen Truppengelände einige Dutzend Kilometer von hier. Zwar legten Wölfe beim Jagen weite Strecken zurück, aber auf dem Truppengelände schienen sie mir hinreichend weit entfernt zu sein, und schließlich würden sie ja ohnehin nicht die Nähe zu menschlichen Siedlungen zu suchen …

Im Sommer 2013 war ich gerade auf einer Lesereise und hatte meiner lieben Schafsitterin Mabruka Haus und Herde anvertraut, als mich ihre Nachricht erreichte, dass in wenigen Kilometern Entfernung Wölfe mehrere Schafe gerissen hätten. Ich solle mir aber keine Sorgen machen, schrieb Mabruka, denn sie schreite nun regelmäßig die Weide ab, um etwaige Wölfe abzuschrecken.

Dass ich mir keine Sorgen machte, hat nicht so ganz funktioniert, aber in der Tat wandelte die gewissenhafte Mabruka immer noch – oder schon wieder – in ihren schönen, farbigen Gewändern draußen im Grünen herum, als ich am Abend nach Hause kam und sie bat, mich über Details zu informieren. Die getöteten Schafe hatten auf einer knapp zehn Kilometer entfernten Weide gestanden, und es gab offenbar schon seit einiger Zeit eine Internetseite, auf der man sich über aktuelle und archivierte Vorkommnisse dieser Art informieren konnte. Es waren nicht viele, aber ein hungriger Wolf ist ja schließlich genug. Schafe waren betroffen und einige Kälber, und überraschend oft auch Gatterwild – also Rehe und Hirsche, die auf kleinen Koppeln gehalten und dann gelegentlich abgeschossen werden, um als »Wild« in den Handel zu kommen.

Je kleiner die Koppel oder das Gatter, desto unfairer für die Tiere, oder? Sie mussten das Nahen ihres Feindes ja bemerken, gerieten sicher in Panik und hatten doch keine Möglichkeit zur Flucht. Es waren sogar angeleinte Schafe einem Wolf zum Opfer gefallen;

in meinen Augen ein weiterer Gipfel des Verbrechens – nicht, dass der Wolf Hunger gehabt hatte, sondern dass Menschen Tiere in gefährlichen Situationen an die Leine legten und sich selbst überließen. (Laut Tierschutzrecht ist das Anbinden von Schafen und Ziegen nicht verboten.)

Mit einigem Entsetzen ging mir auf, dass ich das Thema Wolf bislang völlig vernachlässigt hatte. Zum Glück hatte Mabruka so gut auf die Herde achtgegeben und war im Lüneburger Raum so gut vernetzt, dass sie zeitnah von dem Vorfall erfahren hatte.

Also informierte ich mich über Wolfsrisse und telefonierte mit einem Wolfsberater, was Zäune, Tageszeiten und Vorsichtsmaßnahmen anging. Am dringlichsten war zunächst einmal, die Schafe nachts in den Stall zu bringen und diesen zu verschließen. Das klingt nach einer geringfügigen Änderung und stellte doch meine gesamte Tages- und letztlich auch Jahresplanung auf den Kopf. Bis dahin nämlich hatten meine Schafe jederzeit Zugang zu ihrem Stall, aber auch zur Weide gehabt. Im Winter ernährten sie sich größtenteils von dem Heu, das ich ihnen zweimal am Tag zufütterte. Doch im Sommer waren sie bislang immer nach eigenem Gusto auf die Weide getrabt, auch spätabends noch, wenn der Sommertag heiß gewesen war und es nun allmählich abkühlte.

Mit dieser Freiheit war nun Schluss, denn es wäre leichtsinnig gewesen, die Herde nachts draußen zu lassen. Von nun an musste ich jeden Abend vor der Dämmerung zu Hause sein, um die Schafe in den Stall zu bringen und die Tore zu schließen. Zum Glück ist nicht nur der Stall selbst sehr groß, sondern er ist an zwei Seiten von einer zementierten Fläche umgeben, in die sich kein Wolf ein Schlupfloch buddeln kann und über die sich günstigerweise auch ein Vordach erstreckt. Ich bestellte bei einem Baustoffhandel etliche Gitter, jeweils zwei Meter hoch, und zäunte diese Fläche ein, sodass die Schafe immerhin die Wahl haben, ob sie nachts im Stall verbleiben oder unter dem Vordach liegen wollen.

Im Allgemeinen wird ein mindestens 1,40 Meter hoher Zaun mit anschließender Stromlitze als Wolfszaun empfohlen. Dieser reduziert zwar wohl tatsächlich die Zahl der Überfälle, aber es gibt immer wieder Berichte von Wölfen, die den Stromschlag in Kauf nehmen und noch wesentlich höhere Zäune und Gitter kletternd überwinden. Daher habe ich im Laufe der folgenden Jahre die zwei Meter hohe Absperrung auch noch um einen guten Meter Zaunmaterial nach oben hin aufgestockt, und in etwa zwei Meter Höhe verläuft rundherum eine zusätzliche Stromlitze.

Das hört sich zunächst einmal nach einem hinreichend stabilen Konstrukt an, doch zeigt sich in der Praxis, dass Zaunmaterial, in einiger Höhe angebracht, erschreckend viel Flexibilität besitzt und sogar ein regelrechtes Eigenleben entwickelt, zumal wenn der Wind als motivierender Faktor hinzukommt. Das Wesentliche an einer Stromlitze wiederum ist, dass sie nicht von sich aus mit dem Erdboden in Berührung kommt und auch nicht mit leitendem Material, das in der Erde verankert ist. Stromlitze und Zaun dürfen einander also nicht berühren, und bis man diesen Abstand bei einem vierzig, fünfzig Meter breiten Zaun sichergestellt hat, ist es eine ziemliche Tüftelei. Bis heute muss ich immer wieder an manchen Stellen nachbessern, wo das Zaunmaterial nachgiebig geworden ist und sich in Richtung Stromlitze beugt; meistens klemme ich dann eine kleine Plastikschüssel oder einen Katzennapf aus Kunststoff dazwischen.

Das hält ganz gut, ist der Optik allerdings nicht sehr zuträglich, und der Anblick erklärt sich nicht von selbst. Daher musste ich besagte Plastikschüsseln – ähnlich wie die wild wachsenden Zweige der Hecke oder die Punkte auf den Fensterscheiben – bereits mehrfach gegen die ebenfalls bereits erwähnten minimalistischen Freund:innen verteidigen, die »ein wenig aufräumen« möchten und sich, um mir zu helfen, als Erstes die so absurd im Zaun hängenden Kunststoffteile schnappen, die ihrem Ökobewusstsein natürlich ein Dorn im Auge sind. Nein, nein, das ist kein Müll, das ist Absicht!, muss ich dann jedes Mal rufen, eine Leiter holen und den Napf wieder zwischen Zaun und Litze klemmen, während die Leitung alle paar Sekunden fröhlich Funken schlägt.

Da ich in der Nähe des Zauns keine Wildkamera installiert habe, weiß ich nicht, ob und wie oft der Zaun meine Schafe bereits vor einem Angriff bewahrt hat. Es kann natürlich sein, dass ich hier seit Jahren einen im Wind schwankenden Drei-Meter-Zaun samt Plastikschüsseln und Litze montiert und zigmal für eine Heulieferung oder sonstige Traktorfahrten abmontiert, erneuert oder überbrückt habe, ohne dass je auch nur ein einziger Wolf versucht hat, sich meinen Schafen zu nähern. Es scheint mir allerdings unwahrscheinlich angesichts der Tatsache, dass schon zwei andere Schafhalter in unserem Dorf Schafe durch Wölfe verloren haben.

Wenige Tage nach einem solchen Wolfsangriff schritt ich besonders aufmerksam die Weide ab und fand etwa zwanzig Meter vom Schafstall entfernt auf einem matschigen Stück Boden den Abdruck einer großen Pfote. Ich fotografierte ihn, schickte ihn an eine befreundete Biologin und zeigte ihn einer Tierärztin; beide sagten, anhand des Abdrucks lasse sich nicht sicher bestimmen, ob es sich um einen Wolf oder einen Hund gehandelt habe.

Wenn es ein Hund gewesen war, dann ein großer, der zudem nachts ohne menschliche Begleitung auf der Weide unterwegs gewesen war. Ein sogenannter wildernder Hund also. Für meine Schafe hätte das, wären sie nicht im Stall gewesen, keinen Unterschied gemacht, denn aus der Sicht eines Schafs sind Hunde praktisch dasselbe wie Wölfe; auch ein wildernder Hund muss sich schließlich von etwas ernähren.

Wer auch immer es war, es war ein großes Raubtier gewesen, das die Schafe schon von Weitem gerochen haben musste und daher sicher nahe an den Stall herangekommen war. War es an den Gittern entlanggelaufen und hatte nach einer Öffnung gesucht?

Hatten sich die Schafe furchtsam im hinteren Teil des Stalls zusammengedrückt? Wäre vielleicht auch ich einem Wolf oder wildernden Hund begegnet, wenn ich bei Nacht nochmals zum Stall hinübergegangen wäre, wie ich es gelegentlich tue?

Ich habe nachts schon etliche Waschbären, Füchse, Marder und gelegentlich auch einen Dachs durch den Garten streifen gesehen; wenn ich bei Dunkelheit vor die Haustür trete und die Taschenlampe schwenke, trifft ihr Licht oft auf die unterschiedlichsten Augenpaare. Eng beieinander, hell und nah am Boden oder mitten aus einem Holzstapel heraus reflektieren die des Marders. Ich hätte diese Augen nicht zuordnen können, hätte ich nicht mehrmals minutenlang gewartet, bis sich das dazugehörige Lebewesen bewegte, und dabei einen Blick auf den Körper werfen können. Die Augen des Fuchses vorgestern leuchteten knallorange; dass es ein Fuchs war, weiß ich wegen der zugehörigen dreieckigen rostroten Ohren. Den scheuen Streunerkater Nepomuk erkenne ich inzwischen ebenso sicher an seinen kreisrunden Scheinwerfern wie die im Haus lebenden Kater. Und einmal starrten mich aus dem Wald, aus vielleicht fünfzehn Meter Entfernung, zwei Augen an, die viel weiter auseinander standen als bei Fuchs oder Katze; sie befanden sich ungefähr auf Kniehöhe oder etwas darüber und schienen rot.

Aufgrund der Position der Augen zueinander würde ich ausschließen, dass es sich um Reh, Hirsch oder Wildschwein handelte. War es ein Marderhund oder vielleicht sogar ein Wolf gewesen? Jedenfalls fixierte mich das Tier, als ich aus der Haustür kam. Ich musste einem Schaf im Stall noch ein Medikament verabreichen; und als ich zurückkam, leuchtete das Augenpaar noch an derselben Stelle. Sonderbarerweise gruselte es mich nicht. Im Gegenteil machte ich mir das Vergnügen, einer Freundin in jener Nacht mit leicht verstellter Stimme Nachrichten zu schicken, die so angstvoll wirken sollten, als handele es sich so gut wie sicher um einen Wolf.

Erst einige Jahre später rückte mir das Thema ein wenig zu nahe, als ich nach zwei Nächten hintereinander einen riesigen Kothaufen in einem abgetrennten, durch einen Zaun geschützten Teil meines Gartens fand. Wieder schickte ich Fotos durch die Gegend. Ein Wolf sei das nicht gewesen, erklärten meine Expertinnen, weil sonst viel mehr Fell- und Knochenreste darin sichtbar gewesen wären. Von einem Fuchs stamme der Kot auch nicht, nicht von einem Marder, eventuell von einem sehr großen Hund. Warum aber sollte ein Hund über den Gartenzaun springen, um zwei Meter neben meiner Terrasse sein Geschäft zu machen? Warum ein Wolf? Wer würde sich, bei zig Hektar Waldfläche in unmittelbarer Nachbarschaft, die Mühe machen, ausgerechnet meine Rosen zu düngen? Ich gebe zu, kurz erwog ich, ob der Verursacher ein Mensch mit außergewöhnlich großem In- und Output (und enormem Groll auf mich) gewesen sein könnte. Aber diese Vorstellung war nicht mehr nur gruselig, sondern noch dazu unappetitlich ... Darum beschloss ich, das Phänomen als ein unlösbares Rätsel ad acta zu legen.

Falls Ihnen jetzt ein gewisser Vorschlag auf der Zunge brennt: Ja, natürlich wäre es schlau gewesen, eine Wildkamera aufzuhängen – sowohl an diesem Zaun als auch an dem Gitter zu den Schafen. Einige Tage darauf tat ich das auch, da hatte der geheimnisvolle Täter allerdings längst eine andere Toilette gefunden, und kein Hund oder Wolf kam vorbei.

Warum ich nicht sofort zu dieser technischen Möglichkeit gegriffen habe, liegt in einer gewissen Heimtücke von Wildkameras begründet, die man sich nicht gut vorstellen kann, wenn man daran gewöhnt ist, dass jedes x-beliebige Smartphone in der Lage ist, kinotaugliche Filme zu drehen. Wildkameras hingegen sind von ihrer inneren Veranlagung her rückwärts gerichtete Traditionalisten und stehen mit der Digitalisierung, der sie ihre Existenz verdanken, auf Kriegsfuß. Sie fressen Speicherkarten, verschleißen

Akkus, und ihre Elektronik führt ein Eigenleben. Mal funktioniert der Bewegungsauslöser nicht, mal erhält man Serienbilder von jeder einzelnen Minute, und mal wächst irgendwo im Einzugsbereich des Bewegungssensors ein Gräslein und wippt im Winde – und dann hat die Kamera so viele Fotos von diesem wippenden Hälmchen gemacht, dass der Akku alle ist, wenn das erwünschte Tier die Bühne betritt. Manchmal ist auch das Tier selbst so stark an der Kamera interessiert, dass es nah und noch näher herangeht und einen leicht schmierigen Filter auf der Linse hinterlässt. Auf diese Weise habe ich eine stattliche Sammlung von Nahaufnahmen von Fuchsgesichtern, Rehohren und Waschbärpfoten aufgebaut.

All dies, von der Gräser- bis zur Waschbärpfotenfotografie, sind sehr schöne Einsatzgebiete für eine Wildkamera, wenn man die Geduld hat, sie wie Spardosen einzusetzen: aufstellen, arbeiten lassen, erst nach langer Zeit die Beute sichern. Wenn man aber nicht wissen will, wie ein Wildschwein oder ein Fuchs *irgendwann* ausgesehen hat, sondern auf die Schnelle zuverlässige Antworten auf die Frage haben will, wer genau *letzte Nacht* durch den Garten gestreift ist, kann man sich nur bedingt auf eine Wildkamera verlassen.

Und falls Sie zum Thema Wolf noch andere Empfehlungen parat haben, wie ich meine Herde schützen könnte: Lama, Esel, Herdenhund … Ja, ich habe davon gehört. Aber all diese »Methoden« haben Nachteile, sind aufwendig – oder funktionieren auch gar nicht so gut, wie sich das in den Lokalmedien manchmal darstellt: Dass irgendwo einmal ein Lama einen Wolf fernhalten konnte, heißt nicht, dass Lamas generell guten Schutz vor Wölfen bieten. Herdenhunde bieten mehr Sicherheit, allerdings müssen sie und die Herde miteinander vertraut sein, die Hunde müssen sich als Teil der Schafgemeinschaft fühlen, und die Schafe müssen die Hunde furchtlos in ihrer Mitte aufnehmen. Außerdem erscheinen einem Herdenhund sich nähernde Spaziergänger unter Umständen als ebenso große Gefahr wie ein Wolf, und dies wiederum kann Gefahr für Menschen bedeuten. All diese Ideen, eine Schafherde mithilfe weiterer Tierarten zu sichern, sind also keine optimalen Lösungen, auch wenn sie zugegebenermaßen verlockend klingen.

Auch für unbelebte Abwehreinrichtungen, wie meine Zaunkonstruktion, gibt es natürlich keine Garantien: Immer noch könnten die Schafe tagsüber auf meiner Weide angegriffen werden, auch wenn es bisher unwahrscheinlich sein dürfte. Bis vor einigen Jahren konnten die Schafe nicht nur die unmittelbar an Haus und Stall angrenzende Weide nutzen, sondern ganz nach eigenem Belieben entlang einer alten Buchenallee auf eine Nachbarweide ziehen, die hinter einer größeren Baumgruppe lag und von meinem Haus aus nicht einsehbar war. Hinter all diesen Bäumen und in all dem dichten Gebüsch hätten sich Wölfe verstecken oder einfach ruhen können, denn irgendwo müssen sie ja auch schlafen. Da ich mich deshalb nicht mehr traute, die Herde alleine auf diese hintere Weide zu lassen, beschloss ich, sie jeden Tag ein, zwei Stunden dorthin zu begleiten und sie zu hüten.

Es war anstrengend und märchenhaft zugleich. Anstrengend, weil mir während des Hütens die Zeit am Vormittag fehlte, in der ich üblicherweise meine E-Mails abarbeite und an Artikeln schreibe, und märchenhaft, weil es sich, wenn ich aus dem hinteren Ende der Buchenhecke hinaustrat, anfühlte wie in einer anderen Welt. Diese weiteren Weiden waren nicht so sorgsam von Schafen abgemäht und von regulärem Weidegras bewachsen, sondern sie waren krautig, von vielen Pflanzen überwuchert, die die Feuchtigkeit lieben. In der Mitte der Weide lag ein Sumpfgebiet, und dieses wiederum wurde von Wildschweinen bewohnt. So schlief in dem Ausläufer des Schilfs regelmäßig ein Keiler, der während meiner ersten Auftritte in seinem Gebiet unruhig wurde, sodass das Schilf überraschend anfing zu wackeln, bis sich sein dunkelbrauner Leib aus der fahlgelben Umgebung löste und im Wald verschwand.

Später hatte er sich an mich gewöhnt, und das Schilf wackelte nur noch wenig. Ich wusste, dass er da war, aber ich bekam ihn selten zu sehen.

Also beobachtete ich die Schafe, die mir hier, vielleicht fünfhundert Meter von der uns vertrauten Umgebung entfernt, in ganz neuem Licht erschienen. Ich sah Details, die ich am Stall nicht beobachtet hatte – zum Beispiel, dass Irmela eine Zeit lang in Tristan verliebt zu sein schien und ihm stets mit wenig Abstand folgte. Aber mein Blick schärfte sich auch für Kleinigkeiten wie das Malmen der Kiefer, die Bewegungen der Muskeln in Rümpfen und Beinen, für die Art und Weise, wie die Schafe sich zum Ruhen hinlegten und wie sie langsam vorwärtsschritten. Deutlicher als je zuvor bemerkte ich auch, dass Schafe unter einer saftigen oder »appetitlichen« Weide nicht unbedingt das verstehen, was sich der Mensch so zurechtlegt. Wie oft verfolgte ich die Bewegungen eines weidenden Schafs mit den Blicken und war voller Vorfreude, wenn sich das Mäulchen einem fetten, grünen Büschel näherte: Na, das ist doch mal ein toller Happen!, dachte ich. Aber das Schaf ging achtlos darüber hinweg und widmete sich lieber einem anderen, viel unscheinbareren Gras.

Ohnehin sind Schafe weithin missverstandene Wesen. So empfinden Touristinnen und Ausflügler norddeutsche Deiche, die mit Schafen wie mit Gänseblümchen betupft sind, als eine einzige Idylle. Tatsächlich aber führen Deichschafe kein leichtes Leben. Schutzlos sind sie Wind und Regen, Sonneneinstrahlung und Hitze ausgesetzt, meist ohne jeden Unterstand. Und obwohl sie sich natürlich nicht beschweren (wie auch?) und dies zumeist überleben, ist es keineswegs »natürlich« für sie, bei Sturm oder starkem Regen im Freien zu stehen: Wenn man sie ließe, würden sie sich irgendwo unterstellen. Wo der Boden nass ist, mögen sie sich nicht ablegen; ein vollgesogenes Fell ist nicht angenehm.

Auch vor Sonne suchen Schafe eigentlich Zuflucht, die ihnen auf den meisten Weiden aber verwehrt ist. Anfang Juni sind sie oft noch nicht geschoren, und wenn es heiß ist, sieht man, wie sie sich irgendwo zusammendrängen, wo ein Wassercontainer oder ein Stromkasten wenigstens ein Fleckchen Schatten spendet. In diesem Schatten stecken sie dann ihre Köpfe zusammen.

Auch die Wanderschäferei ist für die Tiere kein Erlebnistourismus. Sie ist ja eigentlich aus dem (menschlichen) Bedürfnis heraus entstanden, noch die kärgsten Reste auf den Äckern zu nutzen und in Kalorien für den Menschen zu verwandeln. Doch bloß weil Millionen von Schweinen, Puten und Hühnern darunter leiden, in ihren engen Ställen eingesperrt zu sein, bedeutet dies nicht im Umkehrschluss ein schönes Leben, wenn eine Schafherde quer durch die Wetterlagen von einem Stoppelfeld zum anderen getrieben wird.

Durch gesetzliche Bestimmungen werden Schafe kaum geschützt. Zwar gibt es Empfehlungen zur tierschutzgerechten Haltung, aber vorgeschrieben sind Unterstände oder Ställe nicht – vermutlich genau deshalb, weil das die Schafhaltung verteuern würde und sich die entsprechenden Berufsgruppen dagegen wehren. Und so sind Schafe schließlich für Wölfe das sprichwörtliche gefundene Fressen. Wenig Verständnis kann ich daher für Leute aufbringen, die zu faul oder zu geizig sind, ihren Schafen Ställe bereitzustellen, und die dann Krokodilstränen vergießen, wenn sie morgens auf die Weide kommen und eines ihrer Tiere tot vorfinden. Meist hatten sie zudem vor, die Schafe und deren Kinder später selbst zu essen oder an den Schlachter zu verkaufen: Der größte Feind der Schafe sind eben nicht die Wölfe mit ihren wenigen Rissen, sondern es ist der Mensch, der fast hundert Prozent aller Schafe, die ihm in die Hände fallen, irgendwann schlachtet.

Falls meine obige Schilderung von Zement, Gitter und Stromlitzen den Eindruck erweckt hat, ich sei »gegen« Wölfe, konnten meine letzten Sätze dies hoffentlich richtigstellen. Andererseits bin ich auch nicht in dem Sinne »für« Wölfe, dass ich ihre »Rückkehr« feiere oder sie dezidiert unterstützen würde. Ich finde sogar, dass hier einige Mythen und ungeprüfte romantische Ideen durcheinanderlaufen. Manchmal klingt es so, als wäre der Wolf schon allein deshalb, weil seine Vorfahren in der »guten alten Zeit« hier gelebt haben und sogar in den Grimmschen Märchen vorkommen, notwendig, um einen deutschen Wald zu vervollständigen. Aber wieso profitieren dann nicht auch Füchse und Hasen von demselben Flair der Wildnis und werden von der regulären Jagd ausgenommen, sondern jedes Jahr zu Tausenden erschossen?

Selbst wenn seine Vorfahren urdeutsch waren, hat ein Wolf im Übrigen auch nicht »mehr« Lebensrecht als ein Waschbär, ein Nutria oder eine Ratte. Die letztgenannten drei Spezies gelten aber als Schädlinge, in einigen Bundesländern sind regelrechte Kopf- beziehungsweise Schwanzprämien auf Waschbär und Nutria ausgesetzt: Man zählt sie zu den invasiven Arten, ihre Vorfahren entkamen Pelzfarmen oder wurden eigens zur Bejagung ausgesetzt.

Die Tatsache, dass wir Menschen überhaupt für ihre Anwesenheit auf diesem Kontinent verantwortlich sind, müsste, aus moralischer Perspektive betrachtet, eigentlich dazu führen, dass wir diese Tiere *extra* anständig behandeln. Und die Idee, dass Tiere irgendwo nicht hingehören, weil sie neu oder »fremd« sind, ist ökologisch gesehen sowieso ziemlich hanebüchen. Unzählige Spezies haben im Laufe der Evolution ihre Vorgänger übertrumpft oder verdrängt, auch die Vorfahren von Darwins Finken sind vom Festland aus auf die Galapagos-Inseln eingewandert – mal ganz abgesehen von der weltweiten Verbreitung von uns aus Afrika stammenden Menschen.

Wann wir Menschen bestimmte Spezies besonders schützen und fördern oder nicht, ist also vertrackt. Doch egal, wo sie nun herkommen, den Wölfen möchte ich ihr Recht, sich zu ernähren, nicht absprechen; gleichzeitig sehe ich mich aber gegenüber meinen Schafen zu besonderer Fürsorge verpflichtet. Dabei ist mir klar, dass die Wölfe, wenn sie sich nicht von meinen Schafen ernähren, andere Tiere im Wald töten und fressen, zum Beispiel Rehe. Rehe wiederum, so erzählte mir ein Veterinärmediziner, führen erwiesenermaßen Wölfe zu Schafherden, wenn sie sich selbst verfolgt fühlen. Sie laufen dann in Richtung der Schafe, wo die Wölfe sich der einfacheren Beute – wehrlosen, langsameren Schafen auf eingezäunter Weide – an die Fersen heften, sodass die Rehe fein raus sind.

Das sind Momente, wo man von den Rehen und ihrer Gewieftheit beinah ein wenig enttäuscht ist: So ganz edelmütig erscheint ein solches Verhalten nicht. Andererseits retten sie damit ja nur ihr eigenes Leben, und anders als wir Menschen können Rehe vermutlich nicht über moralisch komplexe Fragen nachdenken, wie sie sich mir jetzt stellen: Wenn Rehe gewillt sind, Schafe den Wölfen auszuliefern – muss ich dann ein mulmiges Gefühl haben, weil ich weiß, dass jeder von mir abgewehrte Wolf zwar kein Schaf, dafür aber ein Reh reißt? Doch dabei vergleiche ich schon wieder völlig fälschlicherweise Rehe und Menschen! Ich bekomme gleich einen Knoten im Kopf. Sagte ich schon, dass es vertrackt ist?

Im Zweifelsfall und in Momenten moralischer Verwirrung klammere ich mich an das Stichwort Verantwortung; und eine solche habe ich für die Schafe, ungefähr wie für Familienmitglieder, übernommen. Nachdem ich also beschlossen hatte, die Herde nachts in Stall und Gehege zu verbringen, machte ich mir Gedanken, wie ich meinen kleinen Leuten die neue Routine beibringen sollte. Ich füllte ihnen Futter in die Raufen und ging, bevor die Dämmerung einsetzte, in einem großen Bogen über die Weide; das ist für sie das Zeichen, dass sie in den Stall gehen sollen.

Jahrelang waren sie ein und aus gegangen, wie es ihnen beliebte; und ich konnte ihnen keinen Vortrag über Wölfe in Niedersachsen halten. Doch schon nach weniger als einer Woche gewöhnten sich die Schafe an den neuen Tagesrhythmus und kamen brav zwischen sechs und sieben Uhr abends zum Stall. Dies lag nicht etwa am Heu, dem sie zu dieser Jahreszeit eigentlich das frische Grün vorzogen, sondern an ihrer Kooperationsfähigkeit. Immer wieder fällt mir auf, wie schnell Schafe soziale Signale auch des Menschen wahrnehmen und sich auf sie einstellen; es ist rührend und auch irgendwie beschämend, denn wir Menschen haben sie dazu gezüchtet und missbrauchen ihr Vertrauen meist, ohne mit der Wimper zu zucken.

Zu allem Überfluss machen wir dann auch noch Witze über ihre vertrauensvolle Haltung und belustigen uns in stehenden Wendungen darüber, wie klaglos sich Lämmer angeblich zur Schlachtbank führen lassen … Ist es denn eine Großtat, junge Wesen in ihr Verderben zu locken und sie zu meucheln, und eine Verfehlung, an das Gute zu glauben, zumal wenn doch der betreffende Mensch zur eigenen Herde gehört?

Nur zwei meiner Schafe machten bei der allabendlichen Kooperation nicht mit – oder eigentlich nur ein Schaf: die Heidschnucke Isolde, die ich gemeinsam mit ihrem Partner Tristan, einem anfangs extrem scheuen, später sehr verschmusten Kamerunbock, aus einer tierschutzwidrigen Haltung übernommen hatte. Anscheinend sind Heidschnucken sogar noch etwas vorsichtiger als die ohnehin nur teilweise domestizierten Kameruner; selbst wenn alle anderen entspannt vor sich hin grasen, lassen sie den Blick wachsam über die gesamte Weide streifen. Wenn man sich der Schafherde nähern will, und es ist eine Heidschnucke dabei, wird man von ihren eindringlichen, dunklen Blicken bereits aus mehreren Hundert Metern Entfernung förmlich aufgespießt, während die andern Schafe noch unbekümmert am Gras rupfen.

Eine Heidschnucke ist immer auf der Hut, und so ließ Isolde selbst dann noch nicht die Zugbrücke herunter, wenn der Rest der Herde abends längst seinem Strohbett entgegengeeilt und im Stall verschwunden war. Solange Isolde aber merkte, dass ich mich noch in der Nähe befand, war ihr die Lage nicht geheuer, und sie blieb außen am Gitter stehen. Tristan wiederum wich nie auch nur zwei Meter von ihrer Seite und hätte ohnehin nie gewagt, als Erster einen Schritt in Richtung Stall zu tun. Jeden Abend musste ich mich daher anschleichen – um den gesamten, großen Stall herum und am Teich vorbei –, mich hinter einem Heuballen verbergen und warten.

Wenn Isolde dann nach ein paar Minuten (irrigerweise sozusagen) befunden hatte, dass die Luft rein war, und mit Tristan im Gefolge ins nächtliche Gehege trabte, musste ich in einem Hechtsprung vorschießen und schnell das Gitter schließen. Aber nicht immer war ich schnell genug, und nicht immer fiel Isolde auf den Heuballentrick rein. Auch der vorsichtigste Mensch muss ja, wenn er oder sie hinter einem Heuballen hervorlugen will, ein klein wenig aus dessen Schutz hervortreten, und wenn dann auf der anderen Seite des Ballens leider das vorsichtigste Schaf der Welt steht, hat der Mensch verloren, denn Schaf und Begleiter flitzen wieder auf die Weide. Dann wiederholte sich das Ganze, oft mehrmals, eine halbe bis eine ganze Stunde lang. Isolde war wachsam, ich hielt mich verborgen, ich wurde ungeduldig, verließ zu früh die Deckung – und dann hieß es: Gehen Sie zurück auf Los, streichen Sie keine Heidschnucke ein.

Kapitel 8

Mit Blaulicht unterwegs

Nun habe ich Ihnen bereits so viel von Schafen, Gänsen, nochmals Schafen und sogar Schnecken erzählt, und ich könnte in einem fort weiter von vergangenen und aktuellen Erlebnissen mit Tieren erzählen. Und hoffentlich ist es genau das, was Sie in diesem Buch lesen wollen: viele und noch mehr Berichte von dem Zusammenleben mit Tieren. Oder vielleicht fürchten Sie es ja auch ein bisschen: Bisher wurden die Tiere dieser ländlichen Autorin schließlich immer kleiner. Hat sie irgendwann auch eine Ameise verarztet und ihr ein Beinchen geschient?

Doch als ich einleitend schrieb, dass es auf dem Land so viel Flora und Fauna kennenzulernen gebe, dachte ich nicht nur an die tierliche Fauna, sondern auch an die menschliche. Ein wesentlicher Teil des Lebens fernab der Stadt ist das Miteinander im Dorf. Ich habe sehr großes Glück gehabt mit dem Dorf, in das ich gezogen bin, ohne auch nur eine:n seiner Bewohner:innen zu kennen; Alteingesessene und Zugezogene haben hier in einer sehr harmonischen Mischung zusammengefunden. Alle naselang feiert man Feste, man hilft einander beim Obstbaumschnitt, plaudert bei Abendspaziergängen am Zaun und lässt im Hebst gemeinsam Drachen steigen. Neuankömmlinge werden willkommen geheißen und Asylbewerber:innen mit Anteilnahme, hilfreichen Gegenständen und Fahrten in die nächste Stadt umsorgt.

Eine regelrechte Zentralachse des Dorflebens aber, die den meisten Städter:innen lange und vielen sogar gänzlich verborgen bleibt, ist die Feuerwehr. Rund um die Freiwillige Feuerwehr gibt es eine

Fülle von Missverständnissen, die ich auch deshalb so gut kenne, weil ich ihnen allen aufgesessen bin. Der krudeste Irrtum der aus der Stadt Zugezogenen ist wohl die Annahme, dass es sich bei der Freiwilligen Feuerwehr um eine Art Extra-Truppe handelt, die irgendetwas zwischen Cheerleading und Putz- und Aufräumarbeiten für die »echte« Feuerwehr leistet. Dem ist nicht so. Die Freiwillige Feuerwehr *ist* die echte und einzige Feuerwehr der Dörfer und Kleinstädte.

Erst in Städten ab 100 000 Einwohner:innen gibt es eine Berufsfeuerwehr, die in Schichten eingeteilt rund um die Uhr auf ihrer Wache für einen Einsatz bereitsteht. Alle anderen Feuerwehren, die der Dörfer und kleineren Städte, setzen sich aus Freiwilligen mit allen möglichen anderen Berufen zusammen. Im Einsatzfall werden sie per Pieper, SMS oder Sirene alarmiert, lassen alles stehen und liegen und eilen zum Feuerwehrhaus, ziehen sich dort ihre Schutzkleidung an und rücken zum jeweiligen Einsatzort aus.

Dabei laufen sie ebenerdig in das Feuerwehrhaus hinein und fahren ebenerdig wieder hinaus, da wird also nicht beim Klang der Sirene eine Stange hinuntergerutscht – eine Vorstellung, von der sich viele offenbar nur schwer lösen können. Mir zum Beispiel hatte sich das Bild von Bridget Jones, wie sie hilflos im Minirock an der Stange der Lewisham Fire Station hing, regelrecht in die Netzhaut eingebrannt. Nachdem ich hier auf dem Land inzwischen in sehr vielen Feuerwehrhäusern gewesen bin, musste ich allerdings einsehen und kann Ihnen aufrichtig versichern, dass sich in keinem davon eine Stange befindet, unter anderem natürlich, weil es idiotisch wäre, wenn sich die von ihren diversen Alltagsbeschäftigungen herbeieilenden Feuerwehrleute erst ins Obergeschoss begeben müssten, um dann eine Stange herunterzurutschen, nur weil es gewisse Filme und unsere Kindheitsbilder so verlangen.

Nachdem mir also mein Dorf und seine Bewohner:innen immer vertrauter geworden waren, beschloss ich mit dreiundvierzig

Jahren, in die Freiwillige Feuerwehr einzutreten. Das war im Jahr 2013; im Frühling war das Wasser in der Elbe bedrohlich angestiegen, Dämme mussten geflickt, Sandsäcke gestapelt, Altstädte geschützt oder gar evakuiert und Keller ausgepumpt werden. Obwohl unser Dorf nicht in unmittelbarer Nähe der Elbe liegt, rückte auch unsere Feuerwehr an vielen Tagen zur Verstärkung an; gelegentlich sah ich Menschen in orangefarbener Schutzkleidung die Dorfstraße hinunter zum Feuerwehrhaus gehen.

Immer mal wieder wurden in den Nachrichten oder in den sozialen Medien auch Pferde- oder Kuhställe erwähnt, deren unfreiwillige Insassen vom steigenden Wasser bedroht waren und hoffentlich gerettet werden konnten. Außerdem hörte ich Gerüchte, bisweilen würden Tiere in solchen Fällen erschossen oder auch sich selbst (eingesperrt) überlassen. Grundsätzlich ist es nämlich so, dass die Feuerwehrsatzung zwar auch Hilfe für Tiere und deren Rettung zu ihren Aufgaben zählt, dass aber die Priorisierung und Umsetzung von Maßnahmen den Einsatzleiter:innen überantwortet ist.

Bei Waldbränden und Stoppelfeldbränden, wie sie in heißen Sommern zur Erntezeit oft ausbrechen, sind es sogar vor allem nicht menschliche Tiere, deren Heimat buchstäblich in Flammen aufgeht. In solchen Momenten wurde mir klar, dass sich Tierrechtler:innen auch in der Feuerwehr engagieren sollten, so wie eigentlich in allen Bereichen: Denn das Schicksal zumal der domestizierten Tiere ist so eng mit dem unseren verwoben, dass praktisch überall, wo Menschen handeln, auch Tiere betroffen sind. Ich meine damit nicht, dass wir *nur* um der Tiere willen in die Feuerwehr eintreten sollten anstatt *nur* für die Menschen; vielmehr denke ich, dass diese Unterscheidung insofern künstlich ist, als wir unsere Lebensräume ohnehin miteinander teilen.

Trotzdem hätte ich das Thema Feuerwehr beinahe wieder vergessen, wenn nicht in jenem Sommer unser stellvertretender Ortsbrandmeister Hans-Heinrich eine kleine Initiative zur Anwerbung neuer Mitglieder gestartet hätte. Wir bräuchten nicht den Umgang mit Sauerstoffflaschen zu erlernen, erklärte er, wir müssten keinerlei Lehrgänge besuchen, wenn wir nicht wollten; wir wären bereits dann eine Hilfe, wenn wir mit einer Signalkelle den Verkehr stoppen würden, damit alle anderen in Ruhe arbeiten könnten. Das wiederum traute ich mir zu, und weil lange vor Corona kaum jemand im Homeoffice war und ich fast jeden Tag von zu Hause aus arbeitete, sah ich mich moralisch nicht in der Lage, sein Ansuchen abzulehnen.

Dass es sich bei Hans-Heinrichs Anwerbeargumenten möglicherweise um eine freundliche kleine List handelte, dämmerte uns, als wir neu Angeworbenen (die ja künftig nur an der Kelle eingesetzt werden würden) beim nächsten Übungstermin am Gerätehaus aufeinandertrafen. Wir waren immerhin vier Personen, die sich vorstellen konnten, empörten Autofahrer:innen notfalls etwas vor die Windschutzscheibe zu halten, aber unser Dorf hat ja insgesamt nur etwa fünf Straßen. Es würde im Alarmfall also ein ziemliches Gerangel um die wenigen Kellen geben, die tatsächlich gebraucht würden, und mittelfristig lief es also doch darauf hinaus, dass ich den einen oder anderen Lehrgang besuchte, um den Umgang mit Schläuchen und Funkgeräten zu lernen.

Ich will allerdings nicht behaupten, dass ich mir sehr viele wertvolle Fähigkeiten angeeignet habe und eine super Truppfrau geworden bin (geschweige denn irgendetwas Höheres). Ich sage nur: Ich habe es versucht.

So auch an jenem Sommertag im Jahr 2018, der ungelogen einer der heißesten Tage dieses ohnehin sehr heißen Sommers war. Gegen halb zwei Uhr mittags ging die Sirene. Ich schlüpfte in meine Feuerwehrklamotten, brauste zum Gerätehaus (aber nicht zu schnell, wie wir in den Lehrgängen immer gewarnt wurden, denn wenn uns auf dem Weg zum Einsatz etwas zustieße, wäre auch niemandem geholfen) und war tatsächlich die Erste dort.

Ich hatte hier zunächst noch anhängen wollen »... wie ich mit heimlicher Freude feststellte«, aber zum einen wäre diese Freude damit ja nicht mehr heimlich, und zum anderen war sie es schon damals nicht, denn ich rieb diesen Umstand im weiteren Verlauf des Tages zig Leuten »wie zufällig« und natürlich in vollkommener Bescheidenheit unter die Nase.

Bleiben wir also lieber bei den Fakten: Ich schloss das Gerätehaus auf, warf noch einmal die Sirene an und ließ die Rolltore hochfahren. Als zweiter kam ein Kamerad, der das Tanklöschfahrzeug fahren konnte, und weil dann erst mal niemand mehr auftauchte, stieg ich als Beifahrerin zu, und es ging los. Dabei ganz vorne in dem »großen Auto« zu sitzen und das Funkgerät zu bedienen, ließ mich fast platzen vor Stolz.

Wenig später platzten wir fast vor Hitze. Noch hatten wir uns ja gar nicht bewegt außer die paar Stufen zu unseren Sitzen, aber allein unsere wärmeabweisenden Latzhosen und die orangefarbenen Jacken plus Helm ließen den Wagen zum Backofen werden.

Inzwischen kannten wir den Grund des Alarms: In der Nähe unseres Nachbarorts war es neben der Landstraße zu einem Böschungsbrand gekommen; solche Brände konnten sich bei trockenem Gras und abgeernteten Feldern schnell ausweiten. Die zwei Jugendlichen, die den Brand möglicherweise unabsichtlich entfacht hatten, hatten dann zum Glück doch Manschetten gekriegt und ihn selbst wieder gelöscht. Um sicherzugehen, dass auch nichts wieder aufflammen konnte, tränkten nachgerückte Kamerad:innen die schwarze Erde mit den 4000 Litern Wasser unseres Tanks, dann ging es zurück.

Somit hatte ich, als ich wieder zu Hause ankam, also immer noch nichts geleistet, außer die Stufen ins Feuerwehrauto inzwischen sogar zwei- oder dreimal in voller hitzebeständiger

Montur hoch- und wieder runterzusteigen. Schweißgebadet beschloss ich, als Belohnung für den Beinahe-Einsatz ins Freibad zu gehen.

Das Schwimmen hatte ich eigentlich erst in jenem Jahr wiederentdeckt, nach sehr vielen Jahren Pause. Es erinnerte mich an Kindheitstage, an den Strand des Marmarameers von Istanbul, an meine Mutter, die Wassermelonenschnitze bereithielt, und meinen Vater, der mir in ebendiesem Meer das Schwimmen beigebracht hatte und selbst bis in seine späten Achtziger ein unerschrockener Schwimmer gewesen war. Wenige Wochen zuvor war er, dreiundneunzigjährig, verstorben. Und seitdem ging ich ins Freibad, fast täglich. Ich gewann bald an Kondition, schwamm mindestens eine Stunde am Stück, oft anderthalb, war gleichzeitig konzentriert und glitt doch irgendwie absichtslos dahin, immer begleitet von Erinnerungen. Ich wollte nicht den ganzen Tag zu Hause sitzen und in Tränen zerfließen, aber einfach nur ablenken wollte ich mich auch nicht – im Schwimmen fand ich die perfekte Mischung zwischen Abschiednehmen und Bewahren.

An diesem heißen Tag war der Genuss, die Einsatzkleidung gegen den Badeanzug zu tauschen und ins kühle Wasser zu gleiten, größer denn je. Ich schwamm und schwamm.

Normalerweise gehe ich in meiner Freizeit nicht an den Rand meiner Kräfte, schon allein deswegen, weil ich mir etwas Kraft für das Versorgen der Tiere aufheben will. Jeden Abend muss bei den Schafen und Gänsen das Wasser erneuert und Futter nachgelegt werden, müssen sie alle in den Stall gebracht und die Katzen versorgt werden. Und wer weiß, was sonst noch alles passiert?

Darum: Immer eine Reserve behalten für die Tiere! Nur an jenem Tag hielt ich mich nicht an diese Regel, und als ich abends mit vom Schwimmen noch feuchten Haaren zu den Schafen ging, um sie »ins Bett zu bringen«, konnte ich mich kaum mehr auf den Beinen halten.

Kapitel 8

Auf den ersten Blick sah ich, dass etwas nicht in Ordnung war. Der Kamerunbock Tristan – ein zutrauliches Tier mit wunderschönen großen Augen und leicht geschwungenen Hörnern, das ich Ihnen im vorigen Kapitel als Partner von Heidschnucke Isolde vorgestellt habe – lag phlegmatisch auf dem Boden vor dem Schafstall, während alle anderen Tiere bei meinem Anblick freudig den Heuraufen entgegenstrebten, die ich doch sicher bald auffüllen würde.

Wenn ein Schaf liegt, während alle anderen stehen und futtern, ist dies ein Alarmsignal. Ich hatte üble Vorahnungen. Bereits zwei Jahre zuvor nämlich hatte Tristan ein auffälliges Verhalten an den Tag gelegt, weil er Harnsteine hatte. Wir bemerkten es in allerletzter Minute, die Blase war bereits voller Gries und die Harnröhre verstopft, und er musste sofort notoperiert werden. Schafe sind ja furchtbar zäh und tapfer und lassen sich beginnende oder auch schon fortgeschrittene Krankheiten meist nicht anmerken, bis sie es partout nicht mehr schaffen, sie zu verbergen. Dann aber muss man rasch handeln, weil es oft fast schon zu spät ist. Ein Schaf, das nicht mehr von alleine aufstehen kann, ist in vielen Fällen bereits verloren.

An diesem Abend konnte Tristan zwar noch aufstehen, aber ihm war nicht danach. Ich rief Tierarzt Jens herbei, der Notdienst hatte. Noch bevor er sein Stethoskop an Tristans Brust gehalten oder auch nur ein Thermometer gezückt hatte, sagte er: »Du hast recht, wenn du dem helfen willst, muss er sofort nach Hannover.«

Die Chancen, dass Tristan geholfen werden könnte, waren dieses Mal noch schlechter als bei der ersten OP – und damals hatten die Tierärzt:innen seine Chancen auf 50:50 geschätzt. Und zwar war nicht allein das Risiko der OP selbst so groß, sondern auch die Heilung war fraglich. Zunächst stand zu hoffen, dass kein Blasengewebe riss und kein Urin in den Bauchraum gelangte. Dann gab es keine Garantie, dass die Operateure wirklich alle Steine und

Steinchen erwischten; danach folgten gut zwei Wochen Klinikaufenthalt. Zu guter Letzt musste das genesene Tier später, nachdem es zwei Wochen lang einen Blasenkatheter gehabt hatte, wieder lernen, selbstständig den Blasenmuskel zu entspannen und die Blase zu entleeren. Manche Tiere, die die OP an sich gut überstanden hatten, fanden nie zu ihrem natürlichen Verhalten zurück.

Und jetzt kamen also noch Tristans fortgeschrittenes Alter sowie das Narbengewebe der letzten OP hinzu – alles in allem keine tollen Aussichten. Dennoch packten wir den armen Tristan in meinen sogenannten Schafskrankenwagen. Den hatte ich mir vor einiger Zeit zugelegt, weil die älter werdenden Schafe immer häufiger Krankheiten entwickelten, die sich nicht vor Ort, sondern nur in der Klinik für kleine Klauentiere der Tiho Hannover diagnostizieren und behandeln ließen. Es war ein geschlossener Kastenwagen, dessen Laderaum mit einer Gitterwand von dem Bereich der Fahrerin getrennt war, und er hatte eine Klimaanlage für den Fall, dass wir im Sommer nach Hannover fahren mussten und eventuell gar in einen Stau gerieten. Das Schafabteil hatte ich an den Wänden und am unteren Teil der Trennwand mit dickem Schaumstoff sowie einer Kindermatratze ausgepolstert, um die Tiere notfalls etwas abzufangen, falls ich schnell bremsen musste. Und wie ich es bei der Feuerwehr gelernt hatte, achtete ich auch hier darauf, dass der Tank immer mindestens halb voll war, weil man ja nie wusste, was als Nächstes passieren würde.

Normalerweise standen selbst Schafe, die im Stall noch ganz matt gewesen waren, wieder auf, sobald sie im Wagen waren, und verbrachten tatsächlich die ganze Zeit stehend. In den Hintertüren des Wagens war ein Fenster, durch das sie die ganze Zeit hinausschauten – zweifellos nicht aus Neugier, sondern aus Nervosität oder sogar Furcht. In etwas eingesperrt zu sein, das sich bewegt, und die Umgebung in schnellem Tempo hinter sich zurückbleiben zu sehen, musste für Schafe etwas ganz Sonderbares und kategorisch Unverständliches sein. Sie starrten und starrten, und sie taten mir leid. Ein paar Mal hatte ich dieses Fenster daher auch zugeklebt, aber ich hatte den Eindruck, dass dies den Heizdrähten nicht gut bekam. Jedes Mal, wenn ich nach Hannover fuhr, nahm ich mir vor, irgendetwas zu kaufen, das man mühelos anbringen und entfernen konnte; aber umgesetzt hatte ich es jahrelang nicht.

Tristan allerdings schaute als erster Patient gar nicht aus dem Fenster, sondern legte sich auch im Auto sofort wieder hin, was erneut bewies, wie schlecht es ihm gehen musste.

Paradoxerweise fühlte es sich für mich als Fahrerin weniger besorgniserregend an, ihn liegend zu wissen, als wenn er am Fenster gestanden und hinausgesehen hätte. Obwohl das Liegen ja, was seinen Zustand anging, objektiv alarmierender war. Aber allein, dass er sich nicht in meiner unmittelbaren Sicht befand, schien mich ein wenig zu beruhigen, oder jedenfalls: weniger zu beunruhigen. Aus den Augen, aus dem Sinn? Was dieser Umstand moralphilosophisch und vor allem moralpsychologisch bedeuten mochte, darüber dachte ich sicher geschlagene zehn Kilometer lang nach.

Wenn ich mit einem Schaf fahre, traue ich mich nicht, das Autoradio anzumachen; sie zeigen zwar keine Reaktion, aber wer weiß schon, wie es sich für sie anhört? Also muss ich die Zeit mit dem Nachdenken über Fragen füllen, die nicht unbedingt in die Top Ten der ewigen Menschheitsrätsel gehören. Während jener Fahrt zum Beispiel schaffte ich mit der Frage, warum ich eigentlich immer noch keine Nicht-Klebe-Folie fürs Fenster gekauft hatte, immerhin weitere fünf Kilometer.

Mir fiel ein, dass eine Freundin mir mal extra dazu eine geschenkt hatte – aber wo mochten wir sie hingelegt haben? Oder hatte sie nur *angekündigt*, sie wolle sie kaufen, und dann doch nie mitgebracht? Noch mal fünf.

Nach Hannover sind es, wie schon erwähnt, etwa 140 Kilometer, und die Fahrt zieht sich. Die Hälfte der Strecke geht die Straße scheinbar endlos schnurgerade durch einen ungewöhnlich dunklen Wald, der nur durch die rötlich scheinenden Herzen der Wohnwagenpuffs etwas aufgehellt wird; die zweite Hälfte der Strecke ist Autobahn. Vor allem die erste, dunkle Hälfte ist bedrückend, zumal man immer konzentriert die Straßenränder im Blick behalten muss, weil ein Reh oder ein Fuchs die Straße queren kann. Wie furchtbar es wäre, auf einer Fahrt, mit der man ein Tier retten will, ein anderes zu verletzen! Oder gar zu überfahren. Das Risiko, bei einer dieser Fahrten zum Beispiel eine Maus zu überfahren, ist recht groß. Nun mag man als Mensch sagen, dass eine Maus ziemlich klein und unbedeutend sei, aber aus der Sicht einer Maus ist eine Maus natürlich genau richtig groß und ihr Leben überaus bedeutend für sie.

Mit solchen Gedanken also vertreibe ich mir die Zeit und schaue ab und zu in den Rückspiegel, ob ich einen Blick auf das jeweils stehende respektive in diesem Fall liegende Schaf erhaschen kann, und mir ist beklommen zumute. Jedes Mal. Äußerst beklommen. Ein Mensch übernimmt nicht nur viel Verantwortung für so ein Tier, sondern er oder sie *maßt* sich auch viel Verantwortung *an*: Was gibt uns das Selbstvertrauen zu meinen, für jemand anderen so weitreichend entscheiden zu können?

Verlängerte ich die Leiden des armen Tristan womöglich nur, indem ich ihn jetzt noch in die Klinik fuhr? Hätte man ihn nicht vielleicht im heimischen Stall »erlösen«, also euthanasieren sollen?

Bereits zwei Mal hatte ich ein Tier in die Klinik gebracht, ohne es wieder abholen zu können. Ein anderes allerdings – Jane – war mir wieder zurückgegeben worden, damit sie wenige Tage später in gewohnter Umgebung eingeschläfert werden könne; bei einer OP hatte ein großer Tumor unter der Haut weitgehend, aber nicht vollständig entfernt werden können. Der Rest des Tumors lag offen, es stand zu befürchten, dass er wieder wachsen würde, und wir mussten ihn täglich reinigen. Dabei wechselte ich mich mit zwei

Helferinnen ab; die Wunde roch unangenehm, die Pflege war nicht unaufwendig; aber keine der beiden zeigte auch nur ein geringes Anzeichen von Ekel oder Überdruss, und so konnten wir Jane noch mehrere Monate verschaffen. Weil Tumore zwar gut durchblutet, nicht aber mit Nerven durchzogen sind, gehe ich davon aus, dass Jane von diesem Problem am wenigsten mitbekam; nicht einmal der Verbandswechsel schien zu schmerzen oder sonderlich zu nerven, und sie bewegte und verhielt sich ganz normal, bis der wieder nachgewachsene Tumor irgendwann riss und ich Jane einschläfern ließ, wiederum bevor sie, glaube ich, irgendetwas von all dem mitbekam.

Aber bitte entschuldigen Sie, dass ich mich so lange mit allgemeinen Überlegungen aufgehalten habe, während Sie womöglich auf Nachricht warten, wie es mit Tristan weitergegangen ist. Ausgerechnet an jenem Abend war ein Stück der A7 gesperrt, wir mussten zig Umleitungen über Landstraßen nehmen und standen mit Dutzenden von Lkw in der Pampa im Stau. Gegen 23 Uhr kamen wir endlich in der Klinik an, zwei Tierärztinnen empfingen uns, begannen gleich mit Blutprobe und Ultraschall und operierten dann bis zwei Uhr in der Nacht. Alles verlief sehr gut. Keine drei Wochen später konnte ich Tristan wieder abholen und von jetzt an sogar jeden Morgen ein wenig zusätzlich verwöhnen: Er trinke zu wenig, hatten die Tierärztinnen festgestellt, dadurch steige das Risiko der Harnsteine, und ich solle ihm jeden Tag fünf Gramm Salz verabreichen. Schafsmedikamente gab ich am liebsten auf einem Stückchen Knäckebrot, das ich, damit das Salz kleben blieb, einfach kurz unter den Wasserhahn hielt. Und so wurde ich von nun an jeden Morgen sehnsüchtig erwartet, von einem äußerst vorfreudigen Tristan, der seine braune Schnauze schon gegen das Torgitter drückte und mit großen Augen in Richtung meiner Haustür spähte.

»Braune Schnauze« trifft es übrigens nicht ganz, insofern Tristan mit zunehmendem Alter rund ums Mäulchen weiß geworden ist, so wie all meine Schafe. Mit war das gar nicht aufgefallen, sondern erst Tierarzt Jens machte mich darauf aufmerksam, als er eines Tages seine Runde im Stall machte. Oft wirft er, nachdem er ein Einzeltier behandelt hat, noch mal einen Blick auf die ganze Herde. »Da liegen sie, all deine weißen Schnuten!«, sagte er. Ich war verblüfft, konnte mich gar nicht mehr erinnern, dass die Köpfe der Schafe einst vollständig braun oder schwarz gewesen waren (aber Fotos beweisen es). Ganz allmählich hatten sich die weißen Haare eingeschlichen und diejenigen, die ich noch beinahe als Lämmer in Erinnerung hatte, in Senioren verwandelt.

Tristan wiederum hatte ich ja erst als Erwachsenen kennengelernt, anfangs trug er noch eine imposante »Mähne« – allerdings nicht auf dem Kopf, sondern an Hals und Brust. Es verlieh ihm, dem scheuen Wiederkäuer, etwas Majestätisches und Löwenartiges; obwohl Tristan kein Held war. Als seine Isolde noch lebte, versteckte er sich bisweilen hinter ihr, sodass nur sein Köpfchen seitlich hervorschaute. Nur wenn wir Isolde im Behandlungspferch einzufangen suchten, erwachte in Tristan der Löwe. Mit seinen gewundenen Hörnern, die uns nicht ernsthaft verletzten, versuchte er seine Partnerin zu verteidigen. In diesen Momenten war die Sorge um sie noch größer als seine Angst um sich.

Er blieb lange Zeit scheu, bis er eines Tages erste Schritte zu einem Helfer wagte, der im Stroh saß. Ein im Stroh sitzender Mensch bedeutet hier so etwas wie eine Ladestation für schmusebedürftige Schafe; und nachdem die scheueren Tiere über Wochen und Monate hinweg zugeschaut haben, wie andere sich kraulen lassen, entscheiden manchmal auch sie sich, den Versuch zu wagen. Dabei setzen sie zunächst einen Fuß zaghaft vor den anderen und machen den Hals extra lang, um mit dem Rumpf möglichst weit von dem Menschen entfernt zu bleiben. Manche Schafe offenbaren dabei eine höchst unrealistische Vorstellung davon, wie lang ein Menschenarm ist! Tristan zum Beispiel glaubte anfangs wohl, wenn er sich traute, seine Schnauze in anderthalb Metern Entfernung zu platzieren, könne ich ihn am Nacken streicheln. In dem Fall muss man sich als Mensch erst etwas nach hinten neigen, das Schaf tut noch ein Schrittchen vorwärts – dann streckt man sich möglichst weit vor und kommt vielleicht an die gewünschte Stelle.

Doch erst durch das Ritual mit dem Knäckebrot wurde Tristan ein richtiger Menschenfreund und Begleiter. Es ist paradoxerweise das Schöne an solchen Erkrankungen, dass sie einem ermöglichen, ein Tier deutlicher als Individuum wahrzunehmen als zuvor – und dass sie oft umgekehrt das Schaf motivieren, dem Menschen etwas mehr zuzutrauen. Selbst wenn die Behandlung mit Infusionen oder Verbänden unangenehm ist, verstehen viele Schafe offenbar, dass man sich um sie kümmert, dass das unverständliche Handeln der Menschen ihnen hilft; oder vielleicht sind es einfach die Berührungen der zunächst so unheimlichen Hände, die sie besänftigen? Nach fünfzehn Jahren Schafpflege ist mir das immer noch nicht klar. Es funktioniert auch nicht immer. Aber die meisten Schafe werden – wenn man nicht versucht, sie mit »Leckerlis« anzulocken – erst durch die Behandlungen richtig handzahm und arbeiten irgendwann bei etwas mit, das ihnen eigentlich widerstreben muss: Augentropfen zum Beispiel oder Popo-Einschmieren.

Auch bei Tuff war es so, der ein fast lupenreines Vierhornschaf mit mittlerweile allerdings nur noch drei Hörnern ist. Im Allgemeinen sind kastrierte Böcke nicht aggressiv, und ich würde auch nicht behaupten wollen, dass Tuff regelrecht gefährlich ist; aber zwei Dinge treffen bei ihm ungünstig zusammen: sein Gehörn mit den drei Spitzen und dem imposanten Durchmesser – und seine Ahnungslosigkeit, wo genau sich die Spitzen befinden. Leider hat Tuff nie vollständig verstanden, *was* er auf dem Kopf trägt, sondern bloß gemerkt, dass es einen kolossalen Effekt hat, wenn er einfach mit dem Kopf wackelt: Alle anderen weichen zurück, denn irgendwen oder irgendwas trifft er immer.

Diese Wackel-Strategie hat er auch anzuwenden versucht, als er sich vor etlichen Jahren mit seinen Hörnern in der Raufe verfangen hatte, und sein anschließendes Zappeln führte dazu, dass ein Horn abbrach. Die Stelle blutete stark, die Verletzung muss ausgesprochen schmerzhaft gewesen sein; wir hätten Glück gehabt, dass die Schädeldecke intakt geblieben sei, sagte der Tierarzt.

Damit sich die Kopfwunde nicht infizierte, musste ich sie regelmäßig reinigen und verbinden. Was sicher ebenfalls wieder schmerzte. Aber nach einer Woche Pflege war Tuff, der sich bislang nie freiwillig hatte anfassen lassen, handzahm und ist es bis heute geblieben. Seitdem liebt er es, gekrault zu werden, und stellt sich gerne neben einen unbeschäftigt wirkenden Menschen. Dann tut dieser Mensch gut daran, Tuff genau an den Stellen zu kraulen, auf die Tuff mit präzisen Schritten und Entgegenstrecken hinweist – denn tut man es nicht, wackelt Tuff sofort wieder mit drei Hörnern, und die möchte man nicht abbekommen.

Auch Tuff musste schon einmal wegen Harnsteinen operiert werden, und seit Tristans zweiter OP mache ich mir etwas Sorgen, ob auch Tuff vielleicht erneut dasselbe Problem bekommen wird. Obwohl Tuff eigentlich häufiger an der Tränke zu sehen ist als Tristan. Dennoch würde ich gerne auch ihm jeden Morgen prophylaktisch eine Portion Salz verabreichen, aber Tuff mag sonderbarerweise kein Knäckebrot. Ihn allmorgendlich zu zwingen und ihm etwas einzuflößen, würde mich zwar beruhigen, aber sein Sicherheitsgefühl, sein ruhiges In-der-Gegend-Rumstehen-und-Nachdenken und eben sein Vertrauen in uns Menschen beeinträchtigen. Ich muss zugeben, dass ich nicht den Eindruck habe, als ob Tuffs Gedankenprozesse weltbewegend wären, sie scheinen eher dem versonnenen Trödeln eines Kindes auf dem Schulweg zu ähneln. Aber er wirkt wie ein zufriedenes Schaf, und diese Zufriedenheit sollte ich nicht um meiner Seelenruhe willen stören.

Kapitel 9

Schafe retten

Heute Morgen musste der Schafskrankenwagen schon wieder eingesetzt werden. Ein Schaf, das sich gestern schon irgendwie sonderbar verhalten hatte – genauer kann man es manchmal nicht ausdrücken –, stand heute als einziges unterm Vordach, der Bauch zu beiden Seiten ganz aufgebläht. Noch bevor die Tierarztpraxis aufmachte, rief ich Jens auf dem Notfallhandy an. Ausnahmsweise hatte ich sogar Temperatur gemessen – sie war normal –, und ausgerechnet heute fragte er nicht danach. Dass der Bauch aufgebläht war, war ihm Warnzeichen genug. Er brachte eine Assistentin mit und holte sich einen vielleicht drei Meter langen Schlauch und einen Trichter aus dem Auto, bevor er sich des Schafs annahm. Den Schlauch führten wir etwa einen Meter tief in Speiseröhre und Magen der Kranken ein, Jens saugte auch probeweise daran, aber es trat nichts aus. Es sei kein Gas im Pansen, sondern Flüssigkeit – das Futter war irgendwie vergoren, ganz verstanden habe ich es nicht. Dann kam der Trichter zum Einsatz. Jens goss etwas zum Stimulieren des Pansens hinein, sagte aber dabei zu mir, wenn ich sichergehen wolle, dass das Schaf notfalls auch operiert werden könne, sollte ich es nach Hannover in die Klinik fahren.

Ein junger Helfer bot an, dies zu tun; zum Glück war heute auf dieser Strecke kein Stau. Das Tier muss arge Schmerzen gehabt haben, es knirschte (trotz Injektion eines Schmerzmittels) sichtbar mit den Zähnen. Jetzt starre ich seit einer guten Stunde auf die beiden Telefone neben mir und warte, dass eines davon klingelt.

Es ist zwölf Uhr, und ich habe im Grunde noch nichts von dem hinbekommen, was ich mir eigentlich vorgenommen hatte. Seit sie losgefahren sind, denke ich an die beiden (zugegebenermaßen ein wenig mehr an das Schaf als an den Fahrer). Inzwischen müsste die Patientin aufgenommen worden sein, früher oder später wird sich die Klinik mit einer Diagnose melden.

Was für ein sonderbares Leben das ist – so viel Warten und so viele Sorgen. Leid, Wunden, unangenehme Gerüche. Die Aufgabe, circa ein Meter Schlauch wieder aus dem armen Tier herauszuziehen, war mir zugefallen, danach musste meine Jeans erst mal in die Wäsche. Am Mäulchen des Schafs sah ich etwas Blut, dabei gingen wir so schonend vor wie möglich. Wenn gleich die Tierärztin anruft, werde ich unangenehme Dinge mit ihr besprechen müssen – OP-Risiken, ungefähre Prognose, vielleicht die Frage, ab wann notfalls einschläfern …

Ich denke gerade nochmals an die Leute, die mir schreiben, ich würde »ihren Traum leben«. Ich glaube, wenn es wirklich ihr innigster Wunsch wäre, würden sie ihn wohl auch realisieren; aber dann halten sie vernünftige Gründe eben doch davon ab. Und ich, ich bin ja eher so hineingestolpert. Auf dem Land wollte ich leben, so viel ist klar, aber mich um alternde Tiere kümmern? Diese Idee hätte ich wohl im Bereich der Kinderfantasien belassen, wenn das Leben mich nicht mit der Nase auf oder eher sogar in diese Verantwortung gestoßen hätte. Früher habe ich über Care-Ethik, das feministische Konzept von Fürsorge als ethischer Praxis, nur philosophiert – jetzt ist angewandte Fürsorge mein täglich Brot. Was für ein Leben würde ich leben, welchen anderen Traum hätte ich eventuell verwirklichen können, wenn ich nicht aufs Land gezogen wäre, oder jedenfalls nicht auf diesen Hof mit den bereits darauf lebenden Tieren?

Kaum war ich hier halbwegs heimisch geworden, erhielt ich zwei Jobangebote aus Berlin, schmeichelhaft und auch inhaltlich verlockend. Aber da hatte ich meine Schafe schon kennengelernt, die ersten Lämmer ihren Müttern hinterhergetragen, große Berge quaderförmiger Heuballen im Stall gestapelt und die Herde gesund und vollzählig durch ihren ersten Winter gebracht. Das Band war geknüpft. Es war nicht das Landleben allein, das mich hierbleiben ließ, nicht mein wundervolles Haus und nicht die Dorfgemeinschaft, sondern es waren ganz wesentlich die Tiere, deretwegen ein Umzug oder auch nur Pendeln unmöglich geworden war. Was aber, wenn ich hier keine Schafherde vorgefunden hätte, die auf einen neuen Menschen wartete?

Vielleicht haben Sie ohnehin schon aus den vorigen Kapiteln herausgelesen oder geahnt, dass ich mich oft allein und manchmal überfordert fühle, dass ich Angst habe, etwas falsch zu machen, oder voll Kummer bin, wenn ein Tier schwer erkrankt oder stirbt. Falls nicht, mache ich es sicherheitshalber explizit: Ich behaupte nicht, dass ich mit dieser Entwicklung, die mein Leben genommen hat, nie hadere. Tatsächlich hadere ich damit immer wieder. Wegen der vielen Aufgaben mit den Schafen komme ich nicht so oft, so lange und so ungestört zum Schreiben, wie ich möchte. Ich kann nie Urlaub machen oder zum Vergnügen reisen.

Den Süden Englands zum Beispiel habe ich früher viel besucht, und ich würde so gern mal wieder einen Klippenpfad entlangspazieren und mich danach mit einer heißen Tasse echt englischen Tees aufwärmen. Oder nach Istanbul reisen, im Marmarameer baden (das freilich momentan, wie berichtet, schleimverseucht und abgestorben ist) und die Moscheen in der Altstadt aufsuchen, in deren Archiven sich mein Vater als junger Wissenschaftler vergraben hat.

Gut, es ist natürlich einfach, den Schafen »die Schuld« zuzuweisen, sie können ja nicht widersprechen und mich auf das Offensichtliche hinweisen: Der größte Zeitfresser im Leben vermutlich jeder Freiberuflerin ist und bleibt das Prokrastinieren. Und so mag es sein, dass ich ohnehin nicht mehr geschrieben hätte oder auch zu faul zum Reisen gewesen wäre – aber man bildet es sich halt gern so ein und nimmt es dem Leben irgendwie übel, dass man nicht all seine Aspekte, an vielen verschiedenen Orten zugleich, voll ausschöpfen kann. Ich jedenfalls, das gebe ich zu, empfinde gelegentlich Anflüge von Reue und habe Angst, etwas verpasst zu haben und auch weiterhin zu verpassen. Im nächsten Moment schelte ich mich undankbar, und im übernächsten bade ich wieder im Selbstmitleid … Und sosehr diese Gefühle schmerzen, oder eher: nerven und am Ego kratzen, denke ich doch: Diese ambivalente Mischung ist wohl auch richtig.

Kennen Sie die alte Werbung für den Brillenhersteller Fielmann? Da sitzen ein mittelalter Mann und ein jüngerer, Vater und Sohn, nebeneinander und schauen versonnen auf einen See (es geht um Lebensweisheit und solche Dinge). Der Sohn fragt den Vater, ob er etwas in seinem Leben verpasst habe; und der Vater antwortet, er bereue, nicht früher zu dieser Brillenmarke gefunden zu haben.

Diese Werbung hat mich jedes Mal erbost, wenn sie im Fernsehen kam. Denn wenn man nicht zugeben darf, dass man im Leben mehr bedauert als den Kauf einer anderen Brille, dann kann das nur an mangelnder Reflexionsfähigkeit liegen. Dann ist es mit der Ehrlichkeit sich selbst und auch anderen gegenüber vermutlich nicht weit her. Nie Reue zu empfinden würde bedeuten, dass man nicht gelernt hätte, Missklänge wahrzunehmen oder sich Fehler einzugestehen und ihre Folgen zu (er)tragen. Man hätte nicht verstanden, dass zu jeder Entscheidung *für* etwas auch gehört, dass man sich implizit *gegen* etwas anderes entscheidet. Dass man nicht alles im eigenen Leben haben kann. Bei ganz vielem muss man einfach froh sein, dass es überhaupt auf der Welt existiert. Die Küste Dorsets zum Beispiel und die Süleymaniye Moschee in Istanbul … Jemand anders genießt ihre Schönheit, während ich selbst gerade anderswo mit Profanerem befasst bin, damit muss ich mich nun begnügen.

Welchen Effekt aber hat der Weg, den wir einschlagen oder weitergehen, auf unser Selbst – auf diejenige Person, die man ist? Die meisten Menschen gehen davon aus, dass sie einen jeweils authentischen Persönlichkeitskern besitzen, also etwas, das von Lebensbeginn an in ihnen angelegt ist und unter allen Umständen danach strebt, verwirklicht zu werden. Doch gleichzeitig verändert uns das Leben; mit anderen Erfahrungen und Erinnerungen wären wir anders, als wir es jetzt sind. Dieses Band, das einzelne bedeutungsvolle Elemente zu einem Leben zusammenfügt, wird nur zum Teil willentlich geknüpft. Aus den unbeabsichtigten Folgen unserer Entscheidungen, aber auch durch Zufälle und manchmal Zufallsbegegnungen entstehen uns Möglichkeiten und auch Verpflichtungen, die wir uns so nicht ausgesucht haben und vielleicht nicht ausgesucht hätten, wenn wir ihren weiteren Verlauf vorhergesehen hätten. Wir erhalten Gaben, mit denen wir nicht gerechnet hätten, und werden vor Aufgaben gestellt, für die wir uns nie als »zuständig« oder irgendwie gerüstet empfunden hätten.

Jedes neue Tier, das hier einzieht, ist solch eine Gabe, und jedes bringt neue Aufgaben mit sich. Jedem Tier, das in einem Lebenshof ankommt, gibt man unausgesprochen das Versprechen, dass man sich nach Kräften bemühen wird, ihm ein gutes Leben bis zum Ende zu ermöglichen. Schafe zu retten bedeutet nämlich nicht, dass man sie einmal befreit oder freikauft – obwohl auch das ein wichtiges Element der »Rettungskette« ist. Vor allem muss jemand da sein, der die Tiere versorgt – mit Lebensraum, Futter und medizinisch. Und der sie auch beschützt vor den Nutzungsansprüchen der Menschen, vor dem lüsternen Blick derer, die sie in »Braten« verwandelt sehen möchten, und bisweilen sogar vor unseren Gesetzen, die jedes Schaf qua Geburt als ein Lebewesen einteilen, das »der Lebensmittelgewinnung dient«. Paradoxerweise gelten wir Menschen auf einem Lebenshof für die übrige Gesellschaft als Besitzer:innen der uns anvertrauten (und letztlich ausgelieferten!) Tiere, dabei engagieren wir uns doch für eine Welt, in der kein empfindungsfähiges Wesen Besitztum eines anderen ist.

Dieses implizite Versprechen aber, sozusagen Vormund für Individuen zu sein, die in unserer Gesellschaft keine eigenen Rechte besitzen, hat für mich von Anfang an bedeutet, keine weiteren Schafe aufzunehmen. Schließlich darf man nur Versprechen geben, bei denen man zuversichtlich ist, sie halten zu können. Wenn man jedoch als einzige Person in der Verantwortung steht und unvermeidlich älter wird und sich auch jederzeit ein Bein brechen oder »Rücken« bekommen könnte, wie das halt so ist – dann wäre es unverantwortlich, weitere Vormundschaften anzunehmen.

Andererseits kommt man sich aber kaltherzig vor, aus solch vernünftigen, kühlen und längerfristig orientierten Gründen Tieren die Rettung zu verweigern, bei denen es akut um Leben und Tod geht. E-Mails mit Fotos von Schafgesichtern trudeln ein: Hier will jemand seine Zucht aufgeben, dort hat das Veterinäramt ein *Animal Hoarding* aufgelöst, bei dem jemand verantwortungslos viele Tiere aufnahm und verwahrlosen ließ; dann wieder sucht ein Lamm eine Flasche und später ein Ex-Flaschenlamm ein dauerhaftes Zuhause … Über eine Million Schafe werden jährlich in Deutschland geschlachtet, sie alle hätten stattdessen einen Platz zum Leben »verdient« gehabt – was eine sonderbare Formulierung ist. Denn eigentlich haben sie ja, zumindest moralisch – wenn auch leider noch nicht vor dem Gesetz –, das *Recht* auf Leben, und das muss man sich nicht erst verdienen.

Vor ein paar Tagen ließ jemand über eine Bekannte fragen, ob ich einem Damhirsch eine Heimat bieten könne. Zuerst hörte es sich kurios an, und ich war sogar etwas genervt von dieser Anfrage – aber dann machte ich mir klar, dass vermutlich jemand dahintersteht, der genauso verzweifelt für das Leben einiger Tiere kämpft wie ich. Irgendwo existiert eine Herde von Damwild, die immer weiter anwächst, und wenn kein Platz für diesen Hirsch gefunden würde (so hat es jedenfalls meine Bekannte verstanden), »müsste« dieser getötet werden.

Trotzdem kann ich natürlich keinen Hirsch aufnehmen, insofern war die Frage rasch beantwortet. Aber was ist mit all den vom Tode bedrohten Schafen – oder zumindest einem, zweien oder dreien? Zuerst mag man denken, ein einziges weiteres Schaf aufzunehmen, das könne ja nicht so schwer sein. Es geht aber nie so einfach über die Bühne, wie es sich zu Anfang angehört hat. Vielleicht hegt die Neue großes Misstrauen gegenüber dem Stall, so wie die Ihnen bereits bekannte Isolde, und muss jeden Abend mit List hineingelockt werden. Oder das Tier ist, wie Isoldes Begleiter Tristan, mit einem Hautpilz und mit einem Herpes am Auge infiziert, mit denen sich zum Glück kein anderes Schaf der Herde ansteckt – aber dieses eine erkrankt trotz Behandlungen und Impfungen wieder und wieder, mal am Fell und mal am Auge.

Oder es handelt sich bei dem Neuzugang um dieses eine, einzige Schaf auf der großen weiten Welt, das nicht automatisch mit der Herde mitzieht, wenn sich diese in Bewegung setzt, sondern versucht, immer bloß sein eigenes Ding durchzuziehen, und einer Art Gemütlichkeitskult huldigt. Ich spreche von Martha. Alle anderen ziehen los, dem frischen Grün entgegen, auf das sie sich schon die halbe Nacht gefreut haben, aber dieses Schaf bleibt im Stall stehen, dick und rund wie ein Gymnastikball übrigens, und träumt von trockenem Heu in überdachten Raufen. So steht es eine Weile alleine herum, etliche Minuten verrinnen ohne Action, doch irgendwann fällt Martha plötzlich – genauso wie übrigens schon gestern Nachmittag und gestern morgen und auch vorgestern morgen und vorgestern Nachmittag, aber nichtsdestoweniger fürchterlich überraschend – eine entsetzliche Tatsache auf: Sie ist alleine! Mit archaischer Wucht setzt ihr Herdeninstinkt wieder ein, und Martha fängt an, so laut nach der Herde zu rufen, dass dem Menschen in seinem nahe gelegenen Haus die Knochen erzittern.

Die Herde geht damit viel gelassener um. Kurzer Blick, dann weiter grasen. »Och nö, das ist einfach nur wieder die alte Stallpotato Martha, soll sie doch einfach herkommen, wenn ihr langweilig ist.«

Weil Martha aber eine sehr durchdringende Stimme besitzt und man als Mensch eben keine Nerven wie Drahtseile hat, verlässt man den Schreibtisch, und führt Martha die etwa fünfzig Meter von ihrer jetzigen Position zur Herde – sie hat gute Augen und Ohren und hätte das jederzeit alleine schaffen können, aber wenn sie das täte, wäre sie eben nicht Martha.

Diese Spezialeigenschaften, die nahezu jedes Tier mitbringt, sind allerdings nicht der einzige Grund, warum ich es mir zur eisernen Regel gemacht habe, keine weiteren Schafe aufzunehmen, sondern, wie erwähnt, die Verantwortung – die praktische tägliche und die finanzielle. »Da wirst du noch viel mit deinen Schafen erleben, wenn sie alt sind«, warnte mich Tierarzt Jens schon in den Anfangsjahren, und ich schrieb mir hinter die Ohren: Während ich älter und immer weniger fit werde, die Tiere zu versorgen, altern sie sogar noch schneller und werden auch immer unfitter und brauchen noch mehr Pflege.

Darum also: Nie ein weiteres Schaf aufnehmen.

Nun ja, außer Irmela, die als Einzige von drei Schafen übrigblieb, als ein Wolf nächtens auf die Weide des unmittelbar angrenzenden Nachbarn kam und Irmelas Freundinnen tötete. Noch am selben Tag brachten der Nachbar und ich sie in meinem Stall in Sicherheit.

Tristan und Isolde wiederum übernahm ich spontan aus einem Tierschutzfall, als ich mich in einer Phase schlimmen Liebeskummers befand und meine Prinzipien nicht ganz gefestigt waren, insofern zählen die beiden nicht.

Und dann kam noch ein Tag, an dem ich weder Wölfe noch Liebeskummer als Ausrede anführen konnte und dennoch in großer Eile und Sorge zu einem Schlachter fuhr, um ihm Schafe abzukaufen … Zunächst dachte ich, es handele sich um zwei Neuzugänge, doch tatsächlich waren es fünf, plötzlich wurden es sieben, schließlich neun … Am Ende blieben bei mir wieder fünf – allerdings fünf andere als ursprünglich gedacht.

Aber von vorne. Von Beginn an zählten zwei männliche Kamerunböcke zur hiesigen Herde, die eine ganz eigentümliche Farbgebung hatten – sie waren nämlich zur Hälfte dunkelbraun und zur anderen weiß. Ich nannte sie Domino 1 und 2. Die Dominos, anfangs noch scheu wie viele Kameruner, wurden bald die zutraulichsten aller Tiere. Domino 1 entwickelte im Laufe der Jahre eine starke Arthrose, deren Begleiterscheinungen sich aber mit Schmerzmitteln gut behandeln ließen. Kamerunschafe sind recht kleine Schafe, bewegen ihre kurzen Beinchen daher ein wenig schneller als die anderen Mitglieder ihrer Herde; eifrig lief Domino 1 mir jeden Morgen entgegen, um sein Knäckebrot mit der darauf geträufelten Medizin entgegenzunehmen.

Domino 1 war aber ohnehin dem Essen noch mehr zugetan als seine Kumpel und Kumpelinen, und so kam er auch bei anderen Gelegenheiten um diese oder jene Stallecke, um nachzuschauen, ob es nicht noch etwas gäbe. Ich habe etliche Situationen vor Augen, in denen es sich die Herde unter dem Vordach bequem machte, während ich im Stall werkelte – und Domino 1 noch einmal kurz zurückkam, um sich zu vergewissern, dass ich nicht aus Versehen noch ein kleines Stück Knäckebrot loswerden musste. Oder vielleicht war mir auch etwas heruntergefallen? Mit bescheiden gesenktem Köpfchen und einem hoffnungsvollen Ausdruck in seinen großen, schönen Augen bog er dann immer um die Ecke, auf flinken Beinen, auch wenn eines davon ziemlich krumm und die Gelenke knotig waren. Sein Fell sah viele Jahre lang unregelmäßig aus, teils dünn, teils zottelig – die weißen und dunklen Stellen entwickelten sich von der Beschaffenheit her in geradezu unterschiedliche Richtungen: Die weiße Fläche dünnte aus, die dunkle verfilzte. Und Domino war lieb, so lieb … Bei jedem Wetterwechsel dachte ich als Erstes an ihn und seine Arthrose; in einem richtig kalten Winter, so beschloss ich, würde ich ihn mit ins Haus nehmen. In der Werkzeugkammer würde ich Plastikfolie auslegen, Stroh ausbreiten und vielleicht noch den anderen Domino als Gesellschaft dazustellen. Zigmal ging ich die Maßnahmen im Geiste durch, doch kamen sie nie zur Anwendung, denn eine Zeit lang waren die Winter geradezu erschreckend mild.

Eines Herbsttages hatte Domino 1 auf der Weide einen Schlaganfall, fiel um, begann sich sonderbar zu bewegen und heftig zu atmen. Ich war in dieser Woche gerade auf der Frankfurter Buchmesse, die Freundin, die einhütete, rief mich an, als ich gerade mit einer befreundeten Verlegerin einen Kaffee trank. Und von dort aus, mitten in diesem Gewimmel fremder, städtisch lebender, oft gar Schafe essender Menschen musste ich der Tierärztin per Telefon die Einwilligung geben, ihn zu erlösen. Am nächsten Tag fuhr ich zurück, mir war die Lust auf Buchmesse vergangen, und ich wollte mich wenigstens von dem Körper verabschieden. In den folgenden Jahren erlebten wir wieder einige härtere Winter, und jedes Mal dachte ich: Domino – ich muss Domino ins Haus holen! Ich werde ihn wohl immer vermissen.

Das Gleiche gilt für Domino 2. Auch er war natürlich dem Essen nicht abgeneigt, wer ist das schon, aber sein Hauptinteresse an mir rührte von einer anderen menschlichen Zauberkraft her. Wir verfügen nämlich nicht nur über (aus der Sicht von Schafen vermutlich) schier unerschöpfliche Futtervorräte, sondern besitzen

Hände und können damit streicheln! Es ist jedes Mal berührend mitzuvollziehen, wenn ein Schaf sich dieser menschlichen Vorzüge bewusst wird und sich allmählich, zunächst vorsichtig und dann immer kühner traut, diese Dienste in Anspruch zu nehmen.

Zwar haben auch Schafe miteinander Körperkontakt, legen manchmal ihren Kopf auf dem Rücken eines anderen ab, suchen die Nähe besonders geschätzter Herdenmitglieder. Manchmal reiben sie ihre Köpfe freundschaftlich aneinander oder stehen Kopf an Kopf so, dass sie jeweils mit ihrem Kopf den Rumpf des anderen bearbeiten. Aber bestimmt kommt nichts davon, technisch gesehen, dem gleich, was wir Menschen ihnen geben können, nämlich streicheln. Am besten sogar kraulen wir sie, bahnen uns mit den Fingerkuppen einen Weg durch die Wolle und massieren die Haut, um alles gründlich zu durchwühlen. Oder wir streichen an den Beinen auf und ab, was manche Schafe regelrecht in Trance versetzt. Oder wir streicheln sie am Vorderbauch, woraufhin einige Schafe erstarren und den Rücken ganz rund machen vor lauter Behagen.

Oftmals, wenn Fotograf:innen auf den Hof kamen, um einen Artikel zu bebildern, und ich mich hierhin oder dorthin setzte, wie sie es wünschten, rückte Domino 2 heran, zaghaft zuerst, seinen Hals vorsichtig lang und länger machend, bis sein Misstrauen gegenüber dem fremden Menschen und seiner Apparatur abklang. Dann hielt er sein Köpfchen vor meinen Körper, ließ sich schier endlos lange kraulen und bewegte sich keinen Zentimeter. »Er ist ja wie eine Puppe!«, rief eine Fotografin entzückt, und damit meinte sie sicher nicht nur Dominos ausdauernde Reglosigkeit, sondern auch den niedlichen Gesamteindruck.

Anders als Domino 1 wirkte Domino 2 keineswegs fragil, sondern beinahe etwas propper, sein Fell war dicht und glänzend wie eine polierte Kastanie, und er strahlte eine ungeheure Vitalität aus. Darum traf es mich auch völlig unvorbereitet, als Domino 2 eines

Tages zurückblieb, während sich die Herde auf die Weide begab. Er war ein gutes Stück jünger als etliche andere Schafe, was konnte seine Mattigkeit nur bedeuten? Ich brachte ihn sofort in die Klinik nach Hannover, wo er einige Tage stationär untersucht wurde und eine denkbar schlechte Diagnose gestellt bekam: Er hatte einen unbehandelbaren Blutkrebs, wie später übrigens noch ein weiteres sehr geliebtes Schaf, und lebte nur noch wenige Wochen.

Hier möchte ich wieder auf das Band zurückkommen, von dem ich weiter oben sprach: Als Domino 2 in der Klinik war, erhielt er zwei Mal eine Blutkonserve. Ich erkundigte mich, woher dieses Blut stamme, und erfuhr, dass viele Labore oder Kliniken eine eigene kleine Herde oder Gruppen anderer Tiere halten – für Bluttransfusionen und damit Studierende an ihnen üben können.

Mir stockte der Atem, als ich dies hörte. In meinem geliebten Domino floss das Blut zweier Schafe, denen es momentan zwar sicher gut ging, die aber ab einem gewissen Alter zum Schlachthof gebracht würden, wenn sich keine private Stelle fand, um sie zu übernehmen. Auch davon abgesehen plagten mich Skrupel: Ist es in Ordnung, Blut»spenden« von Tieren zu verwenden, die dies nicht freiwillig geben? Vielleicht ja dann, wenn den entsprechenden Tieren dafür ein wunderbares Leben bis an ihr natürliches Ende gesichert wäre. Man könnte sich das Ganze wie eine Solidargemeinschaft vorstellen: Wenn einer krank wird, spendet jemand anderes Blut. Selbst wenn die Schafe um diesen Deal nicht wüssten, wäre doch allen geholfen.

Auch meine Herde ist in gewisser Hinsicht eine solche Solidargemeinschaft, denn sie teilt im Grunde alle möglichen Risiken und Unbequemlichkeiten – um der gemeinsamen Vorteile, der gemeinsamen Gesundheitsversorgung und Sicherheit willen. Wenn eines sich einen Fuß verstaucht hat, kommt die ganze Herde drei Tage lang kürzer auf die Weide. Wenn der Tierarzt eines von ihnen behandeln muss, müssen auch die anderen mit in den

Behandlungspferch. Das ist für den Moment zwar nicht schön, aber von diesem System können alle profitieren.

Bei den Laborschafen kann von einer solchen Solidargemeinschaft zunächst natürlich keine Rede sein, außer eben, jemand von außen schließt den Kreis der Gemeinschaft, indem er diese Schafe auf ihre alten Tage bei sich aufnimmt.

Nun, Sie wissen ja von meiner eisernen Regel: keine weiteren Schafe aufnehmen! Und vermutlich ahnen Sie, wie die Geschichte weiterging …

Nach einigen Stunden voller Gewissensbisse und Grübeln rief ich in dem Labor an und sagte, wenn das nächste Mal einzelne Tiere aus der Laborschafherde »aussortiert« und zum Schlachter gebracht würden, würde ich sie aufnehmen. Natürlich wären das nicht unbedingt Dominos Blutspender, aber so würden wir immerhin einigen Schafen etwas zurückgeben. Und weil es sich um zwei Blutspenden gehandelt hatte, dachte ich naiverweise, es gehe um exakt zwei Schafe.

Einige Monate lang hörte ich nichts mehr von dem Labor, und als ich eines Tages im Juni mal wieder dort anrufen musste, fragte ich betont beiläufig: »Und, wie geht es Ihren Schafen?«

»Gut«, antwortete der Mitarbeiter. Bildete ich es mir nur ein, oder war da in seiner Stimme ein Hauch Verlegenheit zu hören? »Werden Sie demnächst wieder welche, ähm, aussortieren?«

Doch, es war eindeutig Verlegenheit gewesen, die sich nun Bahn brach: »Ehrlich gesagt, das haben wir gerade getan.«

»Oh nein«, rief ich, »ich hatte doch gesagt, ich würde welche aufnehmen! Wann war das denn?«

Verlegenheit hoch zwei: »Die wurden grad heute morgen abgeholt.«

Just an diesem Morgen?! Es war jetzt 13 Uhr. Ob sie noch lebten? Ein Landschlachter, erzählte der Mann, habe sie dem Labor abgekauft. Er nannte mir den Namen des Mannes und den Ort, der von meinem Hof aus mit dem Auto knapp zwei Stunden entfernt war. Ich suchte die Telefonnummer heraus, rief mehrmals an, doch niemand ging ran. Vor meinem geistigen Auge erschienen Schreckensbilder, in denen der Metzger schon das Messer ansetzte. Wieder und wieder versuchte ich es unter der Nummer. Schließlich meldete sich eine Frau. »Sie haben heute morgen bei Labor XY Schafe abgeholt; sind die noch am Leben?«

»Ich denke schon. Das war mein Mann, der ist gerade nicht hier.«

»Ich wollte fragen, ob ich Ihnen die Schafe wieder abkaufen kann. Es war ein Versehen.«

»Ich werd's ihm ausrichten. Geben Sie mir mal Ihre Nummer, er ruft Sie dann an.«

Das tat ich. »Ähm, übrigens wie viele Schafe waren es eigentlich?«

»Ich glaub, fünf.«

Oha!, wie der Norddeutsche sagen würde. Schon mit meinen damals zweiunddreißig Schafen war ich oft an meine Belastungsgrenze gekommen, wie sähe das erst mit siebenunddreißig aus? Mehr Futter, mehr Mist, mehr Klauenschneiden …

Andererseits: Ich hatte es mir fest vorgenommen, ja meinem lieben Domino 2 sozusagen versprochen. Dessen Tod war – das habe ich all die Jahre meist für mich behalten – so unglücklich verlaufen, dass er mich bis heute belastet. Ich war damals von einer Tierärztin informiert worden, welche Entwicklungen drohten, und ich hatte auch gesehen, dass es ihm plötzlich deutlich schlechter ging. Aber ich hatte im falschen Moment gezögert, jemanden zur Euthanasie zu rufen, und konnte Domino so einige qualvolle Stunden nicht ersparen. Bis heute erinnere ich mich manchmal, wenn ich um die Ecke komme und unters Vordach trete, an den Anblick seines kleinen, endlich entspannt daliegenden Körpers. Ich war erleichtert, dass sein schwerer Weg nun abgeschlossen war, und gleichzeitig traurig und bedrückt darüber, dass ich ihn am Ende im Stich gelassen hatte.

Ungewollt, natürlich. Man handelt in diesen schweren Momenten nach bestem Wissen und Gewissen und nach Können und Kräften. Trotzdem ist es meist unmöglich, das eindeutig richtige Verhalten, zum Beispiel den »richtigen« Zeitpunkt für eine Euthanasie, zu finden. Ich glaube sogar, es gibt ihn oft gar nicht. Und entsprechend normal ist nachher auch das verwirrende Gemisch von Schuldgefühlen, Bedauern und Trauer.

Natürlich kann man so etwas weder wettmachen noch kann man das eigene Gewissen beruhigen, indem man hinterher etwas »besonders gut« macht. Das Schicksal lässt nicht mit sich verhandeln, und man sollte es auch gar nicht erst versuchen. Ich konnte Dominos schwere letzte Stunden nicht dadurch auslöschen, dass ich anderen Lebewesen ein schreckliches Erleben erspare. Gleichzeitig finde ich es aus philosophischer Sicht nicht unplausibel, dass ein bestimmtes Geschehen uns für die Zukunft eine Verantwortung übertragen kann – und dass unser künftiges Handeln dann zwar nicht die Vergangenheit verändern kann, aber einen bedeutungsvollen Bogen zwischen Jetzigem und Früherem spannt.

Während der drei, vier Stunden, die ich darauf wartete, dass der Schlachter endlich zurückrief, hatte ich anderen Tierfreund:innen und Veganer:innen mein Dilemma auf Facebook geschildert. »Fünf Schafe, die ich indirekt kenne, sind beim Schlachter gelandet. Soll ich sie ihm abkaufen, wenn es möglich ist?«

»Unbedingt!«, schrieben einige. »Go, Hilal, go!« Andere: »Sosehr mir die Schafe leidtun, du kannst nicht alle retten. Und du musst auch an dich selber denken.«

Natürlich schrieben auch einige, dass ihnen die Idee, einem Schlachter Geld zu geben, grundsätzlich widerstrebte.

So auch mir. Keine Tierrechtlerin drückt gerne jemandem Geld in die Hand, der sein Leben mit dem Töten von Lebewesen verbringt – und vielleicht von genau diesem Geld weiteres Equipment kauft! Allerdings bezahle ich einem Schlachter hundertmal lieber Geld für ein lebendes Schaf, als dass ich zulasse, dass er selbiges Schaf ums Leben bringt. Es ist ein wenig wie in der Geschichte der Sklaverei: Soll man dem Sklavenhändler einen Sklaven abkaufen und diesem die Freiheit »schenken« (auf die er oder sie von Geburt an und unter dem Gesichtspunkt der Gerechtigkeit ja ohnehin bereits ein Anrecht hat)? Oder soll man solches Freikaufen trotz allen Mitleids mit den Opfern unterlassen, um den Sklavenhändler nicht in seinem Tun zu unterstützen und ihn zu ermutigen, neue »Ware« zu kidnappen und feilzubieten?

Unterdessen ereignete sich etwas, womit ich niemals gerechnet hätte: Zwei Frauen, von denen ich eine nicht einmal kannte, boten an, jeweils zwei oder drei Schafe aufzunehmen. Die eine von ihnen leitet in der Nähe von Berlin ein veganes Kinderheim, dem ein kleiner Lebenshof angeschlossen ist; sie schrieb mir, eigentlich kenne auch sie mich nicht so gut, sie folge mir nur gelegentlich auf Facebook. So etwas würde sie sonst nie tun … Aber sie habe bereits drei Kamerunschafe und könne noch zwei, drei weitere aufnehmen. Umgekehrt würde auch ich normalerweise nie Tiere einer Fremden überantworten, doch nach einem kurzen Telefonat war klar, dass wir einander voll vertrauen konnten. (Inzwischen kenne ich sie besser und weiß, was für ein absolutes Glück wir hatten, mit ihr Kontakt zu bekommen.)

Die andere Frau, die bereit war, Schafe zu übernehmen, war Nicole Tschierse, eine Tierärztin, die jahrelang in einem Schlachthof gearbeitet hat, um den Tieren dort wenigstens etwas beizustehen, und die darüber schon mehrfach sehr aufrüttelnd berichtet hat. Sie hat auch etliche Kälber und erwachsene Rinder gerettet und betreibt heute im Harz den Lebenshof des Vereins »Weil Tiere lieber leben e. V.«.

Falls ich dem Schlachter Schafe abkaufen würde, könnte ich eventuell also einige von ihnen weitergeben. Aber war es nicht irgendwie verrückt, zwei Stunden Auto zu fahren, um gegen Geld Schafe zu holen, wo es doch in unmittelbarer Nähe garantiert Dutzende weiterer Schafe gab, die ebenfalls zum Schlachten bestimmt worden waren und genauso gerne leben würden? Dies ist das Dilemma eines jeden Lebenshofs: Wir wollen für das Leben jedes einzelnen Individuums kämpfen, können aber natürlich nicht jedem konkret helfen.

Die entschiedendste Fürsprecherin für diese Aktion war schließlich meine Mutter. Meine Mutter – über achtzig Jahre alt, wohnhaft in der Nähe von Frankfurt, deutscher Abstammung, seit über sechzig Jahren Muslimin und seit fast vierzig Jahren Vegetarierin (und inzwischen beinahe Veganerin) – unterstützt mein Projekt mit den alten Schafen vorbehaltlos. Sie ermutigt mich regelmäßig und schenkt uns Geld für Tierarztrechnungen. Und wo andere Mütter ihre Töchter vielleicht ermahnen würden, etwas »Sinnvolles«, Anerkannteres und vor allem auch etwas besser oder überhaupt Bezahltes zu tun, feuert mich meine Mutter immer wieder mit diesen beiden Sätzen an: »Ich bin dir so dankbar, dass du dich um die Tiere kümmerst. Denn ich könnte es leider nicht.«

Als ich sie nun anrief und ihr diesen speziellen Fall schilderte, dachte ich allerdings, die Wahrscheinlichkeit, dass meine Mutter mir zu- oder abraten würde, läge bei fifty-fifty. Darum war ich etwas überrascht, als sie ohne jedes Zögern sagte: »Natürlich nimmst du sie auf! Außerdem ist Ramadan.« Sie hatte recht, auch ich hatte schon daran gedacht: Wir befanden uns im Ramadan, dem heiligsten Monat im Islam. An seinem Ende »opfern« viele Gläubige Schafe, Ziegen, Kühe oder Kamele, um ihr Fleisch auch an Bedürftige zu verteilen. Meine eigene Familie hat jedoch schon vor Jahrzehnten von der Praxis, ein Tier zu opfern, Abstand genommen. Wie viele andere Muslim:innen spenden wir stattdessen Geld, und einmal gab mir meine Mutter sogar Geld, um jemand anderem zu helfen, mehrere vom Schlachten bedrohte Schafe aufzukaufen. Vor allem nämlich ist der Ramadan ein Monat der Milde, der gegenseitigen Fürsorge und Verantwortung: Man soll nicht streiten oder gar Krieg führen, sondern vielmehr die Kranken besuchen und versorgen und das, was man hat, mit Ärmeren teilen.

Und wir würden nun unseren Stall mit einigen Neuankömmlingen teilen.

Kurz darauf rief mich der Schlachter an. Ja, die Schafe seien noch zu kaufen. Er nannte mir einen Preis, der, wie ich später erfuhr, ungefähr doppelt so hoch lag wie der, den er dem Labor gezahlt hatte – dies war nun der »Schlachtpreis«. Ich willigte ein und beschwor den Mann, keines der Tiere an jemand anderen zu verkaufen, bis wir da seien. Wieder einmal war Freundin C. zu Besuch, und wir beide machten uns sofort auf den Weg.

Kapitel 10

Toffees Geschichte

Je weniger Kilometer das Navi bis zu unserem Zielort, der Landschlachterei K., anzeigte, desto klarer wurde mir, dass es sich bei besagtem Metzger K. um jenen »Metzger des Vertrauens« oder »Metzger um die Ecke« handeln musste, der in Diskussionen ums Fleischessen so oft erwähnt wird. All meine Freunde, die noch Fleisch essen, kaufen selbiges nur ganz selten, aber wenn, dann bei ihm. Es scheint sich um einen Mann zu handeln, der sich quasi aus Tierliebe entschieden hat, das Töten zu seinem Beruf zu machen; jedenfalls bringt er die Tiere auf geheimnisvolle Weise so lieb um die erwähnte Ecke, dass man ihren Körper angeblich guten Gewissens verzehren kann.

Zugegeben, das war sarkastisch. Schon rein rechnerisch ist es ja unmöglich, dass alle, die von sich behaupten, sie würden das Fleisch beim Metzger um die Ecke/ihres Vertrauens (wahlweise: dem Bauern um die Ecke/ihres Vertrauens) kaufen, dies auch tun, denn dann müsste Deutschland mit Lönneberga-ähnlichen Bauernhöfen und gemütlichen Tante-Emma-Landschlachtereien nur so gepflastert sein. Und selbst wenn in den letzten Jahren jeder, der dazu zwecks Umfrage interviewt wird, zur Auskunft gibt, er oder sie esse nur ganz wenig Fleisch, wird in Deutschland laut Bundesamt für Statistik nach wie vor so viel Fleisch konsumiert, dass auf jede Person im Schnitt 60 Kilo verzehrter Tierkörper entfallen. Wenn all diese Menschen selbst aber nur so selten Fleisch kaufen und essen, wohin entschwinden dann all die anderen Kilos?

Wie dem auch sei, in der Einfamiliensiedlung eines Dorfes bei Hannover kamen wir dem legendären Ausnahmemetzger endlich auf die Spur. Dort gehörten zu jedem Haus ein gepflegter Garten und ein Carport, die Hecken waren ordentlich geschnitten, sodass nichts Grünes über den Zaun hing. Kinderschaukeln und Planschbecken zeugten von unschuldigen Sommerfreuden. Ich konnte zunächst kaum glauben, dass mitten in solch einer Wohnsiedlung ein Metzger nicht nur wohnte, sondern seiner Arbeit nachging. Wie sich dann aber herausstellte, befand sich dort, wo bei den Nachbarhäusern vermutlich das Wohnzimmer lag, also nach hinten, zum Garten hinaus, der Schlachtraum.

Das fand ich auf eher unangenehme Weise heraus. Wo Herr K. sei, fragte ich einen jungen Mann, der dort herumstand und sich später als Sohn des Schlachters entpuppte. Herr K. junior zeigte mir eine Seitentür, die offen stand. Sie führte direkt in einen weiß gekachelten Raum, auf dessen Boden ein Schaf lag, aus dem große Mengen Blut flossen und dessen Röcheln nicht nur den Innenraum füllte, sondern auch laut vernehmlich nach draußen drang.

Wäre ich eine Minute früher gekommen, hätte ich vielleicht protestierend herumschreien können oder aber wie gelähmt zusehen müssen, wie das Tier betäubt und ihm dann die Kehle durchgeschnitten wurde; so aber musste ich mir das Röcheln anhören und dabei zusehen, wie es starb.

Und ich sah auch, wie die anderen Menschen vor Ort damit umgingen. Ein jüngeres Paar hatte sich genau dieses Schaf kurz zuvor in einem Pferch ausgesucht. Der Mann stand einfach nur untätig neben dem Schlachter. Die Frau dagegen telefonierte derweil mit ihrem Handy; ich erinnere mich noch gut an ihre perfekt manikürten Finger, mit denen sie sich das Handy gegen das Ohr presste, um trotz des markerschütternden Röchelns ihr menschliches Gegenüber akustisch verstehen zu können.

Ich machte einen Rückzieher, so schnell ich konnte.

»Sie haben so was wohl noch nie gesehen?«, fragte mich der Schlachtersohn.

Ich verneinte. »Warum hat das Tier so schrecklich geatmet, war es nicht richtig betäubt?« Von verunglückten Betäubungen hat ja inzwischen wohl jede und jeder schon einmal gehört, aber irgendwie hatte ich bis dahin – naiverweise – angenommen, wenn die Betäubung »richtig« durchgeführt würde, verliefe der Rest ruhig und friedlich.

»Doch, das ist betäubt, aber das dauert ja immer ein paar Minuten, bis sie tot sind«, erklärte der junge Herr K.

Später fragte ich einen Tierarzt, der diesen Schlachter kennt, ob da wohl, technisch gesehen, etwas »falsch« gemacht worden sei. Nein, sagte er, dieser Schlachter arbeite korrekt und ordentlich. Auch der schon erwähnten Nicole Tschierse schilderte ich das Röcheln, und ich fragte sie, was sie dazu meine? Sie schrieb: »Ein gewaltsamer Tod ist immer hässlich. Geräusche, Gerüche, Anblicke, Gefühle. Da findet jeder, was keiner braucht. Ich habe noch nie ein Schlachttier schön und friedlich sterben sehen.«

Und ich hatte so etwas nicht mitansehen wollen. Ich hatte gehofft, zu einer Metzgerei fahren und Schafe retten zu können, ohne auch nur ein einziges sterben zu sehen … Ich verließ den Raum, atmete draußen tief durch und versuchte mit aller Macht, die Tränen zurückzudrängen – sie würden in dem Moment eh niemandem helfen. Ich betete für das keuchende Schaf um baldigen Frieden. Im Nachbargarten mähte jemand Rasen, und immer noch war die hübsch manikürte Kundin am Telefonieren.

Wir stiegen schließlich wieder ins Auto, und der Sohn des Schlachters beschrieb uns den Weg zu einem etwa zweihundert Meter entfernt liegenden Pferch, wo die Schafe untergebracht seien, die in den kommenden Tagen geschlachtet werden sollten. Als K. mir den Aufschub der Schlachtung zusagt hatte, hatte ich zunächst gedacht, er habe mit der suggerierten Dringlichkeit ein wenig übertrieben – aber tatsächlich konnte hier jede Minute ein Leben zu Ende gehen. Ab und zu schlachtete K. senior ein Schaf auf Vorrat, und ab und zu kamen Kund:innen vorbei, deuteten auf ein Tier, und das wurde dann in einem Anhänger die zweihundert Meter zu jenem gekachelten Raum gefahren, zu Blut und Keuchen.

Der Pferch war in drei Bereiche unterteilt und mit insgesamt neun Schafen belegt. In der Mitte standen die fünf Laborschafe – drei kleine braune Kameruner und zwei größere schwarze Wollschafe, allesamt weiblich. Bei ihnen stand außerdem ein zutraulicher, riesiger weißer Bock aus demselben Labor, der sofort zu uns kam, um gestreichelt zu werden. Und dann, wir trauten unseren Augen kaum, lag dort an der Wand auch noch ein vielleicht zwei Monate altes Lamm, irgendwie verloren zwischen all den Erwachsenen. Es machte keinen besonders vitalen Eindruck. Es war zu früh von der Mutter abgesetzt worden, wie sich später herausstellte, und viel zu klein und dünn für sein Alter.

»Wie kommt das da hin?«, fragte ich.

Das Lamm, so K. junior, sei krank und in einer Klinik gewesen, jetzt aber wieder gesund. Nur halt klein. Der Schlachter wolle es noch zwei Wochen anfüttern, »damit es etwas zulegt«. Dann sei es gerade im rechten Alter. »Bei den Kunden ist die Größe sehr beliebt.«

Ich starrte auf dieses kleine Bündel Flausch und konnte wieder einmal nicht fassen, wie jemand ein solches Wesen im Geiste zu »Lammbraten« umwidmen konnte. (Ganz abgesehen von den praktischen Aspekten: Dieses Tier hätte nie und nimmer die notwendigen Wochen des Mästens überlebt.)

In der Box zur Rechten standen zwei cremefarbene Schafe mit schwarzen Gesichtern, noch ungeschoren, dicht bewollt und pausbackig wirkend – alte Hammel, so wurde uns erklärt.

Insgesamt also neun dem Tod geweihte Lebewesen unterschiedlichen Alters und diverser Größe. Ihr Anblick war nicht nur schwer zu ertragen, sondern stellte mich auch vor organisatorische Probleme. Ich nahm sogleich mit den beiden oben erwähnten Lebenshofbetreiberinnen Kontakt auf. Dass wir die fünf weiblichen Laborschafe mitnehmen würden, war ohnehin der ursprüngliche Plan gewesen. Aber was war nun mit dem weißen Bock, der sofort auf einen zukam, um gestreichelt zu werden? Und was mit dem Lämmchen, das zu schwach war, um aufzustehen? Wir konnten doch nicht die Erwachsenen mitnehmen und das Kleine zurücklassen!

Am Ende beschlossen wir, dass ich die fünf Laborschafe mit zu mir nehmen würde, außerdem das Lamm; die (neue) Bekannte aus Berlin würde dann die drei Kameruner in den kommenden Tagen zu sich nach Berlin holen. Der große weiße Bock allerdings passte unmöglich auch noch in den Caddy, und wir mussten ihn zunächst mit sehr ungutem Gefühl zurücklassen. Dummerweise hatte ich nicht so viel Bargeld dabei, dass ich ihn auf der Stelle hätte bezahlen können; daher ließ ich den Bock »reservieren« (Ist es nicht pervers, ein solches Verb auf ein Individuum anzuwenden, das jederzeit von seinem »Besitzer« getötet werden kann?) und den Schlachtersohn Stein und Bein schwören, sich daran zu halten. Ich würde das Geld überweisen, sobald wir daheim wären, und Nicole würde den Bock dann am kommenden Tag oder spätestens einen Tag darauf abholen. Wir konnten nur hoffen, dass es sich der Schlachter nicht doch noch anders überlegte.

Große Sorgen machten mir natürlich die beiden noch nicht versorgten pausbackigen Hammel. Ich traute mir nicht zu, sie ebenfalls noch aufzunehmen, und auch Nicole sagte, sie könne da leider nicht zusagen. Wie eigentlich jeder Lebenshof, den ich kenne, hat auch sie weit mehr Anfragen als Plätze und ist ständig überlastet.

So blieb mir nichts anderes übrig, als zu versuchen, die beiden niedlichen Hammelgesichter zu verdrängen und mich stattdessen auf meine sechs Passagiere zu konzentrieren. Die fünf erwachsenen Tiere kamen in den Laderaum (was nicht ganz so eng war, wie es sich vielleicht anhört, denn Kamerunschafe sind klein und zierlich), und das Lamm legte ich mir auf dem Beifahrersitz auf den Schoß, wo es zunächst friedlich vor sich hin döste. Später kletterte es hinunter in den Fußraum und machte dort eine sehr große Pfütze.

Überhaupt wurde während der Fahrt gepullert, was das Zeug hielt, auch von den Großen. Mitunter kamen C. und ich uns vor, als hätten wir lauter Springbrunnen in den Transporter geladen! Als wir in mein Dorf einbogen, sagte ich nach hinten: »Falls noch jemand muss – letzte Gelegenheit, denn gleich sind wir da.« Ich hatte es natürlich nicht ernst gemeint, denn es ist kein Spaß, so viel Urin und Kot wieder aus all den Polstern und Decken herauszuwaschen. Doch keine Minute später fand eines der Schafe noch einen Rest in der Blase und nahm mich beim Wort.

Zwei Tage später kam die Leiterin des veganen Kinderheims mit einem Transporter aus Berlin und holte die drei Kamerunschafe ab. Schon am nächsten Tag schickte sie ein Video, auf dem zu sehen war, wie die drei mit den anderen, bereits dort lebenden Tieren als ein Trupp herumzogen. Und bevor ich noch mehr von den bei mir Verbliebenen erzähle, eine weitere gute Nachricht: Einen Tag nach der Fahrt zum Schlachter erhielt ich eine Bildnachricht mit einem Foto, das offenbar im Innenraum eines Transporters aufgenommen worden war und viel weiße und cremefarbene Wolle zeigte. Ich konnte zuerst überhaupt nicht zuordnen, was Körper, was Schnauze, was Wolle oder Wagen war. Dann kam der Text dazu, von Nicole: »Wir haben den Bock eben abgeholt und die beiden siebenjährigen Hammel auch.«

Ich weinte vor Erleichterung. Es war wahnsinnig knapp gewesen. Einem inneren Impuls folgend, hatte sich Nicole gleich am nächsten Mittag auf den Weg gemacht. Um 15 Uhr war sie beim

Schlachter angekommen, und für eine halbe Stunde später war die Schlachtung der beiden terminiert gewesen!

Er habe die beiden aber schon anderen Kunden versprochen, sagte der Schlachter, und die kämen auch gleich. »Macht nichts, jetzt bin *ich* da und kaufe sie«, meinte daraufhin Nicole. Tatsächlich sah sie dann die beiden Männer, die die Hammel geordert hatten, bereits um die Ecke biegen, als sie wieder losfuhr.

Wir waren heilfroh, dass der Schlachter uns gegenüber Wort gehalten und den »reservierten« großen weißen Bock nicht zwischenzeitlich verkauft hatte! Der erhielt den Namen Heinerbert und wurde einer von Nicoles Lieblingen. »Er ist das gutmütigste Schaf, das ich je gesehen habe«, schrieb sie mir später. »Er ist mit allen anderen Tieren auf dem Hof befreundet und lässt sich sogar von den Hunden abschlecken.«

Die beiden schwarzen Wollschafe nannte ich Martha und Marie, und das Lamm bekam den Namen Toffee. Von Marthas Eigenheiten als Solitärschaf und Stallpotato habe ich schon ausführlich erzählt; Marie hat sehr große Augen und mächtige Augenbrauenwülste, als Milchschaf neigt sie zu einer Triefnase, und ihr Körper wirkt irgendwie kastenförmig, zumindest wenn Wolle dran ist. Darüber hinaus aber hat Marie noch eine sehr ungewöhnliche Eigenschaft: Sie riecht nach Erdbeeren. Und zwar oben, am Nacken! Zuerst habe ich gedacht, die beiden jungen Leute, die zum Schafestreicheln kamen und dort an Marie geschnüffelt hatten, würden übertreiben – aber es stimmt, der Duft ist unverkennbar. Seither nennen wir sie oft »Erdbeermarie«.

Was das Lamm angeht, so passte der Name Toffee zwar farblich nicht so ganz, denn das Kleine hatte eine dunkle Nase und war ansonsten cremefarben. Aber als Jugendliche hatte ich während eines Schüleraustauschs in Wales einmal einen sehr anhänglichen Cocker-Spaniel kennengelernt, der Toffee geheißen hatte und jeden Morgen begeistert auf mein Bett sprang; dieses Lamm weckte bei mir ähnliche Gefühle.

Schnell zeigte sich, dass es schwierig werden würde, Toffee Nr. 2 gesund zu bekommen und aufzupäppeln. Üblicherweise bringt man, wenn man neue Tiere zu einer Herde hinzugibt, diese erst einmal eine Zeit lang separiert unter, schickt Kotproben ins Labor und lässt eine Tierärztin zur Untersuchung kommen. In diesem Fall hätte man sich das insofern sparen können, als Martha und Marie ja aus einem Labor kamen, von Parasiten ferngehalten und auf Krankheiten durchgecheckt worden waren wie sonst kaum ein Schaf; und Toffee war vorher zwei Wochen lang in einer Klinik gewesen. Dennoch hatte dieser halbe Tag in dem Pferch des Schlachters gereicht, um dem Kerlchen allerlei Ungeziefer zu übertragen. Der Kleine hatte irgendwie alles, angefangen bei starkem und schwer zu behandelndem Durchfall. Deswegen war er zuvor überhaupt zum Tierarzt gebracht worden: nicht etwa, weil sich der Vor»besitzer« um sein Wohlergehen sorgte, sondern weil er eine ganze Herde von Schafen als Schlachtvorrat hielt; und er wollte die Ursache für den Durchfall bestimmen, bevor er noch mehr Tiere und dadurch Geld verlor.

Außerdem ging Toffee nach und nach die Wolle aus. Die diversen, zigmal zu Rate gezogenen Tierärzt:innen konnten nach sorgfältiger Prüfung keine Parasiten finden, sondern nahmen an, das Ausfallen der Wolle sei auf die frühere Mangelernährung zurückzuführen – bis wir eines Tages doch einen Haarling (das ist eine Form von Läusen) in der Wolle erspähten. Da war der arme kleine Toffee aber schon fast nackt. Haarlos, mager, von Durchfall geplagt und ohne Mutter … Ich schnitt ihm Mäntelchen aus weichem Vlies zu, kraulte ihn, umhegte ihn, versorgte ihn mit zusätzlicher Nahrung und diversen Medikamenten; einmal kam sogar spätabends Jens, um dem von Schüttelfrost heimgesuchten Toffee eine Infusion zu legen; ich nehme an, damit rettete er Toffee erneut das Leben. Bei

Toffee war es nämlich mit einer Rettung nicht getan – wieder und wieder musste er ernsthafte Krisen meistern.

Doch es gab auch positive Entwicklungen in Toffees neuem Leben! Ein Lamm von zwei Monaten würde sich normalerweise nah bei der Mutter aufhalten und auch bei ihr trinken, selbst wenn es schon Gras und Heu zu sich nehmen konnte. Aber von seiner Mutter war Toffee ja schon vor vielen Wochen getrennt worden. Also »adoptierte« er … die bewegungsscheue Martha!

Später wurde Martha, die sich bekanntlich nicht gern vom Stall entfernte, kugelrund. In ihren ersten Tagen bei mir war sie noch nicht ganz so rund, aber sie verbreitete schon damals eine Menge raumfüllender Behaglichkeit, wenn sie sich neben einer Stallwand niederließ, um bloß nicht allzu viel Kraft durch Herumlaufen zu vergeuden. Und am Heck dieses großen, runden, dunklen Erwachsenenschafs kugelte sich dann der kleine Toffee zusammen; wie Lämmer es bei ihrer Mutter gerne tun, schlief er gern an Marthas Rücken beziehungsweise Hintern.

Auch Martha schien sich für Toffee zu erwärmen, jedenfalls reagierte sie auf seine Rufe. Hatte Toffee nämlich einmal den Anschluss verpasst – sehr weit konnte er nicht zurückbleiben, denn das Quarantäneabteil war nicht sehr groß –, riss er sein Mäulchen ganz weit auf und stieß herzzerreißende Bäh-Laute aus.

Anfangs hatten wir das Abteil übrigens extra dick mit Stroh eingestreut, um die Neuen würdevoll zu empfangen. Es stellte sich aber heraus, dass Toffees Beine für eine dicke Strohschicht noch viel zu kurz waren, und wir mussten die Hälfte wieder entfernen. Auf einem Video aus jenen ersten Stunden kann man sehen, wie sich Toffee, fast bis zum Bauch im Stroh versinkend, durchs Material kämpft wie ein Bergwanderer durch Tiefschnee.

Martha und Marie waren beide etwa fünf Jahre alt, von meinen bisherigen Schafen war keines jünger als zehn – Toffee war also das einzige Kind und würde, wenn er hoffentlich bald auf die Weide durfte, niemanden zum Spielen haben. Daher fuhr ich in eine nahe gelegene Schafzucht und tat erneut das, was viele Tierrechtler eigentlich ablehnen: Ich kaufte ein weiteres Lamm. Dazu führte man mich an einen Pferch, in dem dreißig etwa drei Monate alte Bocklämmer »zur Mast« gehalten wurden. Welches ich wollte, wurde ich gefragt. Es ist scheußlich, unter so vielen, dem Tod geweihten Kindern ein einziges auswählen zu müssen, und ich antwortete: »Das Kleinste.« Also stieg der Mitarbeiter in den Pferch, hetzte die Lämmer ein paar Minuten lang herum und wurde schließlich des Kleinsten habhaft: Es war ein weißes Bocklamm, deutlich kleiner als seine Brüder und mit ausgeprägten O-Beinen. Angeblich war es in den letzten Wochen schon von Menschen gefüttert worden, dennoch war es vollkommen scheu und hatte möglicherweise noch nie freundschaftliche oder gar familienähnliche Erfahrungen mit Menschen gemacht. Ich hatte den Laderaum meines Wagens mit zusätzlichen Matratzen und Kisten verkleinert, damit das Lamm nicht darin herumpurzeln konnte. Die Fahrt beunruhigte es dennoch sehr, und statt brav auf dem ihm zugewiesenen Platz stehen zu bleiben, begann es, auf allen möglichen Füllmaterialien und Hindernissen herumzuklettern. Es war gar nicht so leicht, es dort wieder herauszupflücken, nachdem wir zu Hause angekommen waren.

Ich nannte das neue Lamm Lukas und trug es in den Quarantänebereich. Toffee und er erkannten einander gleich als Altersgenossen und Gleichgesinnte und bildeten von da an ein perfektes Tandem. Sie fraßen gleichzeitig und schliefen gleichzeitig, und Toffee versuchte dem ungefähr doppelt so großen Lukas alles nachzumachen – was aber nur teilweise gelang. Hüpfen und rennen lagen Toffee genauso im Blut wie Lukas, aber nur Lukas hatte die körperliche Ausstattung für größere Strecken und Bewegungen, und so wirkte bei Toffee alles mehr angedeutet und mehr in Fantasie und Intention verortet als in der Realität, ungefähr so, wie wenn ein Kleinkind anfängt, mithilfe eines Kochlöffels zu »telefonieren«.

Nach und nach spürten wir Toffees diverse Erkrankungen auf und konnten sie besiegen – eine Lungenentzündung hatte er übrigens auch mitgebracht –, und nun begann Toffees glückliches Lämmerleben. Die kleine Quarantänetruppe konnte sich endlich mit der großen Herde mischen, und von jetzt an hatte Toffee eine Art Kernfamilie mit Mutter Martha und Brüderchen Lukas. Toffees Wolle wuchs nach, und er legte deutlich an Gewicht und Größe zu; sein größtes Problem, das allerdings regelmäßig auftrat, bestand darin, dass Martha leider nie der Herde folgte, Lukas aber schon. Darum war der kleine Toffee ständig hin- und hergerissen zwischen Bruder und Mutter, und meistens löste er das Problem so, dass er sich an den Übergang von Stall und Weide stellte und mit seiner inzwischen schon deutlich kräftigeren Stimme derart laut nach Lukas rief, dass es einem durch Mark und Bein ging. Tatsächlich kam Lukas dann meist von der Weide zurück und schloss sich Toffee wieder an. Mit schlackernden Ohren sah man sie ins Innere des Stalls traben, wo Martha herumfaulenzte und sich für die vorherige Trennung nicht zuständig fühlte: Schließlich war nicht sie es gewesen, die weggegangen war!, und im Stall war Platz genug für alle, und zwar der allerbeste Platz.

Beide Lämmer wurden zahm, Lukas noch mehr als Toffee. Eigentlich ließ Letzterer sich nur gerne streicheln, solange er noch krank und schwach war; je selbstständiger er wurde, desto weniger Wert legte er auf den Kontakt mit menschlichen Händen. Er kam zwar immer angeflitzt, wenn ich seinen Namen rief – aber darauf durfte ich mir nicht allzu viel einbilden, denn vermutlich lag das auch an einer gewissen Hoffnung auf Pellets. Es war dennoch schön, tagsüber immer mal wieder zum Stall hinüberzugehen und in höchster Tonlage Toffees Namen zu quietschen, bis der kleine Cremefarbene mit den schon erwähnten schlackernden Ohren angedüst kam. Nur anfassen sollte man ihn nicht.

Anders Lukas. Dieser anfänglich so scheue Bock wurde zum größten Schmusetier, das man sich denken kann, und zwar »groß« in beiden Bedeutungen des Wortes. Erstens wurde er wahnsinnig verschmust und behielt bis ins Erwachsenenalter die Angewohnheit bei, mit dem Schwanzstummel propellerartig zu wackeln, wenn man ihn streichelte, als wäre er ein Lamm am Euter der Mutter (auch da wird immer so propellert). Zweitens wuchs Lukas weiter und weiter – wir schätzen ihn heute auf 130, 140 Kilo, und er ist leider zu groß für die Tierarztwaage, auf der wir bisher jeden, sogar Joylein mit seinen 100 Kilo, bugsieren konnten. Aber Lukas' vier Füße passen einfach nie zusammen darauf. Die nächstgrößere Sorte Waage stammt dann nicht mehr aus dem Tierarztbedarf, sondern aus dem kaufmännischen Bereich, zum Abmessen großer Warenmengen, und ist sehr teuer. So gerne ich einmal wüsste, wie viel Lukas wiegt – eine Anschaffung über mehrere Tausend Euro ist es doch nicht wert.

Seine O-Beine verloren sich mit der Zeit, und als sein Schädel wuchs und wuchs, bildete Lukas eine sogenannte Ramsnase aus, also einen leicht nach oben gebogenen Nasenrücken, was ihm die würdevolle Anmutung Caesars aus den Asterix-Comics verleiht. (Nur dass mit der Würde und Diktatorschaft schnell wieder Schluss ist, wenn der Schwanz nach Lämmerart zu kreiseln beginnt.)

Während die anderen Schafe gemächlich über die Weide schritten, legten Lukas und Toffee oft einen Lämmergalopp hin; sie jagten einander, umkreisten (und nervten bisweilen) die Älteren, versuchten diese zum Mitspielen zu animieren. Das klappte nicht immer. Einmal beobachtete ich, wie Toffee – damals etwa menschenkniehoch – auf Emil, mein einstiges Ziehsöhnchen, zuraste und ihn zum Spielen aufforderte. Dieses Spielen ist bei Schafen durchaus freundschaftlich, auch wenn es für unsere Spezies immer etwas aggressiv aussieht. Immerhin stoßen die beiden Kontrahenten dabei mit den Stirnen aneinander. Das kann Zeichen eines Kämpfchens sein, muss es aber nicht.

An diesem Tag jedenfalls war Toffees Intention eindeutig spielerisch. Frohgemut und mit vollem Schwung trafen die beiden Stirnen aufeinander – und es stellte sich heraus, dass Toffee die Kräfte des zierlich wirkenden Emil unterschätzt hatte. Er fiel der Länge nach um und plumpste ins Gras. Völlig verdutzt ruderte er mit den Beinchen, um sich wieder aufzurichten.

Ich schrak zusammen, als ich das sah, und spürte Beschützerinneninstinkte in mir aufflammen. Ein Freund, der die Szene von Anfang an beobachtet hatte, meinte aber nur trocken: »Toffee hat angefangen!«

Am nächsten Tag, als die beiden Lämmer wieder einmal galoppierend ihre Runden drehten, nahm Toffee erneut Anlauf Richtung Emil ... Im letzten Moment brach er jedoch ab. Offenbar war ihm eine Erinnerung gekommen, man konnte seine innere Stimme aus der Entfernung förmlich hören: »Lieber nicht, mit dem hab ich schon mal schlechte Erfahrungen gemacht.«

Ich fand es wundervoll, wieder zwei Lämmer in der Herde zu haben. Alle Böcke waren ja seit vielen Jahren bereits kastriert, sonst hätte sich die Herde längst um ein Vielfaches vermehrt. Daher hatten wir seit etwa zehn Jahren keine dieser kleinen Wesen im Stall gehabt. Es war, wie gesagt, nicht wirklich vernünftig gewesen, weitere Schafe aufzunehmen, schon gar nicht Lämmer, für die ich noch viele weitere Jahre Verantwortung tragen würde. Nun aber, da das Schicksal mir die beiden quasi aufgedrängt hatte, genoss ich ihre Gegenwart in vollen Zügen. Ich liebte es, ihre Schnäuzchen und ihr flauschiges Fell zu kraulen, so sie dies zuließen, war entzückt ob ihrer Bäh-Laute und schaute mit glücklichem Herzen dabei zu, wie sie einander den ganzen Sommer hindurch über die Weide jagten und mit ihrem Ungestüm des Öfteren dafür sorgten, dass die bis dahin beschaulich in einem Grüppchen irgendwo herumstehenden älteren Schafe auseinanderstoben.

Nun gelange ich als Autorin an einen heiklen Punkt dieser Geschichte. In Gewissensnöte, könnte man sagen. Wenn Sie Tiere lieben, haben Sie nun womöglich Toffees zarte und gleichzeitig durchdringende Stimme im Ohr, und Ihre Hände fühlen sich an, als hätten sie selbst schon einmal durch seine flauschig nachwachsende Wolle gestrichen.

Aber wie viel möchten Sie darüber wissen, wie Toffees Geschichte weiterging – wie sie gar endete? Er war dem Schlachter entkommen und hatte neuen Familienanschluss gefunden; er überwand den ersten chronischen Durchfall, dann den zweiten; er musste eine Lungenentzündung durchstehen und sich gegen die Haarlinge behaupten … Um einen so ungünstigen Start ins Leben wieder aufzuholen, wären sieben Leben nötig gewesen, aber leider hatte der kleine Toffee nur sechs. Eines Vormittags im Herbst, als er gerade mal acht Monate alt war, fand ich seinen kleinen Körper leblos im Stall liegen; der Rest der Herde hatte sich, wie sie es oft bei Todesfällen tut, erschrocken im hinteren Viertel des Stalls zusammengedrängt. Offenbar war Toffee erst vor wenigen Minuten umgefallen, kurz zuvor hatte ich ihn sogar noch gesehen, munter wie immer. Es hatte kein Anzeichen für eine Krankheit gegeben, keine Schwäche, nichts, das sein Wohlbefinden beeinträchtigt haben könnte; er war mir mit Lukas gefolgt und hatte sich an den Pellets höchst interessiert gezeigt.

Ich verzichtete darauf, den kleinen Körper sezieren zu lassen; es gab keine Hinweise auf einen längeren Todeskampf, das war eigentlich das Wichtigste und einzig Tröstliche. Vielleicht hatten die ersten schweren Monate einen Schaden an seinen Organen hinterlassen, dachte ich, vielleicht war irgendetwas in seinem Inneren nicht so gewachsen, wie es sollte. Tierarzt Jens vermutete, Toffee habe ein Aneurysma gehabt, das geplatzt sei, eine Hirnblutung also, an der er schnell gestorben sei.

Toffees Tod war (noch) schwerer zu verkraften als der der älteren Schafe, einfach weil dieses junge Leben so gründlich verpfuscht, so vergeudet erschien. Die Mutter hatte man ihm weggenommen, ihn allein in die Klinik und dann zum Schlachter geschickt. So viele Behandlungen, so viele heikle Nächte hatte er überstanden, sein Fell war wieder da, er, der einstige Winzling, war schließlich sogar gewachsen. An der Stallwand lehnt immer noch die bunte Holzleiste, auf der wir sein Wachstum in den ersten Wochen verzeichneten – ich habe bis heute nicht das Herz gehabt, sie wegzutun.

»Du hast alles Mögliche für ihn getan«, sagten meine Freund:innen. »Immerhin hat er nach dem schlimmen Anfang noch sechs gute Monate gehabt.«

Ich wusste, dass sie recht hatten, und ich versuchte, es auch so zu sehen. Nein, ich sah es wirklich so – und trotzdem. Sechs Monate, das klang so bittersüß, und zwar weniger süß denn bitter. Das ist ja, wie wenn ein Ton angestimmt, das Lied aber nicht wirklich gesungen wird.

Dann wieder erinnere ich mich an den Satz eines anderen Tierrechtlers (leider kann ich ihn nicht korrekt zitieren, da mir Name und Quelle schon vor geraumer Zeit entfallen sind), den man zu dem traurigen Umstand befragt hatte, dass ja so viele Jungtiere in der Natur früh sterben. Und er sagte, sinngemäß: »Aber bis sie sterben, kümmert sich ihre Mutter um sie, und sie werden geliebt. Es ist nicht nichts, wenn man einige Monate oder Tage geliebt wird.«

Auch Toffee hatte hier eine Familie gefunden.

Ich denke noch an ein weiteres Zitat, das ich in anderem Kontext las. Eine Mutter sprach nämlich über den Tod ihres vierzehnjährigen Sohnes beziehungsweise über sein Leben. Anscheinend gelang es ihr, noch in ihrer Trauer das Glück zu würdigen, dass er überhaupt auf der Welt gewesen war. Denn statt zu sagen, dass er mit vierzehn Jahren gestorben sei, sprach sie davon, dass dies »ein Leben war, das vierzehn Jahre lang währte«.

Ich möchte mir nicht anmaßen, umfassend zu verstehen, was diese Mutter erlebte, fühlt, denkt und dachte. Aber dieser ungewöhnliche Aspekt, der da anklang, hat mich sehr beeindruckt und einen Stempel in meiner Wahrnehmung hinterlassen. Ich verstehe die beiden aus dem Gedächtnis zitierten Aussagen so, dass es von unverbrüchlichem Wert ist, auf der Welt zu sein, egal, wann das Leben endet, und von genauso unverbrüchlichem Wert, zu lieben und geliebt zu werden, egal, wie lange. Darin schwingt umgekehrt auch eine Ahnung mit, dass dieses Lamm für die Welt eine Bereicherung war, auch wenn es nur ein halbes Jahr hier lebte.

Trotzdem zögere ich und frage mich, ob ich wirklich behaupten darf, dass auf diese Weise die Schafe, die nachrückten, wieder den großen Bogen schlagen zu den beiden Dominos und dass dieser Bogen natürlich auch Toffee miteinschließt. Ist diese Rede von dem Bogen nicht allzu offensichtlich auf Trost bedacht, glättet sie die Sachverhalte nicht allzu bequem? Ich meine folgende Überlegungen: Damit nun Lukas einen gleichaltrigen Spielgefährten hatte, fuhr ich erneut zu dem Betrieb, aus dem er stammte; und weil die jungen Böcke bereits alle getötet waren, verkaufte man mir ein weibliches Schaf in Lukas' Alter, das bereits im Pferch zur Abholung für die anstehende Schlachtung stand. Sie sieht aus wie Lukas, nur deutlich kleiner, und ist sehr scheu; ich gab ihr den Namen Nelly. Und so sind Nellys und Lukas' Anwesenheit hier – und damit ihre Existenz, ihr Weiterleben – darauf zurückzuführen, dass Toffee in unser Leben trat; und auf Toffee stieß ich ja nur, weil einst Domino die Bluttransfusionen erhalten hatte.

Nur hilft es natürlich weder Domino noch Toffee, dass nun wenigstens Lukas und Nelly munter über die Weide spazieren. Und es hilft auch Martha nichts, deren plötzliche Erkrankung und deren Transport in die Klinik ich zu Beginn des vorigen Kapitels beschrieben habe. Ich war, ehrlich gesagt, fest davon ausgegangen, dass man da »irgendwas machen« könne; Martha war doch erst acht Jahre alt, sie konnte doch nicht einfach an einem Magenproblem sterben!

Doch am darauffolgenden Morgen rief sehr früh die Tierärztin aus Hannover an und leitete das Gespräch bereits mit der schlechten Nachricht ein, die ich schon ahnte: Wenn sie sich so früh meldete, war dies kein gutes Zeichen. Am Tag davor hatte sie Martha noch stabilisieren können, aber am nächsten Morgen nahm die Erkrankung eine schlimme Wendung, und sie konnten sie nicht retten. Das Gleichgewicht in ihrem Pansen war ins Basische gekippt, was eigentlich auf Fütterungsfehler hinweist: zu viel Kohl (sie bekam keinen), vereistes Futter (so kalt ist es noch nicht), mit Erde verunreinigtes Futter (woher??).

»Aber das kann doch alles nicht sein!«, rief ich. »Martha blieb doch immer im Stall und aß stets nur das beste Heupulver aus dem Alpenvorland!« – Solche Verhandlungen mit der Logik des Schicksals helfen natürlich nichts.

Ich muss gestehen, dass ich inzwischen so viele Todesfälle erlebt habe, dass ich gar nicht mehr so unglaublich viel trauere und weine – jedenfalls nicht mehr so viel wie in den ersten Jahren. Anfangs hat mich der Tod eines Schafs oder auch eines Huhns dermaßen niedergeschmettert, dass ich ein, zwei Wochen lang schwer und tränenreich getrauert habe; heute ist es zumeist eher so, dass sich der jeweilige Tod irgendwie einreiht in eine längere, gemeinsame Geschichte. Aber als die Tierärztin mir von Marthas Sterben berichtete, öffneten sich bei mir derart die Schleusen, dass ich das Telefonat nicht würdig beenden konnte, ich musste einfach auflegen.

Martha war, wie gesagt, deutlich jünger gewesen als die Mehrzahl der anderen, gerade mal im mittleren Alter, wenn man von einer Lebensspanne von fünfzehn Jahren ausgeht. Und sie war, das fiel mir erst in dem Moment auf, ein Fels in der Brandung gewesen, nicht nur für Toffee, sondern auch für mich. Gerade weil sie sich so ungerne mit der Herde auf die Weide bewegte, bedeutete dies zugleich, dass Martha meistens vor Ort war, ja sogar mitten im Weg stand, wenn ich im Stall werkelte. Sie war zwar nicht verschmust, aber auch keineswegs scheu, und nicht nur ich, sondern auch die Helfer:innen hatten sich angewöhnt, sie im Vorbeigehen kurz grüßend zu berühren und mit ihr zu sprechen: »Ach, da bist du ja wieder, Martha!«, oder: »Willst du es nicht doch mal draußen versuchen?«, oder: »Bei dem Wetter würde ich auch lieber im Stall bleiben.« Und immer, wenn sie merkte, dass ich pflegend mit einem anderen Schaf zugange war und dieses mit einer kleinen Ration Kraftfutter belohnte, streckte sie ihren schmalen braunen Kopf dazwischen und bot großzügig an, sich einiger Pellets höchstpersönlich anzunehmen.

Das erste Weihnachten unter Corona-Bedingungen hat Martha mit uns Menschen gefeiert. Bekanntlich waren alle üblichen Wege, wie Menschen zusammen feierten, eingeschränkt oder empfahlen sich nicht. Meiner lieben Freundin Lea, die im Frühjahr des Jahres erstmals Mutter geworden war, schlug dies auf die Stimmung.

»Können wir nicht wenigstens irgendwas Weihnachtliches machen – irgendwas draußen, mit Abstand, vielleicht vorm Stall?«, fragte sie am Morgen des 24. Dezembers.

Wir beschlossen, es uns unter dem Vordach des Schafstalls ein wenig weihnachtlich einzurichten, wenn auch in eher homöopathischen Dosen. Der Bereich unter dem Vordach ist nämlich so ausladend, dass selbst drei voll geschmückte Weihnachtsbäume ihn nicht in einen Festsaal verwandeln könnten. Lea, ihr Freund und ich nahmen auf geleerten Heutüten auf dem Boden Platz; ein Weihnachtsteller mit Lebkuchen kam in die coronaabstandstaugliche Mitte; dazu tranken wir mit Zimt und Anis gewürzten Kinderpunsch, und zur Dekoration schmückte Lea den Buggy ihres Söhnchens Franz mit einer Lichterkette.

Es war wirklich alles nur sehr angedeutet, und dennoch: Eine junge Familie, die auf Stroh campiert, das Kindlein am Stall, das Improvisierte – das alles ließ auch an Bethlehem denken. Und dann kam, als einzige von allen Schafen – natürlich! – Martha um die Ecke. Die anderen aus der Herde mümmelten brav indoor ihr Heu, aber Martha hatte sich überlegt, dass, wo Menschen sind, auch Kohlenhydrate nicht fern sind. Und siehe da, da stand doch tatsächlich der Teller mit den Lebkuchen! Rochen fremd, machten aber einen nahrhaften Eindruck, und Martha wollte sie nur zu gern einmal versuchen.

Was wir natürlich verhinderten. Auf dem Boden sitzend, mussten wir uns ganz schön verrenken, um den Teller mit Lebkuchen vor dem Appetit des entschlossenen Schafs in Sicherheit zu bringen, beziehungsweise eher umgekehrt: Die Lebkuchen wären ihr nämlich nicht bekommen. Und so entstanden etliche entzückende Fotos und eine »Tradition«, von der ich hoffe, dass wir sie fortführen. Jedenfalls fand Lea die kleine Feier so schön, dass sie vorschlug, wir sollten es von nun an jedes Jahr so machen.

Eines dieser Fotos habe ich in die kleine marokkanische Intarsienkiste gelegt, in der ich Erinnerungsstücke an all meine Verstorbenen aufbewahre: eine Locke, ein Foto oder eine Zeichnung, manchmal nur ein Zettelchen mit dem Namen darauf. Aber »hilft« es Martha, wenn ich sie voll Zuneigung und Respekt betrauere? »Hat« Martha etwas davon, wenn wir ihrer kommende Weihnachten gedenken?

Ginge es um verstorbene Menschen, so würde man dies nicht fragen. Wir heute lebenden Menschen haben unseren Vorgänger:innen auf dieser Erde so viel zu verdanken, und oft bezeichnen wir uns als die geistigen Erb:innen von Demunddem (seltener: von Derundder). Wir errichten Helden und Vorbildern, Autorinnen und Avantgardistinnen Denkmäler oder widmen ihrem Andenken Bücher, die im inneren Dialog mit ihnen entstanden sind. Wieso gehen wir bei Tieren davon aus, dass sich ihre Spuren ganz verlieren, dass sie nicht Teil unserer Traditionslinien sind? Könnte man nicht sagen, dass Domino 2 auf eine ähnliche Weise zum jetzigen Schafaltersheim beigetragen hat wie, sagen wir, der Stifter oder Mitbegründer einer Universität? Und zwar nicht nur, weil es kausal – und ohne Dominos Wissen natürlich – seine Bluterkrankung gewesen ist, die mich zu jenem Schlachter geführt hat, sondern auch weil er mich Dinge über Schafe gelehrt hat, über die Freundschaft mit und das Streicheln von Schafen, über den ihnen gebührenden Respekt? Später auch über Krankheiten, über den Tod, über die vielen Gesichter von Abschied und Reue …

Ist es also nicht ebenso richtig zu sagen, dass dies auch weiterhin der Hof der beiden Dominos ist? Und der Toffees, Marthas und all der anderen. Es wäre nicht recht, dieses Schafaltersheim nur als *mein* Projekt zu betrachten, denn es war mindestens ebenso sehr *ihre* Heimat; die meisten wurden hier geboren, einige starben hier, sie verbrachten ihr ganzes Leben hier – anders als ich, die ich erst im mittleren Alter hierhergezogen bin und mein Zuhause immer mal wieder für kleinere »Fluchten« verlasse.

Kapitel 11

Die Idee der Lebenshöfe

Ich habe nie wirklich beabsichtigt, Schafe oder sonstige Tiere in größerer Anzahl zu beherbergen. Ich wollte einfach nur mit meinen drei Katzen aufs Land ziehen, von dort aus als Schriftstellerin arbeiten, ab und zu Freund:innen in Großstädten besuchen, und fertig. Aber dann habe ich die nachbarliche Schafherde kennengelernt, wurde auf einen Trupp ausgemusterter Hennen aufmerksam … Kurzum: Ich bin da irgendwie reingerutscht.

Mit der Zeit habe ich immer mehr Menschen kennengelernt, die wie ich »reingerutscht« sind – zum Beispiel den schon erwähnten Ex-Biolandwirt Jan Gerdes, der die Milchwirtschaft mit dem damit einhergehenden Töten von Kälbern und alten Kühen ethisch nicht mehr vertreten konnte. Oder die ebenfalls schon erwähnte Tierärztin Nicole Tschierse, die immer wieder Tiere aus dem Schlachthof, in dem sie arbeitete, freigekauft hat, wohl wissend, dass dennoch viele weitere getötet würden.

Natascha Junker und Rico Gürtler haben wiederum ein ganzes Haus mit Garten zu ihrer »Burg Nagezahn« umgebaut. Jeder Quadratzentimeter wird dort von irgendeinem Kaninchen oder Degu, einer Ratte oder Maus bewohnt, und man kann buchstäblich keine Treppenstufe betreten, ohne dass aus der Öffnung an der Seite der Stufe ein Köpfchen herausschaut.

Von vergleichsweise langer Hand hingegen wurde das »Land der Tiere« in Mecklenburg-Vorpommern geplant, das der Tierrechtsorganisation Animal Rights Watch e.V. nahesteht; die dortigen Ställe sind umfunktionierte ehemalige Bunker der NVA, die zunächst wie ein Kuriosum auf dem großen Gelände wirkten, inzwischen aber ihre ideale Eignung als Stall bewiesen haben: kühl im Sommer, frostsicher im Winter.

Was unterscheidet solche Lebenshöfe eigentlich von Gnadenhöfen oder Tierheimen? Wie gesagt, dem Wort »Gnadenhof« haftet etwas Gönnerisches an, als ob sich der Mensch den Tieren gegenüber großzügig zeigte, wie vielleicht ein Herrscher gegenüber seinen Untertanen. In der Praxis allerdings werden die Begriffe nicht immer trennscharf verwendet, denn es gibt fließende Übergänge, und auch Tierheime sind im Wandel. Aber ursprünglich hatte ein Tierheim vor allem den Zweck, traditionelle Heimtiere kurzfristig aufzunehmen, um später ein anderes, dauerhaftes Zuhause für sie zu finden. Währenddessen legt ein Gnadenhof die Betonung eher auf die zweite Lebenshälfte und auf »Nutztiere«: Tiere, die in ihren ersten Jahren als Nahrungslieferanten gedient haben, sollen, auch wenn sie »unproduktiv« geworden sind, ihr Leben in Frieden weiterleben, statt geschlachtet zu werden. Doch diese Trennung lässt sich nicht ganz durchhalten. So leben inzwischen auch in den Tierheimen immer mehr »unvermittelbare« Tiere bis an ihr Lebensende, und gelegentlich kommen auch dort Hühner, Lämmer, Esel unter.

Auch eine andere Grenzziehung hat sich allmählich überlebt, nämlich die zwischen »Nutztieren« und »Heimtieren«. Und so sind die Zeiten, in denen man bei den Sommerfesten der Tierheime Rind- und Schweinswürste auf den Grill legte, um gemeinsam die Liebe zu Katzen und Hunden zu feiern, hoffentlich absehbar vorbei. Schließlich sind all diese Tiere empfindungsfähig und wollen leben: der Kanarienvogel wie das Huhn und die Pute, der Hund, die Katze, die Kuh, das Schaf, das Pferd, der Fisch. Und sie alle haben auch ein *Recht* auf Leben, ihr eigenes Leben – egal, ob sie dem Menschen nützen oder nicht, ob sie Karren ziehen oder Unterhaltungswert besitzen, mit uns befreundet sein wollen oder nicht.

Streng genommen ist bereits die scharfe Grenzziehung zwischen Menschen und Tieren ideologisch eingefärbt, und wir müssten bei Letzteren eigentlich von »anderen«, von »nichtmenschlichen Tieren« sprechen! Schließlich gehören auch wir Menschen zum Tierreich und wenden eine Menge kultureller Anstrengung auf, um zumindest die Illusion aufrechtzuerhalten, wir stünden auf geheimnisvolle Weise jenseits von oder über diesen anderen.

Lebenshöfe jedenfalls wollen ein Ort sein, an dem nicht menschliche Tiere vor menschlicher Willkür sicher sind, wo sie gut versorgt werden und möglichst frei leben; und dies geschieht aus der Überzeugung heraus, dass eigentlich *alle* Tiere – nicht nur die aufgenommenen – ein Recht auf ein Leben ohne Unterwerfung und in Freiheit haben. Es sind diese Grundüberzeugungen, die einen Lebenshof ausmachen, weit mehr als seine Größe, seine Anlage oder die Spezies der aufgenommenen Tiere.

Die Art und Weise aber, wie der Umgang mit den Tieren dort gestaltet wird und wie zugleich das grundsätzliche Verhältnis zu *allen*, auch externen Tieren aussieht, unterscheidet sich stark. Dass sich die Menschen, die einen Lebenshof führen, vegan ernähren, versteht sich von selbst. Aber wie ist es mit etwaigen Angestellten? Tierpfleger:innen? Wie werden carnivore Tiere auf dem Lebenshof ernährt? Wie entscheiden wir bei Konflikten zwischen mehreren Tieren?

Am besten fange ich bei den ganz kleinen Tieren an und nähere mich allmählich den größeren: Eine der wichtigsten und ersten medizinischen Maßnahmen ist es, die aufgenommenen Tiere zu entwurmen. Nun kann man sagen, dass Würmer nicht in dem Maße empfindungsfähig und verstandesbegabt sind wie Wirbeltiere und vielleicht auch nicht das gleiche Lebensrecht besitzen wie diese; aber kein Mensch, den ich kenne, würde absichtlich einen Wurm zertreten oder nicht wenigstens zusammenzucken, wenn er oder sie mit dem Spaten einen verletzt. So ganz »egal« sind Würmer demnach nicht, aber im Zweifelsfall entscheiden wir uns gegen sie und für unsere anderen Tiere.

Wenn unsere Tiere von Milben befallen sind (biologisch gesehen sind das Spinnentiere), schreiten wir ebenfalls entsprechend ein. Ich kenne auch einen sehr gut geführten und verantwortungsbewussten Lebenshof, der Fallen einsetzte, um Bremsen und Fliegen zu töten, die den dortigen (Wirbel-)Tieren stark zusetzten. Ich gebe zu, als ich das zum ersten Mal sah, war ich etwas überrascht, und nicht im positiven Sinne. Dieselbe Überraschung meine ich auch schon im Gesicht eines anderen Tierrechtlers gesehen zu haben, der meinen eigenen Hof besucht und mich dabei beobachtet hat, wie ich einen Bock abwehrte, der seine Hörner einsetzen wollte … Irgendwie muss man sich entscheiden, und das Ergebnis ist selten perfekt.

Wer in dieser komplizierten, diversen Welt voller Lebewesen mit unterschiedlichen, oft widerstreitenden Interessen überhaupt praktisch tätig werden will, wird immer mit schwierigen Fragen und Dilemmata konfrontiert werden. Und wir, die wir versuchen, auch die Rechte, den Willen und die Persönlichkeit anderer Tiere zu respektieren, in einer Gesellschaft, die ihnen nicht einmal die einfachsten Grundrechte zubilligt – wir befinden uns sozusagen auf ethisch noch nicht kartografiertem Gelände. Also tasten wir uns irgendwie voran, wurschteln uns durch, schlagen uns einen Weg durchs Dickicht – und dabei vielleicht nicht immer den besten. Aber wir bemühen uns eben, und eine gute Art zu finden, wie man sich einen Lebensraum zum Beispiel mit Schafen und Kühen teilen kann, ist *work in progress.*

Ich möchte mit den grüblerischen und bisweilen selbstkritischen Überlegungen, die nun folgen, also nicht den Sinn von Lebenshöfen infrage stellen. Im Gegenteil will ich das tierethische Nachdenken, zu dem Lebenshöfe so viel Anschauungsmaterial geben, vorantreiben und Sie einladen, sich an diesem *work in progress* zu beteiligen.

Der Parasiten haben wir uns oben ja schon auf mäßig elegante Art mit dem Hinweis entledigt, dass sie ohnehin »nur« Spinnentiere beziehungsweise Weichtiere seien – so schreibt plötzlich die Frau, die kürzlich noch dreißig Schnecken beherbergte; mir allerdings fiele es schwer, für die kleinen Blutsauger namens Zecke, Milbe und Spülwurm in die Bresche zu springen. Es bleiben aber noch viele handfeste Konflikte mit größeren und gänzlich harmlosen anderen Tieren übrig, denn Wälder, Wiesen und Weiden werden immer von vielen Tierarten genutzt.

Und wenn wir einen Lebenshof einrichten, regeln wir in weiten Teilen auch, wer diesen Lebensraum nutzen darf und wie – und wer nicht. Die meisten Weiden, so auch meine, müssen zumindest gelegentlich gemäht werden, damit ausreichend geeignete Futterpflanzen nachwachsen; doch jede Mahd ist ein Massaker an kleinen Lebewesen. Sie kostet nicht nur Insekten, Spinnen, Schnecken und Würmern, sondern auch Fröschen und Mäusen das Leben, und spätestens hier sind wir bei den Wirbeltieren angekommen, deren Lebensrecht wir doch eigentlich zu verteidigen suchen. Ich muss zugeben, dass ich immer größere Bauchschmerzen habe anzuordnen, dass ein Hektar Lebensraum niedergemäht werden soll. Es ist ja unübersehbar, wie viele Opfer das nach sich zieht: Kaum hat der Mähtraktor die Bahn gewechselt, landen schon die ersten Krähen und Raubvögel und laben sich an denen, die Leben, Gliedmaßen oder Versteck verloren haben.

Die meisten Lebenshöfe sind zudem eingezäunt und schließen so von vornherein andere große Säugetiere wie Rehe, Hirsche oder Wölfe aus. Diejenigen Tiere, die dennoch ins innere Gebiet vordringen, sind oft Carnivoren, zum Beispiel Füchse und Marder;

sie werden vertrieben, um die Bewohner des Hofs, wie Gänse, Hühner und Kaninchen, zu schützen. Raubvögel müssen wir verjagen, um die Legehennen zu schützen, die nach ihren Monaten in der Fabrik doch endlich mal ein wenig Leben in Freiheit genießen sollen. Allerdings hat ein Raubvogel das gleiche Anrecht, Beute zu machen, wie ein Huhn auf sein Sandbad oder – wieder einmal – einen Wurm.

Wir agieren hier parteiisch, ähnlich wie wir auch unseren Familienmitgliedern etwas zukommen lassen würden, was wir anderen vorenthalten; wie wir versuchen, Konkurrent:innen auf dem Arbeits- oder Wohnungsmarkt zuvorzukommen. In einem gewissen Rahmen ist dies völlig in Ordnung. Und es lassen sich sicher analoge moralphilosophische Gründe finden, warum wir unseren Tieren »drinnen« gegenüber stärker zu Schutz und Hilfe verpflichtet sind als denen »draußen«. Bloß müssen wir uns bewusst machen: Ein Ort zum Leben für *alle* Tiere gleichermaßen ist ein Lebenshof eben nicht.

Viele Jahre lang hat meine Herde ihre Weide bisweilen mit Wildschweinen geteilt, die zumeist nachts durch eine undichte Stelle im Zaun hereingekommen sind; hinter diesem Stück Zaun lag ein Bach, den zu durchqueren für die Wildschweine kein Problem darstellte, den die Schafe aber mieden. Ich war sehr froh über dieses Arrangement, zumal die Wildschweine nur überschaubare Teile der Weide umgruben; gerade in den Vollmondnächten, wenn auf den Hochsitzen angrenzender Waldstücke Jäger saßen, konnten die Schweine zumindest auf meiner Weide ein Refugium finden.

Doch vor einigen Jahren begannen die Wildschweine, ihre Aktivitäten zu intensivieren, und die Weide sah mitunter aus, als wollte jemand sie großflächig in Ackerfläche umwandeln, so viele Schollen waren aufgebrochen und aufgeworfen; die Schafe fanden entsprechend weniger Futter. Schweren Herzens musste ich alle Lücken im Zaun flicken und den Drahtzaun mit Palettendeckeln verschließen. Ein entschlossenes Schwein kann mit seinem Rüssel eine Menge konventionellen Zaun aushebeln – und diese Schweine waren höchst entschlossen! Die Hartnäckigkeit, mit der sie gegen die Umzäunung ankämpften, regelrechte Löcher ins Drahtgeflecht rissen und einzelne Bretter wegdrückten, zeigte anschaulich, wie dringend sie die Weide für die Futtersuche benötigten oder jedenfalls eingeplant hatten. Sie verstanden sie als ihren Lebensraum, als ihr Territorium – mit Fug und Recht.

Aber dann kam halt ich und beschloss, dass dieser Lebensraum den Schafen vorbehalten sein sollte: typisch Mensch. Aus der Perspektive der Wildtiere ist ein Lebenshof kein Ort fürs tierliche Leben im Allgemeinen, sondern eine Bevorzugung spezieller anderer Tiere, die die launischen Menschen einfach in ihr, der Wildtiere, Gebiet verschleppt haben. Wenn Wildschweine eine Protestnote einreichen könnten, würde die wohl lauten: »Aus lauter Schuldgefühlen, weil sie anderswo so viele Tiere abmurksen, halten die blöden Menschen jetzt ein paar davon mal ganz anständig. Sollen sie unseretwegen gerne tun. Aber nicht ausgerechnet auf unserer Wiese!«

Es wäre nicht ganz falsch, wenn die Wildschweine und sonstige Wildtiere so über mich dächten, denn ich finde durchaus, dass ein Lebenshof auch eine kompensatorische Komponente hat: *Weil* unsere Gesellschaft (andere, nicht menschliche) Tiere nicht als Mitbürger:innen betrachtet, sondern sie als »niedere« Lebewesen bezeichnet und ausschließt, und *weil* sie sie millionenfach ihrer Rechte beraubt und unterwirft und tötet, versuchen wir auf Lebenshöfen, es wenigstens im kleinen Rahmen etwas besser zu machen. Dafür wenden wir uns einigen Tierarten zu, deren Mitglieder besonders oft unter menschlicher Unterwerfung leiden.

Mehrere Jahre lang habe ich journalistisch über Praktiken der Tierproduktion berichtet und versucht, mich auf allen möglichen

Ebenen in diese, den Konsument:innen ja zumeist verschlossene Welt irgendwie »reinzufuchsen«. Gelegentlich fuhr ich Tiertransportern hinterher. Auf Pressereisen besuchte ich Ställe, und auch sonst war ich viel auf dem Land unterwegs, um Einblicke in den Alltag der Tierhaltung zu gewinnen. Ich kaufte mir Bücher zur effizient organisierten Schweinezucht und abonnierte Agrarfachzeitschriften. Bei deren Durchsicht dachte ich oft, wie viele Debatten ums vermeintliche »Tierwohl« und wie viele Enthüllungsreportagen aus Deutschlands Ställen wir uns sparen könnten – wenn Fleischesser:innen einfach nur die Lektüre der einen oder anderen Agrarzeitschrift auf sich nehmen würden.

Die Fotos in diesen kommerziellen Medien sind heller, weil bei Tageslicht aufgenommen, als die Bilder in den schockierenden Filmen, die Tierrechtsrechercheure nachts heimlich machen. Auf manchen abgedruckten Fotos sind die Schweine rosig, vor allem in den Werbeanzeigen, in denen mit regelrecht zynisch wirkenden Slogans für Präparate gegen Ferkeldurchfall oder zur Brunststimulation von Sauen geworben wird. Aber ob es nun um ebendiesen Durchfall oder um die Besamung, um die Eindämmung von Schwanzbeißen, Klauenentzündungen, Fußballenentzündungen, Brustentzündung und Federpicken geht – man sieht auf nahezu jeder Seite, dass Grausamkeit für die Tierproduktion kein Ausrutscher, sondern tatsächlich konstitutiv ist. Es hat nichts damit zu tun, ob einzelne Landwirt:innen besonders grob oder gewinnsüchtig sind, und man kann es auch nicht mit Spielzeug im Stall oder neuen Tierwohlsiegeln wettmachen: Wer die Körper anderer Tiere oder deren Produkte nutzen will, der muss diesen Körpern etwas antun. Er muss den Tieren etwas zumuten, sie zu etwas zwingen, ihnen etwas abringen, ihnen etwas wegnehmen. Das Einzige, was Tiere freiwillig und ohne gesundheitliche Nachteile herstellen und auch hergeben, ist ihr Kot. Nicht aber die Milch, ihre Eier, ihr Leben oder ihre Kinder. Nicht einmal die Wolle, die bei entsprechend gezüchteten Schafen einmal im Jahr geschoren werden muss – was für die Schafe, selbst wenn es behutsam geschieht, keine angenehme Prozedur ist.

Je mehr man auf so etwas achtet, desto deutlicher fällt es einem ins Auge, überall. Auf jeder Überlandfahrt sieht man einen Tiertransporter und durch die Lüftungsschlitze die Schweinerüssel; wenn man weiß, wie sie aussehen, erkennt man auch die Transporte von Hühnern, Puten oder Fischen. Jahrelang fuhr ich in ungetrübter Stimmung durch unser Nachbardorf, ein kuscheliges Örtchen mit imposanter Backsteinkirche und urigen Bauernhäusern. Eines Tages im Sommer stand an einem Gebäude neben der Straße eine Tür offen, und ich konnte im Vorbeifahren einen Blick hineinwerfen: Mehrere Kühe standen darin, dicht an dicht; nie können sie auf die Weide, vermutlich sind sie auch angebunden. Das ist die Idylle des »Bauerns um die Ecke«.

Nach solchen Erlebnissen heimzukommen zu Tieren, die niemandem zu dienen haben und die nicht gewaltsam getötet werden, ist eine Erholung. Wenn ich von meinen Recherchefahrten zurückkehrte, ging ich oft direkt auf die Weide und vergrub meine Nase in der Wolle von Josh, Emil oder Domino. Jedem Schweinetransporter hängt eine Fahne von Schweinegeruch hinterher, es ist der Geruch von gequälten Tieren, die gerade in den Tod verschickt werden. Der Duft meiner Schafe ist genauso körperlich und haftet lange, bis zur nächsten gründlichen Dusche. Aber ihn einzuatmen ist etwas ganz anderes, er bedeutet Leben und Zusammenleben. Nach all der Ohnmacht – sowohl jener der Schlachttiere als auch unserer eigenen, die wir ihnen so gerne helfen würden und nicht können – ist dieser Duft der buchstäbliche Balsam für die Seele.

Auch das ist übrigens ein Grund, warum nicht nur Tiere, sondern auch wir Tierrechtler:innen Lebenshöfe brauchen: Damit wir wenigstens irgendwo Tiere sehen, die nach Jahren des Daseins als »Nutztier« noch eine Zeit lang um ihrer selbst willen leben dürfen.

Damit es für manche von ihnen ein Happy End gibt, auch wenn es natürlich nur verschwindend wenige sind.

Schließlich »warten« überall Millionen, nein Milliarden Tiere auf die Schlachtung. Und leider ist ein Tier ja auch nicht bereits gerettet, wenn man es aus einem Stall befreit oder vom Schlachter freikauft. Die wahre Mühe beginnt dann nämlich erst: ihm einen lebenslangen Platz in Sicherheit und Versorgung zu garantieren. Die entsprechenden Kapazitäten sind jedoch begrenzt, ständig muss man Grenzen ziehen, Anfragen besorgter Menschen absagen, die einen Platz für ein bestimmtes Tier suchen.

Einerseits könnte man nun sagen: Solange Menschen darauf beharren, die Gliedmaßen ihrer tierlichen Brüder und Schwestern in eine Pfanne oder einen Ofen zu stecken, können wir paar Veganer:innen dagegen nicht viel ausrichten. Doch andererseits ist jedes Tier ein Individuum, und jedes gerettete Individuum zählt! Und genau diese Überzeugung ist für mich gleichzeitig die wichtigste Botschaft von Lebenshöfen, der politischste Teil unserer Aufgabe. In meinen Augen vertreten und verkörpern Lebenshöfe eine zentrale ethische Idee vehement und beinahe bis an die Grenzen ihrer Plausibilität: Auch wenn Milliarden Tiere geschlachtet werden, ist jedes einzelne Leben wertvoll und verdient Schutz vor menschlicher Willkür.

Am besten wäre natürlich ein rechtlich garantierter Schutz: Wir bräuchten individuelle Grundrechte für Tiere. Demokratische Gremien müssten sicherstellen, dass die Interessen all der Tiere, mit denen wir Lebensraum teilen, fair berücksichtigt werden.

Solange es aber noch nicht so weit ist, müssen wir das Lebensrecht eines jeden Tieres gerade dadurch demonstrieren, dass wir für dieses Tier sorgen und kämpfen – ohne auf strategischen Nutzen zu schielen und ohne uns durch die Frage nach der Verhältnismäßigkeit aus der Bahn werfen zu lassen. Wenn ich ein Tier in die Klinik fahre, sehe ich auf der Autobahn manchmal Dutzende von

Schweinen in Lkws zusammengepfercht. All diesen Tieren kann ich nicht helfen, und diese absurde Illustration der Unzulänglichkeit der eigenen Bemühungen kann einem manchmal fast den Atem rauben.

Aber der Fokus auf das individuelle Tier hier bei mir im Auto und das Beharren auf seine individuellen Rechte sind eben auch berechtigt und umso wichtiger, *weil* die Tiere in der Fleischwirtschaft oft nur so etwas wie Schüttware sind. Immense »Verluste«, also Sterberaten, sind in der Ferkel»produktion« und in der Hühnermast von vornherein einkalkuliert. Später bekommen die Tiere Nummern ins Ohr getackert und mit Tätowierstempeln vor der Schlachtung auf den Hintern geschlagen, werden höchstens nach »Stückzahl« gezählt und in den Schlachtstatistiken in Kilo Schlachtgewicht registriert. Dabei sollte doch jedes einzelne dieser Tiere frei von menschlicher Willkür leben dürfen, genau wie die paar auf unseren Lebenshöfen. Und diese grundlegende ethische Botschaft manifestiert sich in der ganz profanen Praxis – dem täglichen Verbandwechsel, den Zahnarztbesuchen, den langen Fahrten zur Klinik, dem Ausmisten, Tränkenschrubben und Rückenschubbern.

Vielleicht ist es ein wenig verwirrend, dass ich nun so emphatisch von der Aufgabe von Lebenshöfen geschrieben habe, wo ich doch zu Beginn des Kapitels lauter Probleme angesprochen habe: das Mähen der Wiesen, den Ausschluss von Wildtieren, das Vertreiben von Carnivoren. Diese heiklen Punkte betrafen den Umgang mit Tieren, die *nicht* zu den Lebenshof-Bewohner:innen gezählt werden (und in letzter Instanz ist es immer der Mensch, der über die Mitgliedschaft entscheidet). Bereits in früheren Kapiteln habe ich von ambivalenten Situationen mit Tieren *innerhalb* von Lebenshöfen berichtet, etwa vom Paternalismus der medizinischen Behandlungen oder von den Regeln des Tagesablaufs zum Schutz vor Wölfen. Auf die ebenfalls schwierige Frage, wie eigentlich die Kastration von Tieren zu bewerten ist, komme ich noch im nächsten Kapitel zu sprechen.

Doch je länger ich darüber nachdenke, desto deutlicher wird mir, dass auch hier Adornos viel zitiertes Diktum gilt: »Es gibt kein richtiges Leben im falschen.« So oft wird dieser Satz zitiert, dass er schon fast kitschig oder allzu simpel klingt, so wie Claude Monets Bilder kitschig und simpel wirken, seitdem ihre Reproduktionen jeden Behördenflur aufhübschen. Dabei enthält dieses Adorno-Zitat einen oft unbemerkten Stachel, der auch jeder Aktivistin als Warnung dienen kann. »Kein richtiges Leben im falschen« bedeutet nämlich, dass wir in all unseren moralischen und politischen Bemühungen noch geprägt sind von den gesellschaftlichen Verhältnissen, die wir kritisieren; wir können keine hermetisch abgeschlossenen »Inseln« erschaffen, und nicht einmal Utopien erwachsen wirklich im Niemandsland.

Zum Beispiel erlauben die hiesigen Gesetze es nicht, Tiere so frei leben lassen, wie wir es vielleicht für ideal hielten – also ziehen auch Tierrechtler:innen Zäune. Wäre es nicht ein Traum, einmal alle Schweine aus einem Schlachttransport einfach ins Freie zu lassen?! Könnten nicht Schafe und Kühe selbstständig in Wäldern und auf Wiesen leben? Eigentlich schon, und es entkommen auch gelegentlich einzelne Kühe einem Schlachter oder Schafe ihrem Schäfer oder ihrer Schäferin; doch immer stört es bald Landwirtinnen, Förster oder die Interessen anderer Menschen. Meist endet es mit dem Erschießen der Tiere. Selbst wenn Tiertransporter auf der Autobahn verunglücken und viele Menschen Anteil zu nehmen scheinen, werden die überlebenden Tiere am Ende mit einem anderen Transporter zur Schlachtung gefahren.

Weil wir also einen fest abgegrenzten Raum namens »Lebenshof« schaffen (müssen), in dem Schweine, Hühner, Schafe und Kühe in Ruhe leben dürfen, leben sie dort immer unter unserer Aufsicht und nahen Beobachtung. Ihre Räume – Ställe, Weiden – werden von uns angelegt und reguliert, wir müssen für Nahrung, Wasser und den Abtransport von Kot sorgen. Und so erwachsen uns auch Fürsorgepflichten, die wir gegenüber wild umherstreifenden Rindern, Schafen oder Hühnern vielleicht nicht hätten. Da diese Tiere in engem Verbund mit uns leben und leben müssen und wir ihnen auch nichts anderes anbieten können, kommt es schließlich auch dazu, dass ich ein krankes Schaf zur Klinik fahre, während Schweine an uns vorbei in den Tod gekarrt werden, dass ich befürchten muss, eine Maus zu überfahren, und man kritisch anmerken könnte, dass Autofahren nicht klimaschonend ist.

Doch kann ich etwas dafür, dass es so wenige auf Schafe spezialisierte Kliniken gibt und dass viele Behandlungen noch kein Standard sind, weil sie sich für »Nutztiere« eben nicht »rentieren«? Wenn wir aufhören würden, andere Tiere zu essen, und sie stattdessen als Individuen achteten, würden dann vielleicht bei vielen Menschen Schafe gleichsam als Haustiere leben, nur wegen des Grasens eben zumeist im Garten? Wären das dann aber vielleicht nur Haarschafe, weil man Wollschafe langsam hätte aussterben lassen, weil sie immer auf das mit Zwang und Stress verbundene Scheren angewiesen sind? Würden diese Haarschafe in jener Zukunft frei durch Wälder und über Wiesen streifen? Und wie würden sich die anderen im Wald lebenden Tiere, wie Wildschweine, Füchse und Rehe, uns gegenüber verhalten, wenn sie nicht mehr bejagt würden? Würden wir zu gänzlich anderen Arrangements des Zusammenlebens kommen, einem Sich-Verzahnen von Stadt und Natur, zu gemeinsam und fair genutzten Lebensräumen?

»Kein richtiges Leben im falschen« bedeutet eben auch, dass wir nur den Blick auf sehr kleine Bruchstücke einer möglichen besseren Zukunft erhaschen können; das vollständige Bild zeigt sich uns nicht – es existiert auch gedanklich noch nicht. Am deutlichsten erkennen wir grobe Ungerechtigkeiten im Hier und Jetzt, und nur im Hier und Jetzt können wir versuchen, sie zu beheben. Die Art und Weise, *wie* wir sie beheben, ist dabei zwangsläufig immer nur ein Zwischenschritt und nicht der Weisheit letzter Schluss.

In dem Ringen mit diesen Fragen tröstet es mich ein wenig, dass die kanadischen Philosoph:innen Sue Donaldson und Will Kymlicka in Lebenshöfen das »Herz« der Tierrechtsbewegung sehen – allerdings nur, wenn wir Lebenshöfe nicht als bessere Zoos oder Streichelzoos verstehen, sondern ihr politisches Potenzial ausloten. Donaldson und Kymlicka haben 2011 mit *Zoopolis* ein einflussreiches Buch über die demokratische Einbeziehung von nichtmenschlichen Tieren veröffentlicht und schlagen vor, in Lebenshöfen ein anderes Zusammenleben von Menschen und Tieren zu erproben. Es gibt inzwischen in Nordamerika sogar eigene Forschungsvorhaben, die sich mit der Ethnografie dieses Zusammenlebens befassen: Wie wird der Tagesablauf der Tiere bestimmt? In welchen Gruppen leben sie zusammen? Welche Möglichkeiten haben die Tiere, den Menschen ihren Willen anzuzeigen, und wie wird bei Konflikten entschieden?

Ein wichtiger Begriff in diesem Zusammenhang ist *agency*, was man mit »Handlungsfähigkeit« übersetzen kann. Er hängt eng mit dem der »Freiheit« zusammen, der aber ein so weites Feld von Assoziationen eröffnet, dass man sich manchmal an einem Aspekt festbeißt und die anderen vergisst. Eine Zahnarztbehandlung zum Beispiel bedeutet für ein Schaf zunächst eine Einbuße an Freiheit – es wird festgehalten und sogar sediert –, aber dadurch gewinnt es letztlich die Freiheit, anschließend wieder nach Herzenslust und ohne Zahnschmerzen Nahrung aufnehmen zu können. Freiheiten sind *trade-offs*, wie Sue Donaldson es ausdrückt – Kompromisse. Manchmal muss man von der einen »Sorte« ein wenig abgeben, um von einer anderen mehr zu bekommen. Dies würde ich übrigens auch gern den Maskenmuffeln mal unter die unbedeckte Nase reiben: dass es zwar das Atmen ein klein wenig einschränkt, eine Maske zu tragen, aber unter Umständen anderen ermöglicht, überhaupt zu leben und zu atmen. Oder den Klimaschutzmuffeln: Ja, es war eine schöne Vorstellung, im trüben kalten Winter je nach Gusto in sonnigere Gefilde fliegen zu können; aber anscheinend müssen wir uns hier einschränken, damit die sonnigen Gefilde – und unsere eigenen – bewohnbar bleiben.

Gelegentlich tauschen Sue und ich E-Mails zu diesem theoretischen Überbau von Lebenshöfen aus. Besonders erhellend war für mich ihr Insistieren darauf, dass die Handlungs- und Entscheidungsfreiheiten von Tieren, die auf einem Lebenshof leben, nicht per se dadurch verringert oder kompromittiert werden, dass Menschen die Rahmenbedingungen für das Leben der Tiere festlegen. Denn innerhalb dieser Bereiche können die Tiere ja dann sehr wohl selbstbestimmt agieren, und ihre Entscheidungsmöglichkeiten darf man nicht übersehen oder kleinreden. Gewiss, Lebenshöfe sind vom Menschen gestaltete Räume – aber das ist deswegen nicht automatisch negativ! Im Gegenteil versuchen wir diese Räume ja gerade so zu gestalten, dass sie keine Vorratskammern wie Mastställe und keine Verwahrungsanstalten wie Zoos sind, sondern dass die Tiere *mehr* Freiheiten haben als dort. Vielleicht besitzen sie hier sogar mehr Freiheiten, als wenn sie ohne uns, also wild, leben würden; denn ein Leben mit Parasiten ist ja nicht freier als eines, in dem man einmal im Jahr eine Paste in den Mund geschmiert bekommt.

Den letzten Gedanken habe zugegebenermaßen ich hinzugefügt, ich kann ihn also nicht Sue in die Schuhe schieben, aber er scheint mir aus dem zuvor Gesagten zu folgen. Jedenfalls muss man sich von dem Gedanken lösen, das entscheidende Kriterium, ob ein Tier gut oder frei lebt, sei die Frage, ob es in der »Natur« (die es in Reinform ja ohnehin nicht mehr gibt) oder mit Menschen lebt. Die Beantwortung der Frage nach dem guten und freien

Leben hängt von vielen konkreten Details ab und im Falle des Zusammenlebens mit Menschen davon, *wie* dieses Zusammenleben organisiert ist: Können alle Mitglieder dieser Multi-Spezies-Gemeinschaft ihre Interessen zum Ausdruck bringen? Auf welche Weise? Werden sie gehört und berücksichtigt?

Dabei bleibt in meinen Augen das Machtgefälle zwischen Menschen und all den anderen, die den Hof bewohnen, immer ein kritischer Punkt, den man im Auge behalten muss. Das Gleiche gilt für den daraus folgenden Paternalismus, der unweigerlich zum Zuge kommt, wenn wir etwa versuchen herauszufinden, was für das jeweilige Tiere gut wäre, und für dieses andere Individuum entscheiden. Anders gesagt: Paternalismus ist nicht per se »böse« – aber Fürsorge eben genauso wenig »heilig«. Beides zeigt sich bereits im Umgang mit menschlichen Kindern, wo Paternalismus oft sinnvoll oder gar notwendig ist, wo aber Liebe und gute Absichten nicht automatisch vor ungerechter Bevormundung oder Machtmissbrauch schützen.

Das Augenmerk, das Tierrechtler:innen wie Sue und Will immer wieder beharrlich auf die Handlungsfähigkeit von Tieren lenken, ist für mich als eine, die oft genug in Routinen, Matsch und Mist versinkt, sehr wichtig. Erinnern Sie sich an meine Erzählung von den beiden Gänsen, die ihre eigenen Vorstellungen von hygienisch einwandfreiem Badewasser hatten? Von Martha, die sich nicht darum scherte, dass Schafe offiziell Herdentiere sind, sondern lieber alleine im Stall blieb? Auf uns Menschen, die wir so gründlich gelernt haben, Tiere geringzuschätzen, sogar wenn wir sie lieben, wirken solche »Abweichungen« von der Spezies-Norm anfangs erstaunlich, irgendwie putzig. Doch irgendwann dämmert uns, dass auch solche Eigentümlichkeiten gemeint sind, wenn es heißt: Alle Tiere sollen ihr eigenes Leben leben. Alle Tiere sind Individuen. Wir müssen darauf hören, was *sie* wollen.

Immer wieder imponiert mir auch, wie gut alternde und kranke Schafe im Rahmen ihrer Möglichkeiten für sich sorgen. Ein Kamerunschaf namens Stella konnte aufgrund einer Darmerkrankung kaum mehr Nahrung verwerten; sie graste den ganzen Tag über – auch dann noch, wenn der Rest der Herde schon längst im Stall war – und wurde dennoch dünner und dünner. Wenn sie dann irgendwann nach Hause kam, »erledigte« sie aber alles andere, das für ihr Wohlergehen nötig war, mit erstaunlicher Regelmäßigkeit: Sie knabberte zunächst an der Mineralleckschale und ging danach an die Tränke. Derart mit allem versorgt, was ihr Körper benötigte, suchte sie sich einen Ruheplatz etwas abseits der üblichen Wege auf, die die Herde nahm. (Dieses Verhalten beobachte ich häufig an geschwächten Tieren, die wohl Angst haben, von den anderen umgerannt zu werden.) Stella wusste nicht so viel Theoretisches wie ich über ihre Ernährung, und sie kannte ihre Blutwerte nicht; andererseits deckte sie ihren Bedarf an Mineralstoffen und beherzigte die Regel, »genug zu trinken«, ohne Apps, Ratgeber und Checklisten.

Es wäre interessant zu erfahren, wie umgekehrt ich mit meinen ganzen Maßnahmen und Regelungen auf die Schafe wirke – wer bin ich dabei für sie? Eine Autorität, eine Mutter, jemand Einschüchterndes, eine, die Schutz bietet? Ich nehme an, von allem ein wenig.

Wenn ich sie herumkommandieren – sie lenken oder ihnen die Richtung weisen – muss, gelingt es mir als dem Menschen, mit dem sie vertraut sind, viel müheloser als anderen Menschen, die dafür lauter rufen, mehr rennen und stärker mit den Händen herumwedeln müssen. Ich habe schon erzählt, dass ich manche Schafe durch Blicke und Gesten nahezu »dirigieren« kann, ob in ein Altenabteil oder in den Behandlungspferch. Sie wissen, dass speziell sie gemeint sind, und sie lernen schnell neue Routinen.

Diese Interaktion vermag ich nicht eindeutig zu interpretieren. Folgen die Schafe dabei vor allem meinen »Befehlen«, oder laufen sie vor mir weg, so wie sie sich beispielsweise von einem Hütehund scheuchen lassen (ohne dass ich sie allerdings in die Hacken beiße)? Oder haben wir uns jeweils aufeinander eingestellt und teilen nach so vielen Jahren des Zusammenlebens eine körperliche Kommunikationsform mit angedeuteten Schritten, anvisierten Richtungen, Tempo und Zögern und wieder Tempo? Bin ich für sie bisweilen eine Art Leitschaf, das vorgibt, was am schlauesten getan werden sollte?

Wobei der Begriff des Leitschafs oder des Leithammels das dahinter stehende soziale Verhalten viel zu stark vereindeutigt und hierarchisiert. Auch hier bin ich mir unsicher, wie viel davon wiederum menschliche Projektion auf eine Herde ist, in der Menschen so etwas wie Anführer erwarten. Zumindest meine Herde orientierte sich viele Jahre zwar an ein, zwei alten und großen Schafen; aber es handelte sich dabei nicht um Gehorsam und nicht um einen Automatismus, sondern war eindeutig sozial gewachsen und viel anarchischer. Man könnte es vielleicht so beschreiben, dass Schafe eine gleichsam magnetische Wirkung aufeinander haben, und wo die Herde steht, ist die Anziehungskraft am stärksten; dabei verfügen alte, mütterliche oder väterliche, erfahrene Schafe oft über den stärksten Magnetismus. Ein jüngeres Schaf besitzt meist gar nicht das Selbstbewusstsein, sich alleine von der Herde zu entfernen, und die anderen würden ihm auch nicht vertrauen und folgen; erst ein älteres, erfahrenes Schaf weiß Bedürfnisse und Bewegungen in aller Ruhe miteinander abzustimmen und vermag damit der Gemeinschaft den Takt vorzugeben.

Lange Zeit stand das große, liebe Merinolandschaf Jana im Mittelpunkt der Herde; und weil Jana recht alt wurde und in ihrem letzten Lebensjahr nicht mehr gerne lange Strecken zurücklegte, verbrachte die ganze Herde etliche Monate beinahe nur im Stall.

Kapitel 11

Nachdem Jana eines Tages überraschend an einer Infektion gestorben war, dauerte es Monate, die Herde wieder an den regelmäßigen Weidegang zu gewöhnen. Wenn ich sie gezielt hinausführte, ja bisweilen auch hinaustrieb, waren sie dort in alle Richtungen zerstreut, wirkten orientierungslos. Sie hatten ihr Zentrum verloren und mussten sich erst neu als Herde formieren. Tatsächlich haben sie seither kein neues »Leitschaf« mehr gefunden – anscheinend hat keine der anderen Kandidatinnen und Kandidaten die nötige Autorität. Dennoch finden sie längst wieder als Herde auf die Weide und zurück, lagern zusammen im Schatten der Buchen; dabei operieren sie nun aber kollektiv und mit flachen Hierarchien.

Und wie war es für mich selbst, Jana zu verlieren? Zu sagen, dass sie auch für mich eine Art Anführerin war, wäre übertrieben – aber sie war in jedem Fall ein Ruhepunkt, den auch Besucher:innen auf Anhieb bemerkten. Von ihr gingen stets Wärme und Geborgenheit aus. Sie war so unglaublich sanft, sogar in den Monaten, als sie selbst schwer krank war und vertrauensvoll zuließ, dass ich ihre Drillinge versorgte. Sie ließ andere Lämmer auf ihrem Rücken liegen, sie adoptierte das Waisenlamm Emil, sie hatte eine Schnauze wie Samt, der über Holz gespannt ist: zart und stark zugleich. Man mochte immer wieder darüber streicheln – wenn man durfte. Denn Jana wurde erst im Laufe der Jahre allmählich zahmer, und der Tag, an dem ich sie endlich einmal anfassen und umarmen durfte, war mein neununddreißigster Geburtstag, und das war mein schönstes Geschenk.

Als Merinoschaf, also daraufhin gezüchtet, besonders feine Wolle auszubilden, hatte Jana die meisten Monate des Jahres die Erscheinung einer üppigen Sahnewolke. Es war wunderbar, das Gesicht an ihrem Hals zu vergraben und nach so einem »Gesichtsbad« mit viel Lanolin und Feuchtigkeit wieder aufzutauchen. Wer Schafe lieb gewonnen hat, liebt auch den Schafsduft.

Riechen überhaupt alle Schafe gleich? Sicher nicht, denn sie erkennen einander ja nicht nur am Gesicht, sondern auch am Geruch. Im Allgemeinen aber ist es uns Menschen mit den nicht so guten Nasen nicht gegeben, diese Unterschiede wahrzunehmen. Für uns ist »Erdbeermarie«, die im Nacken so deutlich nach Erdbeeren duftet, dass sogar wir es bemerken, eine Ausnahme.

Ich glaube, es war der Tierrechtler Gary Francione, der einmal schrieb, er fände es so absurd, dass wir Menschen die Intelligenz einer Spezies üblicherweise daran messen, ob sie den Spiegeltest besteht – also ob sich das jeweilige Tier im Spiegel selbst erkennt. Einige Tierarten können dies auch, viele andere nicht. Aber können etwa wir Menschen uns in dem Geruch wiedererkennen, der noch in dem Busch hängt, gegen den wir am Vortag uriniert haben?

Zum Abschluss dieses Kapitels, das auf verschiedenen, eher theoretischen Bahnen um das Dreigestirn Fürsorge, Paternalismus und Würde kreiste, möchte ich Ihnen noch eine letzte, persönliche Geschichte dazu erzählen. Und zwar gab es ein Schaf, das nicht nach Früchten, sondern tatsächlich nach Schaf roch und das ich dennoch allein am Geruch zu erkennen meinte. Von Emil habe ich schon im vorherigen Kapitel im Zusammenhang mit dem Lämmchen Toffee kurz erzählt. Manchmal bezeichnete ich ihn, nur halb im Scherz, Dritten gegenüber als »Söhnchen«. Er kam im Januar 2008 als schwarz-weiß gemustertes Minilamm zur Welt. Nachdem ihn seine Mutter nicht akzeptiert hatte, zog ich Emil mit der Flasche groß, weshalb er mir wie einer Mutter folgte. Ich achtete darauf, dass Emil von Anfang an viel Zeit in der Schafherde verbrachte, wo er sich vor allem an Jana hielt, wenn ich nicht anwesend war. Doch wenn ich in den Stall kam, verband uns immer eine besondere Beziehung, die sich auch mit seinem Erwachsenwerden nicht verlor. Und vor allem würde ich nun, mit einigen Jahren Abstand und mit der Lektüre neuerer philosophischer Texte über das Zusammenleben von Menschen und (anderen) Tieren, sagen: Emil war ein Bürger beider Welten – oder vielmehr der Vorreiter einer gemeinsamen Welt. Von klein auf wurde er, man muss es wohl so etwas eigenwillig ausdrücken, bikulturell sozialisiert. Er fremdelte nicht gegenüber Menschen, fühlte sich auch nicht einsam, wenn er im Menschenhaus war; und er war ganz Schaf unter Schafen.

Im Alter musste Emil für einige Wochen in die Klinik. Als ich ihn endlich wieder in Empfang nehmen konnte, wurde er an einer Leine aus dem Stall zu meinem Auto geführt. Ich löste die Leine und war so glücklich, wieder das vertraute Schnäuzchen zu berühren und mit der Nase diesen ganz besonderen Emil-Geruch einzuatmen. »Ich bin mir sicher, ich würde Emil unter all meinen anderen Schafen am Geruch herausfinden!«, sagte ich zu der Tierärztin, die es keinen Moment lang bezweifelte.

»Wir könnten das ja einmal ausprobieren«, sagte sie mit echter Begeisterung und fing sogleich an, mögliche Versuchsanordnungen zu entwerfen. (Sie alle erwiesen sich als zu kompliziert, und so blieb es bei meiner ungeprüften Hypothese.)

Leider kann ich mir heute, mehr als zwei Jahre nach Emils Tod, seinen besonderen Geruch nicht mehr zuverlässig in Erinnerung rufen. Seine Gestalt hingegen ist mir natürlich im Gedächtnis geblieben, auch die Details: die weißen Haare auf der Nase, als das »Söhnchen« längst Senior war; seine zierlichen Vorderbeine und -hufe, Erstere leicht x-förmig und Letztere ein wenig nach außen gerichtet; sein plattes Hinterköpfchen mit dem einen abgebrochenen Horn und von einem Wirbel weißer Haare bedeckt, den ich stets inmitten der Herde erspähen konnte. Mehrere Jahre litt Emil unter einem Leberschaden, dem wir aber immer wieder mit Infusionen entgegenwirken konnten, und er starb später an einer seltenen Form von Blutkrebs. Ich sehe noch sein Fell vor mir, das sich gegen Ende seiner Erkrankung ausdünnte, sehe seinen Körper, wie er schmaler wurde, wie die Rippen manchmal hervortraten, bis er wieder eine Reihe von Infusionen erhielt, die ihn für einige Monate fit hielten; aber ich kann mir auch noch das Trommelbäuchlein vors geistige Auge rufen, das er als gesundes Schaf hatte, und den ganz besonderen Schlenker seiner Schwanzspitze, geformt wie der Griff eines Regenschirms.

Als ich die Herde an Emils letzten Morgen auf die Weide lassen wollte, kippte er auf die Seite, blieb reglos liegen und kam erst viele Minuten später wieder zu Bewusstsein. Man hatte mir vorab beschrieben, was beim Fortschreiten der Krankheit auf uns zu kommen würde oder könnte, ich wusste, dass sich diese Episoden von nun an häufen würden. Er würde sich abquälen, wenn er hilflos daläge und nicht mehr aufstehen könnte, und es bestünde die Gefahr, dass die anderen ihn aus Versehen verletzten. Ich rief die Tierärztin, um diese letzte Phase seines Lebens abzukürzen.

Euthanasie ist der einschneidendste Akt des Paternalismus, und ich möchte sie weder schönreden noch verteufeln. Man trägt schwer an der Verantwortung, die damit verbunden ist – und zwar sowohl dann, wenn man sich für diesen Schritt, als auch dann, wenn man sich im letzten Moment doch gegen ihn entscheidet.

In diesem Fall aber bin ich mit mir, wenn ich dies mit allem Respekt vor dem Verstorbenen sagen darf, ganz im Reinen. Ruhig stand Emil neben mir, ich fütterte ihn mit Knäckebrot, so viel er wollte, denn nun mussten wir das Bakteriengleichgewicht in seinem Pansen nicht mehr beachten; die Spritze der Ärztin schien er gar nicht zu bemerken, und kurz danach sank er buchstäblich in meinen Armen zusammen.

Später legte ich ihn auf der Einstreu ab, eine Freundin wollte sich noch einmal verabschieden. Derweil pflückte ich ein Sträußchen, um es ihm ans linke Vorderbein zu binden – das ist das einzige Ritual, mit dem ich das Abschiednehmen etwas würdevoller gestalten kann, denn man darf Schafe nicht im Garten begraben. Schon dabei fiel mir auf, dass sich Emils Körper nach dem letzten Atemzug verändert hatte: Er sah entspannt aus, regelrecht wieder aufgeblüht. So ganz in Ruhe daliegend, wurde der doch eigentlich magere Emil wieder rund, und sein klägliches Fellkleid wirkte perfekt.

»Er ist wunderschön«, sagte auch die Freundin. »Man sieht ja gar nichts von seiner Krankheit!«

Es ist nicht immer so, wenn Tiere (oder Menschen) sterben, selten sind die letzten Minuten so friedlich. In vielen anderen Fällen habe ich mir angewöhnt – oder eher: mühsam antrainiert –, die letzten Momente, Stunden, Tage, manchmal Wochen innerlich abzutrennen, mir die Erinnerung an die Lebenden nicht verderben zu lassen durch die Eindrücke von einem schweren Ende, durch diffuse Schuldgefühle oder endlos kreisende Fragen wie »Was wäre geschehen, wenn …?«.

In Emils Fall aber nahm ich diesen ruhigen Abschied, den letzten Anblick einfach als zusätzliches Geschenk an – wie schon die vielen vorherigen mit ihm verbundenen Erlebnisse und Erinnerungen, die freudvollen ebenso wie die mit Sorge belasteten. So viele Hundert Mal ist er vertrauensvoll und mit freudigem Wiedererkennen auf mich zugelaufen. So viele Jahre haben wir zusammengelebt, kannten uns vom Tag seiner Geburt bis zur Stunde seines Todes.

Jedem Wesen ist ein langes gutes Leben zu wünschen, aber es war für mich doch bitter, dass ich ausgerechnet diesem Schaf, an dem ich so sehr hing, nicht zu einem längeren Leben verhelfen konnte, trotz aller Tierarztbesuche, Infusionen und Extraportionen. Letztlich können wir einander nicht beschützen, vor vielem nicht und gewiss nicht vor dem Tod. Ich konnte Emil kein ewiges, kein leidfreies und kein »perfektes« Leben bieten.

Trotz allem können wir einander beistehen, Raum und Ressourcen miteinander teilen. Wir können Aussehen, Geruch, Bewegung und Stimmung der Anderen wahrnehmen, zusammen durch den Frühling gehen und durch den Herbst. Wir können den Tagesablauf aufeinander abstimmen, unsere Lebensläufe können sich verweben und unsere Seelen einander berühren.

Kapitel 12

Der Löwe im Garten

Mit drei Katzen bin ich einst aus Frankfurt hergezogen. Nana, die älteste, verstarb in unserem ersten Herbst auf dem Lande, nachdem sie noch viele Tage den Sonnenschein auf einem Mäuerchen genossen hatte. Merlin, die jüngste – inzwischen auch schon ein siebzehn Jahre alter Senior mit einem Medikamentenvorrat, so vielfältig wie Omas Nähkästchen –, schaut mir gerade beim Tippen zu. Die dritte, altersmäßig mittlere, war die rot gestreifte, liebenswürdige Maggie, mein Ein und Alles. Sie war nach der Schauspielerin Maggie Smith benannt, die ich schon lange vor ihrer Professor-Gonagall-Rolle verehrt hatte.

Nun ist es zwar üblich, wie bei Kindern auch bei Haustieren zu sagen, dass man alle gleichermaßen liebt. Aber ich möchte es doch vorsichtig so ausdrücken: Nachdem uns ein bizarrer Zufall einst zusammengeführt hatte, haben Maggie und ich achtzehn Jahre zusammengelebt und waren dabei so eng aufeinander bezogen, dass meine Mutter – die schließlich aus erster Hand die besten Informationen über meine Verwandtschaftsverhältnisse besitzt – von uns gelegentlich als siamesischen Zwillingen sprach. Bis heute ist mir Maggie überall präsent: Der cremefarbene Perserteppich, auf dem ich als Kind herumgekrabbelt bin, wurde später zu ihrem Lieblingsort; mein Bildschirmhintergrund zeigt sie schlafend auf einem meiner Manuskripte.

Ursprünglich hatte ich beschlossen, nach diesen drei Katzen keine weiteren mehr aufzunehmen, jedenfalls nicht im Haus. Zum einen belastet mich die beständige Sorge, wenn Katzen einen ausgiebigen Rundgang durch die Gegend beschließen und dann ungewohnt lange nicht nach Hause kommen. Zum zweiten, und mehr noch, komme ich mit der Katzenernährung nicht ins Reine. Ich habe ja bereits von den Problemen berichtet, die sich auftun, wenn man es einigen Schafen gut gehen lassen will, dafür aber Frösche niedermäht und Wildschweine aussperrt. Und im Falle des Katzenfutters zeigt sich diese Missachtung »fremder« Tiere um der geliebten tierlichen Freunde willen ja noch drastischer!

Ich halte es nicht für richtig, Haustiere mit den pürierten Resten anderer Tiere zu füttern, die zu diesem Zweck gezüchtet, ihr Leben lang eingesperrt und dann getötet wurden. Auch wenn es sich größtenteils womöglich um Abfälle von den Tieren handelt, die Menschen für ihre eigene Ernährung töten, trägt man so doch finanziell zu der ganzen Tier- und Schlachtindustrie bei, deren Ende herbeizusehnen sozusagen jeder Veganerin täglich Brot ist. Das ist irgendwie widersinnig und fühlt sich ethisch nicht in Ordnung an, und ganz paradox wird es, wenn man freudig zusieht, wie sich ein – vermisst geglaubtes oder krankes – Katzentier über das angebotene Futter hermacht, das aber doch aus den toten Körpern anderer bedauernswerter Wesen besteht.

Bei Streunerkatzen gelang es mir eine ganze Zeit lang, sie mit veganem Futter zufriedenzustellen. Allerdings fällt es vielen Menschen und so auch mir schwer, eine vegane Ernährung von Katzen durchzuhalten, insbesondere wenn die Katzen krank oder alt werden und man sich freut, wenn sie überhaupt etwas zu sich nehmen. Um die oft unbeliebten Medikamente versteckt verabreichen zu können, bin ich in früheren Jahren gelegentlich sogar an der Fleischtheke gelandet, wo ich mir durch den Wolf gedrehte Kuh in Miniportionen abpacken ließ und währenddessen irgendwie versuchte, den Anblick und den Geruch all der Schenkel, Hinterteile und Nacken anderer Tiere auszublenden.

Kapitel 12

Nach Lesungen werde ich immer wieder gefragt, wie ich es mit der Ernährung von Katzen halte, oft in auftrumpfenden Ton von Fleischesser:innen, die mich als Tierrechtlerin bei inkonsequentem Handeln zu ertappen hoffen. Bitte, hier haben Sie es schwarz auf weiß, und ich habe es ja schon oft gesagt: Ich finde die Ernährung von Katzen mit Fleisch nicht richtig, aber ich bekomme es nicht anders hin. Ich glaube, solange es keine hundertprozentigen veganen Alternativen gibt, bleibt es ein echtes moralisches Dilemma. Im Übrigen bedeutet Veganismus ohnehin nicht, dass man heilig ist oder sich dafür hält, sondern dass man sich um eine gerechtere, solidarischere Lebensweise bemüht (und die Gesellschaft entsprechend ändern will).

Doch Sie ahnen es sicher schon, weil sich Erzählungen, die mit einem »Ursprünglich« beginnen, im weiteren Verlauf ja meistens anders entwickeln: Auch der Plan, keine Katzen mehr aufzunehmen, war irgendwann Makulatur. Die fast alleinige Schuld daran trägt jemand, der ganz von alleine in mein Leben getreten ist beziehungsweise sich mir regelrecht in den Weg gelegt hat: Porto, ein roter Kater von königlicher Erscheinung – so pausbäckig und plüschig, dass er höchstwahrscheinlich direkt aus dem Land der Fabeln zu mir herübergewandert ist.

Und dann habe ich ihn einfach so im Garten gefunden oder wäre fast sogar über ihn gestolpert, als ich eines Junitages nach dem Befüllen der Gänsebadeschale um die Hausecke bog. Die Pranken hatte er sphinxhaft von sich ausgestreckt, den Kopf mit den dicken Katerbacken höflich mir zugeneigt – er suchte keinen direkten Blickkontakt, sondern signalisierte, dass er sofort wieder gehen würde, falls er nicht erwünscht wäre … Aber er wolle sich mit allem gebotenen Respekt erkundigen, ob von dem Futter, das ich gestern für eine andere Katze ausgelegt hatte, noch etwas übrig sei.

In meinem Garten kommen immer mal wieder Katzen vorbei, die offensichtlich kein festes Zuhause haben. Wenn ich jemand

Neues sichte, frage ich per Chat bei diversen anderen Cat Ladies des Dorfes nach, ob sie den neuen Besucher kennen, aber meistens lassen schon der Zustand des Fells und das eingefallene Bäuchlein darauf schließen, dass es sich um Streuner handelt. Schon öfter habe ich die entsprechenden Katzen und Kater dann eingefangen und kastrieren lassen, kleine Kätzchen zum Tierheim gebracht und die erwachsenen, sobald die Operation gut überstanden war, wieder frei gelassen.

Für diejenigen, die nach der Kastration regelmäßig wiederkommen, habe ich eine Futterstelle eingerichtet, und dann schleichen sie sich nachts heran oder warten in einem Gebüsch auf den gefüllten Napf. Nur die Spitzen ihrer Ohren verraten sie. All diese Katzen waren und sind immer viel scheuer, als es dieser neue Kater von Anfang an war. Ich nannte ihn Porto, nach dem türkischen Wort *portakal* für Orange. Sein Fell, von ebenjenem kräftigen Orange und mit deutlich gezeichneten, dunkleren Flecken, war an manchen Stellen total verknubbelt; es sah mir nicht danach aus, als wenn er häufiger von menschlichen Händen gestreichelt würde. Dennoch machte er einen offenen, interessierten Eindruck; dieser Kater wusste gut für sich zu sorgen und wollte mal gucken, was hier so ging. »Hallo, Sie kennen doch diese steinernen Löwen, die links und rechts vom Eingang herrschaftlicher Anwesen Wache halten? Solch ein Wachlöwe zu sein ist meine Berufung, und falls Sie Bedarf haben, würde ich Ihnen meine Dienste gerne zur Verfügung stellen.«

All meine oben ausgeführten Bedenken zerstoben im Sommerwind. Ich ignorierte auch all das Kleingedruckte in Verträgen mit Katzen – Mäkeligkeit beim ohnehin heiklen Thema Futter, Konkurrenz um den Lieblingssessel und dergleichen – und schlug ohne Zaudern ein. Denn alles an Porto war und ist einfach prächtig: der Körper breit und stattlich (sieben Kilo, natürlich alles nur Fell und Muskeln), die bernsteinfarbenen Kulleraugen groß wie

Suppentassen. Aus den erwähnten Pausbacken sprießen Schnurrhaare so üppig und ebenmäßig wie in einer Kinderzeichnung, und seine Tatzen lassen die Löwenfüße alter Möbel als die lahmen Nachahmer erscheinen, die sie ja auch sind.

Hervorhebenswert ist auch Portos freundliches Wesen. Er nahm es mir nicht übel, als ich ihn einfing, zum Tierarzt brachte und kastrieren ließ, kaum dass ich ihn zwei Mal gesichtet und den Wachlöwenvertrag unterzeichnet hatte. Ich benötigte zum Einfangen nicht einmal eine Katzenfalle, sondern Porto schritt einfach, recht würdevoll übrigens, in den Transportkäfig, den ich ihm mit offener Tür vor die Nase stellte. Und er beschwerte sich nicht, als sich der Käfig erhob und durch das ihm völlig fremde Haus bewegte. Ein paar Tage lang musste ich ihn ins Badezimmer setzen – einen Tag vor der OP, um ihn auszunüchtern, und noch einmal anderthalb Tage danach. Obwohl er vermutlich noch nie in einem Raum eingesperrt gewesen war, äußerte er keinen Laut des Missfallens oder der Skepsis, was ich mit ihm vorhätte. Er ließ sich kraulen, schnurrte, blinzelte und entzog mir nicht mal das Vertrauen, als ich ihn eine Nacht lang nüchtern ließ. Auch nach der OP: keine Beschwerden. Als er seine erste Mahlzeit bekam, fühlte er sich, glaube ich, im siebten Himmel. Er futterte ohne Ende, wurde gestreichelt und hatte es warm. Zigmal am Tag suchte ich das Badezimmer auf, allein um die orangefarbenen Pausbacken zu streicheln. Nie kratzte er mich, nie biss er, obwohl er Säbelzähne wie der gleichnamige Tiger besitzt und Krallen wie damaszenische Dolche. Nach einigen Tagen öffnete ich ihm die Tür zum Nebenraum, von wo aus er elegant den Abgang über die Katzenleiter machte, und hoffte, er würde trotz der an sich unverzeihlichen Gefangenschaft bald wiederkommen. Was er auch tat, ganz ohne Groll, und zwar Tag für Tag.

Doch eigentlich bin ich eben viel zu leichtfertig über etwas hinweggegangen, was tatsächlich ein ernstes Thema ist, und habe

Porto dafür gelobt, »ohne Groll« gewesen zu sein. Hätte er mir aber gegrollt, wenn er geahnt hätte, welchen Hintergrund seine erste Tierarztbehandlung hatte, und vielleicht sogar mit Recht? Eine Kastration ist ein schwerwiegender Eingriff, nicht nur wegen der Schmerzen und eventueller Komplikationen, sondern vor allem, weil man mindestens ein Element tierlichen Lebens damit auslöscht, nämlich die Sexualität. Falls es sich um ein weibliches Säugetier handelt, kommt noch etwas Zweites hinzu: die Aufzucht der Jungen. Beide Komponenten des Tierlebens unterbinden wir Menschen, auch in explizit tierschützerischer Absicht; eine Kastration ist oft die wirksamste Methode zum Beispiel bei der Hilfe für Straßenhunde oder im Katzenschutz.

Nun ist die Rolle der Sexualität im Leben diverser Tierarten unterschiedlich: Bei den Schafen scheint sie mir eine recht schnelle und nicht mit sonderlich viel sozialer Dynamik verbundene Sache zu sein. Bei Katzen ist dies schon anders, es finden regelrechte Kater-Events statt, wenn eine Katze brünstig ist; ob dann der Sex immer angenehm für die Katze ist, wage ich nicht zu beurteilen. Die Nähe zu den Jungen allerdings ist etwas, dessen die Kastration sowohl Schaf als auch Katze beraubt; und damit auch der mütterlichen Liebe – eines der intensivsten und besten Gefühle, die ein Säugetier haben kann.

Im Allgemeinen verweisen Menschen, die aus tierschützerischen Gründen kastrieren (lassen), auf das Wohl der Art oder der insgesamt zu rettenden Tiere: Nur wenn wir diese Katze/diesen Schafbock kastrieren, könnten wir weitere Tiere aufnehmen und das Elend künftiger, unversorgter oder der Schlachtung übereigneter Tiere verringern. Würden sich die Tiere nämlich unkontrolliert vermehren, würde ihre Versorgung unsere Möglichkeiten und auch generell die Anforderungen an Lebensraum übersteigen. Wir beschneiden also die Freiheiten dieses Tiers zugunsten des Wohls vieler weiterer, in der Zukunft dazukommender Tiere – und somit letztlich auch zugunsten des Wohls dieses Tiers: Nur dank dieser Regelung können wir auch diesem helfen.

Ich finde diese Argumentation nicht falsch, aber sie bleibt problematisch: Schließlich darf man ein Individuum (oder wichtige Komponenten seines Lebens) nicht einfach so dem Wohl der Allgemeinheit opfern. Und der Art und Weise, wie wir so leichthin über das Wohl jetziger und zukünftiger Generationen von Tieren entscheiden, haftet etwas Speziesistisches an: Bei Menschen nämlich würden wir viel vehementer darauf beharren, dass *jeder* Mensch ein Recht auf seine Sexualität und eine Familie hat.

Dies ist keine rein abstrakte Frage, denn im Rahmen von Klimaschutzdiskussionen wird bisweilen diskutiert, wie viele Menschen die Erde wohl verkraften kann. Schon empirisch ist das nicht leicht zu entscheiden, weil ja die Bewohner reicherer Gesellschaften zwar weniger Nachkommen haben, dafür aber sehr ressourcenintensiv leben. Doch wie auch immer man zu diesem Aspekt der Zukunft der Menschheit steht – den Vorschlag, die Zahl der menschlichen Nachkommen per Dekret zu verordnen und per Zwang durchzusetzen, vertritt meines Wissens niemand, eben weil sowohl sexuelle als auch reproduktive Selbstbestimmung so zentral sind. Jedenfalls für Menschen. Wie aber steht es mit anderen, nichtmenschlichen Tieren?

Es gibt sicherlich Unterschiede, insofern sie nicht bewusst ihre Zukunft mit soundso vielen (oder gar keinen) Kindern planen und indem wohl auch ihre sexuellen Erlebnisse ihre Persönlichkeitsentwicklung weniger prägen; gleichwohl sind Sexualität und vor allem Nachwuchs, wie oben beschrieben, wichtige Teile eines guten tierlichen Lebens. Trotzdem plädieren wir mit derselben Selbstverständlichkeit, mit der wir das Recht der Menschen auf ungehemmte Fortpflanzung verteidigen, im Allgemeinen für die Kastration von Straßenkatzen, Straßenhunden und anderen Tieren. Irgendetwas ist schief daran, eben speziesistisch. Während wir unsere eigenen Ansprüche an ein erfülltes Leben an diesem Punkt unendlich ernst nehmen, gehen wir womöglich zu leichtfertig über die Rechte und Bedürfnisse anderer Lebewesen hinweg.

Nachdem ich diesen kleinen Schlenker zu den üblichen Argumenten pro beziehungsweise contra Bevölkerungskontrolle gemacht habe, möchte ich allerdings ergänzen, dass ich inzwischen einen weiteren, ganz anderen Grund für eine Kastration sehe und für wichtig halte. Und zwar verstehe ich eine Kastration – wie übrigens auch ein gewisses Training von Hunden – nicht nur als Repression, sondern sozusagen als Preis oder Eintrittskarte für die Aufnahme in unsere menschliche Gesellschaft. (Die wiederum keine rein menschliche, sondern eine Multi-Spezies-Gesellschaft ist.) Letztlich stellt sich hier eine ähnliche Frage wie bei den Schnecken: Ist ein Leben »in der Natur« mit all ihren Gefahren wirklich immer besser als eines, das vom Menschen mitgestaltet wird?

Zugegeben, die empirische Basis ist in mancherlei Hinsicht anders: Schnecken im Terrarium müssen nicht auf sexuelle Partner verzichten, und ob Nachkommen irgendwo aus ihren Eiern schlüpfen, ist ihnen schnuppe. Domestizierte Katzen und Schafe wiederum bekommen bestenfalls nicht nur eine vom Menschen gestaltete Welt mit, sondern eben auch den Wechsel der Jahreszeiten und das Wetter.

Ich bin nicht zuletzt aufs Land gezogen, um den Wechsel der Jahreszeiten deutlicher zu spüren; allerdings komme ich nach jedem verregneten Ausflug wieder ins geheizte Trockene, und dem stürmischen Rauschen höre ich am liebsten durch die geschlossenen Fenster zu, fühle dabei ein Sofa unter mir und eine Decke auf mir und finde das alles »kuschelig«. Sind aber Wind, Wetter und Jahreszeiten wirklich so großartig, wenn man ihnen unfreiwillig ausgesetzt ist? Schafe, die die Wahl haben, laufen bei starkem Regen lieber in den Stall und lassen sich dort füttern. Sonne auf dem Fell genießen sie, aber bei zu viel Hitze suchen sie wieder den

Schatten. Finden sie die ersten Sonnenstrahlen des Jahres »schön«, freuen sie sich über das Treiben der Blätter im Wind? Manchmal scheinen sie gern Raureif und Schnee vom Gras zu schlecken; von den beiden Tränken im Stall allerdings bevorzugen sie diejenige, die das Wasser leicht erwärmt. Auch wenn man Schafe sehr viel beobachtet, gibt es noch so viel mehr, das offenbleibt! Und so viele Missverständnisse – ich erinnere nur an Joshs Angewohnheit, beim Trinken ausgiebig zu schlürfen, was ich zunächst besorgt für einen Hinweis auf eine Erkrankung hielt.

Dennoch würde ich die Aussage wagen, dass wir bei Schafen sehr viel besser verstehen, was sie wollen und genießen, fürchten und verabscheuen, als bei Schnecken. Und bei Katzen wissen wir eher noch mehr. Ich habe den Eindruck, Porto ist mit seinem neuen Leben glücklich. Das Heikle bleibt jedoch, dass wir Menschen über diese folgenreichen Änderungen im Leben der Tiere entscheiden: *Wir* befinden, dass es besser ist, geimpft und entwurmt und mit Matratze im Warmen zu leben, als ungehindert durch den Wald zu streifen, sich zu prügeln, sich zu paaren und jung zu sterben. *Wir* zwingen das Tier in eine Transportbox, fangen es vielleicht gar mit einer Falle und behaupten, die anfängliche Todesangst werde durch ein späteres, besseres Leben wieder wettgemacht.

Trifft das für alle Katzen zu, für alle Kater? Wissen wir eigentlich, ob streunende Katzen wirklich so viel schlechter leben als, sagen wir, in vergleichbaren Gebieten lebende Füchse? War Portos Leben vorher vielleicht weniger angenehm, dafür aber abenteuerlicher, abwechslungsreicher, selbstbestimmter? Auch unter uns Menschen gibt es welche, die es lieber auf dem Sofa warm und sicher haben, und andere binden sich an ein Gummiseil und springen von Brücken oder steigen auf verschneite Berge und übernachten dort in einem Biwak. Sicher besitzen Tiere nicht so viele unterschiedliche Hobbys wie wir Menschen, nicht ganz so viele unterschiedliche Geschmäcker, nicht so stark divergierende politische und sonstige Ansichten; doch sind sie Individuen mit unterschiedlichen Temperamenten und Vorlieben, und wir sollten nicht pauschal annehmen, sie alle wollten dieselbe Mischung von Behaglichkeit und Abenteuer in ihrem Leben.

Porto für seinen Teil hatte offenbar schon länger, und vergeblich, versucht, sich ein Zuhause zu organisieren – seit acht Jahren, wie eine Frau aus dem Chat zu berichten wusste. Bis vor Kurzem war er von einer alten Dame zwar nicht ins Haus aufgenommen, aber im Garten gefüttert worden. Dann hatte sie in ein Pflegeheim ziehen müssen, und seither hatte der Kater wohl seinen Wirkungskreis erweitert und nach neuen Futterquellen Ausschau gehalten. Einige Male war es ihm kurz gelungen, in das Wohnzimmer einer Bekannten zu schlüpfen, doch war er immer wieder vertrieben worden; bei einer solchen Gelegenheit war er Vater fünf weiterer, teils orangefarbener Katzen geworden, weswegen er in jener Nachbarschaft als »Vaddi« bezeichnet wurde.

Die vielen Jahre, die Vaddi/Porto heimatlos war, haben gesundheitliche Spuren hinterlassen; so besitzt er zwar noch die eindrucksvollen Reißer, doch waren sieben andere Zähne in so schlechtem Zustand, dass sie der Tierarzt operativ entfernen musste. Bis dahin war Vaddis/Portos Suche nach einem Zuhause noch etliche Jahre lang weitergegangen; einige davon hatte er mit einem tauben Kumpel auf einem nahegelegenen Parkplatz »unter Containern« gehaust; der Freund wurde eines Tages überfahren, doch aus diesen Berichten war zu schließen, dass Porto grundsätzlich ein Kater war, der sich mit anderen Katern befreunden konnte. Bald nach seinem ersten Auftauchen in unserem Garten und der OP schloss er sich meinem anderen, schwarzen, alten Kater Merlin an und kletterte bei seinen Besuchen meist die Katzenleiter in den ersten Stock hinauf. Dabei fing er oft schon unten an zu maunzen, was mich anfangs irritierte; helikoptermummäßig schoss ich hinaus, weil ich dachte, dass Porto verletzt sei oder irgendein anderes Problem bestehe. Auf der Terrasse erblickte ich dann zunächst weit und breit keinen hilfsbedürftigen Kater, nur die Brennnesselspitzen bebten und raschelten, und aus dem dichten Bewuchs näherten sich Katzenlaute. Sie galten aber nicht mir; es war vielmehr so, dass Porto heimkam und dies Merlin entsprechend kundtat: »Maunzmaunzmaunz – ich bin jetzt übrigens hier unten, bist du oben? Murrmurrmurr – ich komme auch gleich hoch – maunzqietschmaunz – wir können dann ja auf der Matratze chillen – quietschmurrmaunz – es gibt hoffentlich noch was zu essen?« Undsoweiter.

Den ersten Winter, den ich ihn kannte, verbrachte Porto fast vollständig im Obergeschoss neben dem Giebelfenster auf einer großen Matratze, die eigentlich Merlin als Liegewiese diente. Damals lebte Maggie noch, und ihr als älterer und würdevoller Einzelgängerkatze gehörte das Erdgeschoss. Wann immer ich aber im Obergeschoss nachschauen kam, lagen die beiden Kater dort einträchtig, wenn auch mit einem Meter Abstand, fläzend dahingestreckt. Nachdem ich längst die Hoffnung aufgegeben hatte, dass sich Merlin und Maggie je auf einen zivilisierten Umgang einigen würden, verblüffte und freute es mich sehr zu sehen, dass Merlin sich mit einem anderen Kater angefreundet hatte. Und Porto fand es, glaube ich, so toll, endlich ein Plätzchen im Warmen und eine Matratze unter dem (wie ich zugeben muss: allmählich wachsenden) Bäuchlein zu haben, dass alle anderen Elemente des Katzenlebens für einen ganzen Winter ihre Anziehungskraft verloren.

Auch mir gegenüber war er von Anfang an zugewandt, ja beinahe fürsorglich. In unserem ersten gemeinsamen Winter hatte Tristan, der Kamerunbock mit dem lieben Gesicht und den hübsch verschnörkelten Hörnern, zum zigsten Mal eine Augenentzündung, und so musste ich ihm viermal am Tag Augentropfen verabreichen. Ich nahm die tierärztliche Anweisung sehr ernst und quälte mich, damit die Abstände zwischen den Tropfen nicht zu lang wurden, abends gegen 23 Uhr noch einmal aus dem Haus. Es war kalt, es war dunkel, man musste sich richtig einmummeln, Handschuhe waren aber wegen der Tropfen unpraktisch. Um überhaupt den Stall zu finden – wenn kein Mond scheint, ist es hier draußen richtig, richtig dunkel –, klemmte ich mir eine Stirnlampe an, die immer verrutschte und nie dorthin leuchtete, wo ich Licht brauchte.

Im Stall angekommen, musste ich erst einmal den Patienten einfangen, der längst innerhalb der Herde sein Abendessen eingenommen hatte und es um diese Uhrzeit liegend wiederkäute. Alle dösten und malmten gemütlich vor sich hin – und dann kam ich und fuchtelte mit dem blendenden Lichtstrahl im Stall herum! Die Herde setzte sich in Bewegung, Tristan wusste genau, was auf ihn zukam, und mal verbarg er sich hinter den anderen, mal peste er besonders flott voran.

Später – er sollte diese Augenentzündung wirklich noch oft haben – gewöhnte er sich zum Glück an die Behandlung, blieb stehen und senkte schicksalsergeben den Kopf; zu jeder Tages- und Nachtzeit konnte ich dann auf ihn zugehen und durfte ihm Salbe in die Augen geben. Aber in jenem Winter war es ein einziges Gerenne und Gehetze und für uns beide nicht schön.

Auftritt Porto. Der hatte anscheinend von seiner Matratze aus – die er in diesem Winter ja eigentlich nie zu verlassen gedachte – meine Stimme im Stall gehört und sich durch die Katzenklappe auf den Vorsprung über der Leiter gequetscht. Herzhaftes Gähnen (Porto ist ein leidenschaftlicher Gähner) und dann wieder Maunzen. »Maunmaunzmaunz – was machst du, wo bist du? Murrmurrmurr – ich komme gleich runter.« Und das tat er dann auch. Er kam jedes einzelne Mal, wenn ich nachts noch zu Tristan musste, die Katzenleiter heruntergeklettert und setzte sich, während ich mit und um Tristan kämpfte, in der Nähe der Stalltür hin. Verfolgte die sonderbaren Szenen mit seinen Kulleraugen, kommentierte eventuell noch mal dies oder jenes. Wenn ich fertig war, das Gitter wieder geschlossen hatte und mich auf den Rückweg zum Haus machte, drehte auch Porto wieder um – zurück zur Katzenleiter, fix hinauf und wieder auf die Matratze.

Eigentlich hatte er sich ja als Wachlöwe anheuern lassen, tatsächlich aber ist er viel umfassender noch ein Begleitlöwe. Als er später nicht mehr nur das Obergeschoss, sondern das ganze Haus bewohnen durfte, folgte er mir in den ersten Tagen rund um die Uhr auf Schritt und Tritt. Er genoss es ganz offensichtlich, neben Merlins Matratze noch andere weiche Schlafmöglichkeiten zu nutzen, und rollte sich höchst dekorativ auf meinen diversen Sofas ein; doch sobald ich aufstand, und sei es nur, um kurz auf die Toilette zu gehen, stand er auf und begleitete mich. Ich weiß nicht, ob er Angst hatte, ich würde ganz verschwinden, oder ob es ihm alleine in dem großen Menschenzimmer zu gruselig war – jedenfalls ließ er mich keine Minute aus den Augen. Und ich musste mich daran gewöhnen, rund um die Uhr Gesellschaft zu haben von einem, dessen große Kulleraugen zwar nicht direkt auf mich gerichtet waren, aber doch immer in ein, zwei Metern Entfernung leuchteten.

Ich habe geschrieben, dass er seinen ersten Winter bei mir im Haus mehr oder weniger nur auf der Matratze verbrachte; doch auch in seinem ersten Sommer verhielt er sich nicht wesentlich anders. Jeden Tag war er einige Stunden damit beschäftigt, pflichtschuldig den Zustand von Stall und Hof zu überprüfen, quasi wie er es mir in unserem Wachlöwenvertrag zugesichert hatte. Dann aber kehrte er, auch an schönen Sommertagen, nur zu gern ins Haus zurück und kuschelte sich auf einem Sofa behaglich zurecht. Sobald ich jedoch nach draußen ging und erst recht, wenn ich dort einen kleinen Schwatz mit vorbeikommenden Nachbarn hielt, wachte der Löwe auf, verließ seine geliebte Lagerstätte und folgte mir. Nach und nach bekam ich ein ziemlich genaues Gefühl für die Zeitspanne, die er dafür benötigte.

Nachbar X: »Hey Hilal, lang nicht gesehen, wie gehts dir und den Tieren?«

Ich: »Ganz gut so weit – Achtung, gleich kommt Porti ...«

Die beiden Menschen richten ihre Blicke auf die Katzenklappe neben der Haustür, die Klappe hebt sich, ein superflauschiger roter Begleitlöwe schiebt sich durch und blinzelt noch ein wenig verschlafen.

Zufrieden mit sich und ihrer Prognosefähigkeit, führen die Menschen ihr Pläuschchen fort; der Begleitlöwe gesellt sich ihnen mit zwei, drei Metern Abstand zu. Er wird der Herrin des Hofs folgen, wohin es sie zieht – in den Stall oder auch wieder zurück ins Haus. Wenn sie nach vorne zum Briefkasten geht, wird er sie immerhin einige Meter begleiten und sich dann dort auf die Holzstapel setzen, um sie freundlich zu begrüßen, wenn sie wenig später zurückkehrt.

Sollte sie es aber wagen, einen Spaziergang in den Wald zu unternehmen, wird er sich am Waldrand mitten auf den Weg setzen und ihre Schritte mit traurigen Scheinwerfern und klagenden Rufen begleiten, sodass sie es schließlich doch nicht wagt, sondern nach hundert Metern umdreht.

Auch wenn Porto abends von einem Kontrollgang zurückkehrt und mich im Garten herumwurschteln sieht, beginnt er schon aus vielen Metern Entfernung zu erzählen: »Maunzmaunzmaunz – aah, da bist du ja, ich komme auch grade. Murrmurrmurr – du siehst mich doch, oder? Quietschmurrmaunz – ich war nur kurz weg, wie gut, dass du da bist.«

Ja, Porto, das sehe ich ganz genauso. Gerade in den Zeiten der Corona-bedingten Isolation warst du mir der beste Kumpel, den man sich wünschen kann. Wie gut, dass du da bist!

Kapitel 13

An den Säumen

Porto war übrigens nicht der Erste, für den mein Badezimmer vorübergehend zum Krankenzimmer umgewidmet wurde. Vor ihm war schon eine ganze Reihe von Hühnern, die ich früher aus einer Legefarm aufgenommen hatte, in der Duschkabine untergebracht gewesen. Mein Hahn Puri campierte mit seiner Lungenentzündung mehrere Tage in der Badewanne. Und vor zwei Jahren habe ich einmal kurzfristig ein Wesen dort neben der Heizung abgelegt, das ich für einen bewusstlosen Marder hielt.

Es war Anfang November gewesen, ich hatte eine Freundin abends zum Bahnhof fahren wollen. Es war dunkel, und die Straßen waren ganz leer, als im Nachbarort ein kleines Wesen vor uns durch das Scheinwerferlicht torkelte. Ich bremste, und der Wagen kam zum Glück sofort zum Stehen. Wir stiegen aus und sahen, wie ein Marder zunächst in die eine, dann ein paar Schritte in die andere Richtung wankte, ehe er reglos zu Boden sank. Wir vermuteten, dass er mit einem vorherigen Auto einen Zusammenstoß gehabt hatte. Ich zog meinen Wintermantel aus, die Freundin hob den Marder mithilfe des Mantels auf, und wir fuhren zur nächstgelegenen Tierarztpraxis, die zwar schon geschlossen hatte, wo aber noch ein Arzt anwesend war.

Auch auf dem Behandlungstisch wachte das Tierchen nicht auf. Der Arzt untersuchte es, konnte aber keine äußeren Verletzungen feststellen. Auch er hielt einen Autounfall für wahrscheinlich, und nach einigem Hin und Her befanden wir, es sei am gnädigsten, das Tier einzuschläfern, bevor es vielleicht mit Schmerzen wieder erwachte und sich nicht bewegen könnte. Der Tierarzt wollte gerade die Spritze aufziehen, als ich an die Vögel denken musste, die bisweilen gegen die Fensterscheiben flogen. Zwar kommen weltweit jährlich viele Millionen von Vögeln bei solchen Unfällen ums Leben – aber zum Glück doch nicht alle. Manche fallen nach dem Zusammenprall erst einmal zu Boden und benötigen einige Minuten oder gar zwei, drei Stunden, bis sie wieder voll zu sich kommmen. Am besten verbringt man sie bis dahin an einen nicht zu kalten, geschützten Ort, den sie später von allein wieder verlassen können.

Das wolle ich auch gern bei diesem Marder versuchen, sagte ich daher dem Tierarzt. Nachdem dieser noch zwei Zecken entfernt hatte, fuhren wir mit dem Mantel-Marder-Paket wieder nach Hause. Ich legte es unter die Heizung im Badezimmer und stellte Wasser und Futter dazu, dann brachte ich endlich die Freundin zum Bahnhof.

Eine Stunde später war ich wieder zu Hause. Eigentlich wollte ich das Kerlchen schlafen lassen, ich würde ja schon hören, wenn er aufwachte – aber dann war meine Neugier doch zu groß. Ich öffnete die Badezimmertür einen Spalt, und ich weiß nicht, ob es das Geräusch der Türklinke war oder das Licht, das nun in den Raum fiel – das Tier lag jedenfalls zunächst noch genauso da, wie ich es abgelegt hatte, erwachte aber nach wenigen Sekunden, sah mich an, schreckte auf und flüchtete sich unter ein Badezimmermöbel.

Zwar hätte ich es dem Tier gegönnt, sich erst einmal im Warmen auszuruhen und vor allem auch zu stärken (Füttern, Füttern, Füttern!), aber eingesperrt zu sein bedeutete ja auch viel Stress. Daher öffnete ich das Badezimmerfenster; es ging zwar zum recht steilen Dach hinaus, aber angesichts der Anekdoten, die man über Marder auf Dachböden so hört, sollte das für meinen Gast kein Problem sein.

Ich ging hinunter ins Wohnzimmer, hörte über mir die kleinen Füße übers Linoleum kratzen und »recherchierte« – wie man so sagt, eigentlich aber: erdaddelte – online Informationen über Marder. Je länger es oben kratzte und je mehr ich las, desto mehr fragte ich mich, ob es sich bei meinem Gast wirklich um einen Marder handelte. Ähnelte seine oder ihre Gesichtszeichnung nicht vielmehr der eines Iltisses? Und da stand leider, Iltisse hätten »kurze Beine« und könnten »nicht gut klettern«.

Dann würde das mit dem Badezimmerfenster als Notausstieg wohl nichts werden, ich musste das Tier erst wieder einfangen und nach unten bringen. Mit einem Katzenkorb bewaffnet, ging ich also wieder nach oben, und als ich die Badezimmertür öffnete, erhielt ich unmittelbar den Beweis, dass es sich bei diesem Tier tatsächlich um einen Iltis handelte. Mir schlugen Gerüche entgegen, die man kaum beschreiben kann, und ich erinnere mich, wie ich in den ersten Sekundenbruchteilen versuchte, sie irgendwie zuzuordnen: Da lag ein entsetzlicher Gestank nach Kot in der Luft plus einem nach uraltem Urin plus noch eine dritte »Note«, für die sich einfach keine Entsprechung in meinem Gedächtnis fand. All das zusammen ergab einen Sinneseindruck, der erklärte, warum die Redensart geprägt worden war, jemand stinke wie ein Iltis!

Ich riss mich zusammen, um mich nicht zu übergeben, schlüpfte ins Bad, schloss die Tür hinter mir und stellte den Katzenkorb auf. Leider musste ich das Tier ein wenig aufscheuchen, doch dann lief es in den Korb. Ich trug ihn rasch nach unten, trat vor die Tür und öffnete den Korb, und ohne ein sichtbares Humpeln oder Torkeln lief der Iltis in Richtung Wald.

Sicher würde er noch Kopfschmerzen haben, und er würde sich einen neuen Bau suchen müssen, und gefressen hatte er ja auch länger nichts; ich wünschte, der Tierarzt hätte ihm prophylaktisch ein Schmerzmittel gespritzt. Aber nun konnte ich nichts weiter für den Iltis tun und war alles in allem doch ziemlich froh, dass der Kleine ausgerechnet in unserer Gegenwart über die Straße getaumelt war und wir ihn nicht hatten einschläfern lassen. Auch wenn seine Lage nicht rosig war, denke ich doch, er hätte diese Chance gewollt.

Und falls Sie sich fragen, was aus dem Mantel wurde: Der kam in die Waschmaschine, obwohl er überhaupt nicht sonderbar roch – was vermuten lässt, dass die Aktivierung der Scheußlichkeitsdrüsen beim Iltis eine willkürliche Muskelbetätigung ist.

Auch dem Iltis hatte ich übrigens pürierte andere Tiere angeboten, und als ich auf Facebook einmal ein Foto von einem Igel postete, der sich an der Futterstelle der Streunerkatzen gütlich tat, wurde ich sogleich von einigen Igelkundigen darauf aufmerksam gemacht, dass normales Katzenfutter für Igel nicht geeignet sei: zu viel Getreide und pflanzliches Eiweiß. Idealerweise ernähren sich Igel von Insekten, Maden oder reinem Fleisch. Dadurch wurde ich wieder einmal darauf aufmerksam gemacht, dass unser Tun oft weitreichender ist, als wir dies beabsichtigen – und sogar schädlich sein kann, wo wir es für harmlos halten. Ich hatte zwar geglaubt, dem Igel etwas Gutes zu tun, als ich ihn versehentlich mitfütterte, war aber ohnehin schon unschlüssig gewesen, ob ich damit fortfahren würde. Es ist nicht richtig, Kühe, Schweine, Hühne und Puten zu züchten, einzusperren und zu schlachten, um sie an Igel zu verfüttern. Bei Insekten, die eigens als Tierfutter gezüchtet werden, mag sich die moralische Lage etwas anders darstellen, weil Insekten vermutlich nicht in demselben Ausmaß empfindungsfähig und mit eigenem Willen begabt sind wie Wirbeltiere. Dennoch halte ich es für zu problematisch, um auf Dauer Futter zu kaufen, in dem sich tote kleine Körper tummeln.

Aber was unterscheidet diesbezüglich eigentlich Haustier und Wildtier? Warum füttere ich Katzen mit Fleisch, Igel aber nur in Ausnahmefällen? Nun, ich habe ja bereits geschrieben, dass ich es auch bei Katzen nicht wirklich für richtig halte. Es gibt aber doch immerhin einen wesentlichen Unterschied: Die Katzen gehören zu meinem Haushalt, zu meiner Familie, und ich habe für sie Verantwortung übernommen. Für den Igel gilt das alles nicht. Die Katzen wiederum, die draußen »wild« herumlaufen, sind Abkömmlinge von Hauskatzen, und so kann man argumentieren, dass wir auch für sie eine besondere Verantwortung haben. Ganz sicher gilt dies für viele Tauben in den Städten, die ja Nachfahren von verirrten Brieftauben und von lebender Hochszeitsdeko sind, für die es sonst keine geeigneten Habitate gibt und die daher in den Städten im Müll nach Nahrung suchen.

Ein Igel aber, dessen Existenz, Hunger und Durst allein aufs Konto der Natur gehen, müsste doch alleine klarkommen, oder? Nicht ganz. Denn wir Menschen haben ja inzwischen auch die Welt der Igel stark umgestaltet und ihnen aufgrund von zunehmenden Dürrezeiten und Insektenrückgang das Überleben erschwert. Insofern könnte man durchaus sagen, wir seien in gewissem Umfang auch zu einer Hilfe für Igel verpflichtet.

Wie groß aber ist dieser »Umfang«? Was können beispielsweise die Insektenlarven im Igelfutter dafür, dass wir so viele Insektizide versprüht haben, dass der Igel selbst kaum noch Larven findet? Für wen sollen wir alles sorgen, wo ziehen wir eine Grenze? Eine Zeit lang habe ich mich von dem Buch und den Interviews eines Ornithologen überzeugen lassen, für Vögel sei es das Beste, man würde sie ganzjährig füttern. Die Meinungen hierzu differieren ohnehin. Aber wenn man in großem Umfang Vögel füttert – und hier am Rand von Wald und Feldern wurde aus einem einzelnen kleinen Vogelhäuschen rasch ein ganzes Dorf von Futterstellen –, treten doch gewisse Probleme deutlicher zutage.

Zum einen stellte sich die Frage nach Herkunft und Produktionsweise des Futters. Zum großen Amüsement einiger Außenstehender kaufte ich nur Biohaferflocken, weil es mir widersinnig schien, die hiesigen Vögel mit Getreide aus Anbauflächen zu füttern, aus denen alle Tiere gnadenlos ausgesperrt worden waren. Sonnenblumenkerne aus dem Bioanbau wiederum waren in den von mir benötigten Mengen schwindelerregend teuer, also kaufte ich säckeweise welche aus konventionellem Anbau in Osteuropa. Wurden die dortigen Vögel erbarmungslos von den Feldern vertrieben, oder profitierten sie gar von ihnen? Ich wusste es nicht.

Zu einem großen Problem wuchsen sich die Futtermengen aus; ich hatte mit einer kleinen Schale Haferflocken angefangen und landete bald bei zwei Kilo – täglich. Wiederholt mahnten mich wohlmeinende Freund:innen, ich solle nur ein Mal täglich füttern, zu den restlichen Zeiten müssten die Vögel »alleine klarkommen«. Aber wenn ich davon ausgehen könnte, dass sie alleine klarkämen, würde ich sie doch nicht füttern! Wenn ich mir nicht Sorgen machen würde, dass irgendwo ein hungriger Vogel übrig bleibt, der nicht genug abbekommen hat, hätte ich doch gar nicht erst mit der Sache angefangen.

Ich bin einfach nicht dafür gebaut, einen solchen Anblick oder nur die Vorstellung davon gleichmütig zu ertragen – Sie wissen ja: füttern, füttern, füttern! Irgendwann hatte ich daher zwei große und zwei kleine Futterhäuschen in einer Ecke des Gartens stehen sowie, auf diverse Äste und ein altes Kinderschaukelgestell verteilt, vier weitere Futterspender hängen.

Dann allerdings dauerte es nicht lange, bis auch Waschbären ihrer Möglichkeiten gewahr wurden. Sobald es dunkel wurde, trotteten sie mit ihrem leicht schaukelnden Gang aus dem Wald herbei, kletterten weniger elegant, als man es bei routinemäßigen Kletterern erwarten würde, über den Zaun und ließen sich mehr oder weniger auf der hiesigen Seite herunterplumpsen. Ich hörte sie rumpeln, mit der Taschenlampe konnte ich ihre Augen orten. Ein Waschbär hatte sich auf neun Uhr abends kapriziert, wo es im

Sommer allerdings noch hell war; mehrmals konnte ich ihn daher aus dem Fenster gut beobachten. Einmal allerdings bemerkte auch er mich und richtete sich zu seinen vollen 50 Zentimetern Höhe auf, was, ehrlich gesagt, nicht besonders beeindruckend wirkte. Dann aber gab er einige richtige Bärengeräusche von sich, und man glaubte ihm endlich, dass er tatsächlich ein, wenn auch nur kleiner Bär war.

Natürlich hätte es mir grundsätzlich nichts ausgemacht, Waschbären zu füttern, ich war regelrecht entzückt von ihrem Anblick! Aber zu viele Waschbären heranzuziehen, hätte auch wieder zu Problemen geführt. Zum einen wäre es den Vögeln gegenüber unfair gewesen, weil sich die kleinen Bären auch von Vogelnestern ernähren. Zum anderen stand zu befürchten, dass dann, wenn es im hiesigen Wald allzu viele Waschbären gäbe, der hiesige Jäger auf sie aufmerksam würde und anfinge, sie zu bejagen. Dies geschieht zumeist mit Fallen, in denen die Waschbären oft stundenlang gefangen sind, ehe sie, wenn ich es recht verstehe, erschossen werden. Ich wollte aber keiner – vermeintlichen oder tatsächlichen – Waschbärenplage Vorschub leisten, unter der dann auch wieder Waschbären zu leiden gehabt hätten.

Ähnliches galt übrigens auch für die Ratten: Jedes Futter, auch das im Vogelfutterhäuschen, zieht Ratten an, und der einzig sinnvolle Weg, um die Zahl der Ratten auf Dauer zu minimieren, besteht darin, ihnen das Futter schwerer erreichbar zu machen. In einem Buch über ganzjährige Vogelfütterung habe ich doch tatsächlich die Empfehlung gelesen, bei Bedarf könne man die Ratten ja mit Gift bekämpfen! Was ist das für ein sonderbares Verständnis von Tier- oder Naturliebe, bei der man Vögel füttert, Ratten aber einen qualvollen Tod sterben lässt? Obendrein reichert man die Gegend schleichend mit Gift an, an dem innerhalb der Nahrungskette dann auch noch ein Fuchs oder eine Eule oder wer auch immer sterben kann.

Zum Glück ließen sich die Ratten mit mechanischen Sperren gut in Schach halten, indem ich umgestülpte Schalen auf die Ständer der Futterhäuser schraubte, deren Ränder die Ratten nicht überwinden konnten. Die Waschbären allerdings waren zu gewiefte Kletterer, und obwohl ich wirklich entschlossen war, ihnen Paroli zu bieten, hatte ich doch oft meine helle Freude an der Hartnäckigkeit, mit der sie an ihrem Revier festhielten.

Zum Beispiel versuchte ich die Waschbären mit der bereits erwähnten Kinderschaukel auszutricksen, ein gut zwei Meter hohes und ebenso langes Gestell, das ich ausrangiert hinter einer Scheune entdeckt hatte. Meinen naiven Überlegungen zufolge war es unmöglich, ohne Saugfüße an diesen glatten Metallstangen hoch- und dann auch noch waagerecht entlangzuklettern. Bereits in etlichen Nächten hatte ich mit meiner – damals ausnahmsweise recht kooperativen – Wildkamera Hunderte von Fotos der nächtlichen Bärenbesuche gesammelt. Nun war es Zeit, dem etwas entgegenzusetzen. Wir schleppten also die Schaukel herbei und befestigten die schwebenden Futterhäuser mit Metallketten mittig an der oberen Stange.

Wildkamera platziert. Triumphierend die Hände gerieben. Zu früh gefreut! Auf dem allerersten Foto – abermals versichere ich als Autorin, die Wirklichkeit nicht zu verbiegen! – blickte mich ein kleiner Panzerknacker an, der mitten auf der erwähnten oberen Stange saß und seine beiden kreisrunden Reflektoren direkt der Kamera entgegenhielt. Die Bärchen waren den Infrarotblitz und das leise Klicken längst gewöhnt, und so war es wohl nur Zufall, dass der Bär, bevor er sich das Futterhäuschen hoch angelte, kurz in Richtung Kamera schaute. Ich muss allerdings zugeben, dass es auf mich den Eindruck machte, als läge ein herzliches Ätschi-Bätschi in seinem Blick, wenn Sie wissen, was ich meine.

Von nun an musste ich das Futter nachts hereinholen, was bei einer Häuschenkollektion dieses Umfangs nicht sehr komfortabel ist. Doch die Waschbären machten auch vor den anderen Apparaturen nicht Halt. So war der Meisenknödelspender wenige Tage nach dem Aufhängen verschwunden. Zur Präzisierung: Er war nicht nur abgehängt, runtergeschubst, auf den Kopf gestellt oder auf den Boden geworfen worden, wie dies häufig mit den Futterhäuschen geschah, wenn ich sie doch einmal über Nacht draußen vergaß. Nein, der Futterspender – für die Bären vermutlich die ideale Handtasche mit Gaben für die Lieben daheim – war und blieb als Ganzes verschwunden.

Verschwunden waren auch immer wieder mehrere Näpfe mit dem Futter für die Streunerkatzen, aber von denen fand ich fast alle wieder; dadurch, dass sie so schön metallisch zwischen dem Laub glänzten, wurde ich bei Spaziergängen manchmal auf sie aufmerksam. Nur an das, was in die Brombeerhecke geschleppt wurde, auf geheimen, nur Bärchentatzen zugänglichen Wegen, kam ich nie wieder heran. Manchmal habe ich mir schon ausgemalt, was die Archäolog:innen künftiger Zivilisationen wohl denken werden, wenn sie zufällig in dieser Gegend eine Grabung durchführen und konzentrisch um mein Haus drapiert lauter Blech- und Plastikschalen finden. Aber dann wird mir bewusst, dass es leider gar nicht so wahrscheinlich ist, dass es in zehntausend Jahren noch menschliche Zivilisationen auf dieser Erde geben wird, wenn wir das mit dem Klimaschutz nicht hinkriegen; und falls es doch welche geben sollte, wären verstreute Abfälle für sie nichts Neues.

Ich hatte also bereits geahnt, dass ich meine Fütterungen stark würde einschränken müssen, als es mir die Familie Waschbär noch einmal richtig schwer machte, indem mir eine Waschbärenmama eines Sommerabends ihre drei Kleinen mitbrachte. Sie kamen durch besagte Brombeerhecke, man sah mehrere schwarz glänzende Nasen und Augen; und dann trippelten sie im Gänsemarsch auf das Zielobjekt zu. Daraufhin verlegte ich die Streunerfutterstelle –

ein einfaches Gestell aus Boden und Regenschutzdach – direkt an die Hauswand … Kein Problem für die Waschbären!

Als die Jungtiere größer wurden, kamen sie auch ohne Mutter. Zu dritt purzelten sie auf dem Dach der Futterstelle und auf deren Boden herum, der eine war deutlich kleiner als die anderen und musste sich in etlichen mühsamen Anläufen auf die zweite Ebene hochziehen, die die Geschwister ganz mühelos erreichten. Dabei hing sein plüschiger Po einige Sekunden lang auf halber Höhe, und am folgenden Tag konnte ich bei Licht lauter Pfotenabdrücke bewundern. Ein paar Mal ließ ich mir von den Kletterern Geschenkpapier anfertigen, indem ich abends das Dach der Futterstelle mit Packpapier bespannte, das dann am nächsten Morgen hübsch matschig bedruckt war.

Damals verwendete ich ein veganes Trockenfutter, mit dem sie herumraschelten und -knusperten. Wenn sie dann jeden Krümel vernichtet, die Schale mehrfach hin und her geschleudert und dabei kommentierend gebrummt hatten, trabten sie wieder in einer Reihe an der Hauswand zurück in Richtung Brombeerhecke. Dabei schaukelten ihr Popos so deutlich, dass ich mir schon fast Sorgen machte, sie würden vielleicht zu sehr zunehmen.

Außerdem machte ich mir natürlich Sorgen, sie könnten sich an menschliche Nähe gewöhnen und womöglich nicht lernen, sich andere Nahrung zu suchen, wenn sie davon ausgingen, dass ihr Stammlokal jede Nacht für sie geöffnet war. Daher stellte ich mich schweren Herzens um, fütterte die Streunerkatzen nur noch bei Tag und trug bei Dämmerung etwaige Reste ins Haus – nicht gleich jeden Abend natürlich, sondern allmählich, damit die Waschbären lernten, neue Wege zu gehen.

Auch an den Vogelfutterhäuschen brachten die Gäste ihre Kinder mit. Mein Schreibtisch steht im Obergeschoss in einem Erker, und wenn ich dort arbeite, blicke ich durch eine breite Fensterfront direkt auf eine haushohe Pappel. In dieser Pappel hatten sich schon oft Vögel niedergelassen, um mit meinem Haus und seiner menschlichen Bewohnerin zu kommunizieren. So gab es in einem Winter einen Buntspecht, der, wenn ich vergessen hatte, die Futterhäuschen aufzufüllen, zum Erkerfenster ins Obergeschoss geflogen kam und, während ich ihn aus kaum zwei Metern Entfernung ungläubig anstarrte, gegen die Scheibe zu klopfen begann.

Ebenfalls an die Scheibe klopfte einen ganzen Sommer lang eine Krähe, vermutlich männlichen Geschlechts, aus irgendwelchen Nestschutz- oder sonstigen territorialen Gründen; dieses Klopfen galt nämlich nicht mir, sondern seinem eigenen Spiegelbild. Sein Klopfen war laut, hallte durch das gesamte Haus – und es fing morgens um fünf an, sobald es hell genug für spiegelnde Fensterscheiben war. Ich befestigte eine Pappe hinter dem Fenster – die Krähe klopfte gegen ein anderes. Als ich die ganze obige Fensterfront mit einer hellen Decke verhängte, fiel dem Vogel auf, dass in meinem Küchenfenster ein höchst suspekter Kräherich saß. Ich deckte auch das Küchenfenster zu, woraufhin die Krähe das Fensterchen im Flur attackierte …

Vor ein paar Jahren hatten britische Zeitungen berichtet, ein Mädchen, das regelmäßig Krähen fütterte, habe von diesen kleine Geschenke bekommen – Glasscherben, Kronkorken, Haargummis und all solches Geschmeide, das bei Krähen hoch im Kurs ist. Ein bisschen hatte ich gehofft, auch ich würde für meine ausdauernden Dienste an der Vogelwelt irgendwann mit Haargummis belohnt werden; stattdessen erhielt ich nur diesen energischen Weckservice, gegen den mich auch keine Ohrstöpsel schützten.

Eines Tages präsentierten sich mir in der Pappel Dutzende von flauschigen grauen Bällen, die ich zunächst für eine mir noch unbekannte Vogelart hielt. Es waren Tolpatschvögel, anders konnte man sie nicht nennen, denn sie waren zwar offenbar fest entschlossen, sich in der Pappel niederzulassen, konnten sich aber auf deren Ästen und Zweigen kaum halten und schwankten herum wie Trunkenbolde auf dem Balancierbalken. Ich hielt im Arbeiten inne und schaute mir das Schauspiel eine Weile an, bis mir dämmerte: Es waren Vogelkinder, die das Sitzen auf dem Zweig gerade erst lernten! Vom Küchenfenster im Erdgeschoss aus konnte ich dann die dazugehörigen Eltern identifizieren – es waren Stare. Für mehrere Starenfamilien war es anscheinend ein großer Tag, an dem die Eltern kollektiv beschlossen hatten, ihren Kindern ein paar attraktive Futterquellen – meine Futterhäuschen – zu zeigen. Als geeignete Zwischenstation bot sich die Pappel an. Von da aus ging es weiter zu den Futterhäuschen, wo die Kinder allerdings noch nicht selbst mit dem Schnabel die in Fett getränkten Haferflocken aufnehmen konnten. Daher platzierten sich mehrere der Jungspunde auf diversen Sitzgelegenheiten in der Nähe und sperrten den Schnabel auf, sobald irgendein Erwachsener vorbeiflog, mal diesem, mal jenem entgegen – wer gerade vorbeikam. Die Elterngeneration allerdings war wählerischer und fütterte nur ihren eigenen Nachwuchs.

Nachdem alle Familienmitglieder gesättigt waren, flog der kleine Schwarm weiter – und hinterließ weiße Kleckse auf sämtlichen Oberflächen und in sämtlichen Größen. Mir wurde etwas blümerant zumute. Erstens hatte ich keine Lust, ständig sämtliche Häuser zu reinigen; und zweitens bedurfte es keiner akademischen Rechenkünste, um vorherzusehen, dass sich der Schwarm, der jetzt schon wie eine kleine dunkle Wolke am Himmel entlangzog, exponentiell vergrößern würde, wenn die Jungstare erwachsen würden und eines Tages ihre eigenen Kinder anschleppten. Und die dann wieder ihre eigenen … Von Fotos kennt man den Anblick großer Starenschwärme, die Tausende von Individuen umfassen; sehr eindrucksvoll, aber man selbst möchte ungern im Fokus eines solchen Schwarms stehen. Zuerst wäre alles schwarz, wenn sie herniederflögen, und dann alles weiß, wenn sie wieder abzögen.

Eine andere Sorte von Vogelkindern bereitete mir da weniger Bauchschmerzen, und das waren die drei Jungen des Buntspechts, die eines Tages an dem Dreifuß andockten, auf dem das eine Häuschen stand. Vielleicht sollte ich ergänzen, dass Spechte generell schwer mit Futterspendern klarkommen, die von ihren Besuchern erwarten, dass sie sich in der Horizontalen nähern. Einem Specht muss dies als eine absurde Fehlkonstruktion erscheinen, schließlich speist man aus der senkrechten Position heraus, und jeder weiß das! Ob sich die daraus ergebenden Hindernisse eher motorischer oder mentaler Art waren, weiß ich nicht. In jedem Fall kostete es die Spechte immer einige Wochen Übung, bis es ihnen gelang, ein Futterhäuschen anzufliegen, senkrecht daran zu landen und sich dann irgendwie, völlig wider ihre Natur, in die Horizontale zu bugsieren, zumal wenn sie ins Innere des Häuschens vordringen wollten, weil an den Rändern schon alles aufgefuttert war. Mit der Zeit hatten alle hiesigen Spechte entsprechende Techniken erlernt; nur die nächste Generation musste wieder ganz von vorne anfangen. Mama oder Papa hatten behauptet, da gebe es wunders welche Nahrungsquellen, und waren vorangeflogen; und dann hing man da als Jungspecht an einem dünnen Birkenstämmchen, und von der versprochenen Mahlzeit keine Spur.

Ich hatte, wie gesagt, ohnehin vorgehabt, das Füttern einzuschränken, bevor ein Starenschwarm den Himmel verdunkeln würde. Aber dann war es der erste Corona-Lockdown, der auch einen Lockdown meiner Vogelhäuser erzwang. Es waren einfach nicht mehr genug Haferflocken zu bekommen. Es ließen sich keine mehr bestellen, und im Supermarkt wurde ich komisch angeschaut, wenn ich eine Halbwochenration von sechs, sieben Kilo Flocken wegschleppen wollte. Bekanntlich waren zu jener Zeit nicht nur die Regale fürs Toilettenpapier, sondern auch die mit Reis, Nudeln und eben Haferflocken arg gelichtet. Als ich einen Hinweis las, man dürfe Grundnahrungsmittel nur in haushaltsüblichen Mengen einkaufen, kamen mir Bedenken, an der Kasse als Hamsterin bloßgestellt zu werden. Ich lauerte deshalb in den Supermarktgängen einer Mitarbeiterin auf und fragte: »Sind Haferflocken ein Grundnahrungsmittel?«

Die Angestellte schaute zur Sicherheit noch mal auf ihre Liste. »Haferflocken … Ja!«

»Auch wenn sie gar nicht für mich sind? Ich füttere damit nur die Vögel!«

Falls Sie nun kurz erwogen haben sollten, sich mit dieser Begründung während etwaiger künftiger Lieferschwierigkeiten eine Ausnahmegenehmigung zum Haferflocken-Bunkern zu erschleichen, muss ich Ihnen leider mitteilen, dass es höchstwahrscheinlich nicht funktioniert. Die Leute haben da ganz komische Vorstellungen, was ein Haushalt erfordert, wen er umfasst und wen nicht.

Von nun an teilte ich die wenigen Kilos, die uns noch zur Verfügung standen, sparsam ein, um die Vögel nicht von einem Tag auf den anderen zu einer Umstellung ihrer Gewohnheiten zu zwingen.

Mir kam das, ehrlich gesagt, sehr gelegen, und das Ende des Vogelfütterns bedeutete eine große Erleichterung, zumal ich zu der Zeit gesundheitlich nicht auf der Höhe war. Darüber, was der Einschnitt für die mehrere Hundert betroffenen Vögel bedeutete – einmal zählte ich allein über zwanzig der angeblich selten gewordenen Amseln in der Nähe der Futterstelle –, kann ich nur spekulieren. War das morgendliche Anfliegen meines Gartens ein fester Bestandteil ihres Alltags geworden oder nur eine von mehreren Optionen? Waren sie von der Änderung überrascht oder gar enttäuscht?

Der Lockdown begann im März. Hatten womöglich einige Vogeleltern bereits mit dem Nestbau und dem Eierlegen begonnen, dabei fest mit den hiesigen Flocken gerechnet, und nun würden sie nicht alle Kinder aufziehen können? Die Frage ist nicht ganz so absurd, wie sie scheinen mag, denn viele, vielleicht gar die meisten Wirbeltiere passen ihr Reproduktionsverhalten an das jeweilige Nahrungsangebot an. Es überleben nicht etwa nur weniger Jungtiere, wenn die Nahrung knapp ist, auch die Eltern werden seltener brünstig, haben weniger Nachwuchs, bauen seltener Nester und so weiter.

Ich weiß nicht, ob es Studien der Verhaltensforschung gibt, die Hinweise darauf geben könnten, wie diese Flexibilität von den Tieren eigentlich erlebt wird. Es ist ja nun nicht so, dass zum Beispiel eine Bache direkt nachzählt, dass es in diesem Jahr ein paar Maisfelder mehr gibt als in den Vorjahren, und daher absichtlich ein paar mehr Eizellen reifen lässt. Aber irgendetwas werden sie schon bemerken, wenn sie des Maisfelds erstmals ansichtig werden. Wie mag sich solches Bemerken im Bewusstsein und Körper eines Schweins ausnehmen?

Aus meiner Perspektive jedenfalls muss ich einräumen, dass ich bei meinen Begegnungen mit Wildtieren immer wieder an die Grenzen nicht nur meiner praktischen Möglichkeiten stoße, sondern eben auch an die Grenzen ethischen Nachdenkens. Das Erste führt hier gleichsam zum Zweiten: Wir können nicht alle füttern, wir können nicht allen helfen. Nach welchen Kriterien aber helfen wir den einen und ignorieren die anderen? Wen sollen wir vor wem beschützen? In dem Kapitel über Wölfe habe ich schon einmal über solche Momente moralischer Irritation gesprochen. Die Natur folgt Abläufen, die unseren menschlichen Vorstellungen in vielem nicht entsprechen. Doch wir Menschen interagieren ständig mit dem, was wir »Natur« nennen, die Grenzen zwischen Menschenwelt und natürlicher Mitwelt überlappen sich. Kleine Raubtiere, Katzen genannt, leben bei uns mit im Haus; sie haben ein Recht auf ihre Freiheit, ebenso wie Fuchs und Marder. Aber ebenso wie Fuchs und Marder fangen, töten oder quälen sie Mäuse.

Einige wenige Male habe ich Opfer ihrer Raubzüge in eines der Terrarien gesetzt, von denen ich seit dem Auszug der Schnecken ja so viele besitze, sie fünf Tage lang mit Antibiotika versorgt und dann wieder freigelassen. Meistens allerdings gehe ich nur dazwischen, wenn eine meiner Katzen mit einem noch lebenden Opfer ankommt, und trage es, falls es noch lebensfähig wirkt, anderswohin – wohl wissend, dass das Risiko einer lebensgefährlichen Infektion nach einem Katzenbiss hoch ist. Man könnte allerdings auch argumentieren, dass ich eigentlich verpflichtet bin, *allen* von meinen Katzen versehrten Mäusen zu helfen, so wie ich ja auch Verantwortung für die Schäden übernehmen würde, die etwaige menschliche Kinder anrichten würden.

Oder vielleicht doch nicht, weil die Katzen nun einmal keine Menschenkinder sind, die Friedfertigkeit lernen müssen und können? Stattdessen wurden sie von der Evolution, von Gott oder dem Leben hervorgebracht als eine von Millionen Arten von Lebewesen, die letztlich auf Kosten anderer, aber außerhalb unserer moralischen Dimensionen leben. Vielleicht weil ich auch geografisch buchstäblich an den Säumen lebe, zwischen Dorf und Wald und Wiesen, stolpere ich immer wieder über die Grenzen, die wir mit moralischer Eindeutigkeit zwischen uns und den anderen zu ziehen versuchen; und ich bin mir oft unsicher, wie weit unsere menschliche Moral sozusagen in die natürliche Welt meiner nichtmenschlichen Nachbarn hineinragt.

Im Mai diesen Jahres erschien eine neue Besucherin an der Katzenfutterstelle; sie hatte einen langen rostroten Schwanz und große dreieckige, ebenfalls rostrote Ohren: eine Füchsin, die vermutlich gerade säugte, denn auf den ersten Bildern, die die Wildkamera von ihr schoss, war das Gesäuge deutlich zu erkennen. Von da an kam sie regelmäßig abends, bevor es dunkelte. Schließlich auch tagsüber. Es gab Tage, an denen sie sich mehrmals blicken ließ – ein ungewöhnliches Verhalten für einen Fuchs so nah an einer menschlichen Behausung. Anfangs erklärte ich es mir damit, dass sie ihre Jungen zu säugen hatte, später brachte sie ihnen womöglich Katzenfutter mit. Zuerst schlang sie hastig einige große Brocken hinunter, dann sperrte sie ihr Maul so weit auf, wie es nur irgend ging, und trug einen weiteren großen Brocken davon. Der fiel ihr dann manchmal herunter, und sie hatte Mühe, ihn wiederaufzunehmen. Einmal sah ich, wie sie Futter vergrub. Immer wirkte sie gehetzt, als ob ihr Leben von diesen Brocken abhinge.

Nur einmal bekam ich mit, dass sie mit meinem Nahrungsangebot ganz und gar nicht zufrieden war. Kurz zuvor hatte ich von einem Großhandel eine ganze Palette ausrangiertes Katzentrockenfutter als Spende erhalten; manche Tiere aßen es trocken, andere wollten es eingeweicht bekommen. Wieder andere fanden es unzumutbar, wenn ich den Geschmack mit Wasser verdünnte.

Einige Tiere aßen allerdings auch gern veganes Trockenfutter, und wieder andere dieses nur eingeweicht. An jenem Tag jedenfalls hatte ich das erst Mal, seit die Füchsin mitaß, das vegane Trockenfutter eingeweicht. Sie kam vormittags so gegen elf, ich sah sie wie gewohnt schlingen. Dann aber lief sie, vermeintlich gesättigt, in den Garten – und hielt inne. Sie mahlte mit den Kiefern, ihr Gesicht nahm einen unzufriedenen, um nicht so sagen frappierten Ausdruck an. Sie rangierte mit den Kiefern noch einmal hin und her – in ihrem Napf war heute offenbar Pappe gewesen, eingeweichte Pappe! Pfui Teufel! Wenn sie ihr Smartphone dabeigehabt hätte, hätte sie sicher sogleich eine empörte Null-Sterne-Bewertung geschrieben.

Abgesehen davon, dass meine Online-Reputation in Gefahr war, hätte sich hier natürlich eine gute Gelegenheit geboten, der Füchsin die Futterstelle abzugewöhnen; genau um solche Feinjustierungen vorzunehmen, beobachtete ich ja überhaupt die Essgewohnheiten der diversen Besucher:innen so detailliert. Doch ich brachte es natürlich wieder nicht übers Herz, einer säugenden Mutter, die augenscheinlich so viel Druck hatte, dass sie sich tagsüber mehrmals in Menschennähe wagte, Nahrung vorzuenthalten, die kistenweise in meiner Vorratskammer gestapelt war.

Von diesem Tag an gab es für die Füchsin nur noch von dem anderen Futter, das dann prompt wieder bessere Bewertungen erhielt. Ich versuchte mich schlauzumachen, wie lange Füchsinnen eigentlich säugen. Ob sie sich dauerhaft an die Nähe von Menschen gewöhnen. Ob diese Füchsin hier überhaupt schon voll ausgewachsen war. Ich betrachtete im Internet viele Fotos von anderen Füchsen, und allmählich beschlich mich ein ganz neuer Verdacht: Womöglich litt sie unter Räude!

Hinter dem als Räude bezeichneten Phänomen verbirgt sich eigentlich ein Milbenbefall, der die Tiere stark auszehrt und so sehr juckt, dass sie sich regelrecht in die eigene Haut beißen; das führt typischerweise zu größeren, wie verklebt wirkenden, dunkleren Arealen. Diese sind für eine Laiin wie mich nicht leicht zu bestimmen, denn die Farbe von Füchsen changiert ohnehin. Ich schickte Fotos »meiner« Füchsin an zwei Tierärztinnen; die antworteten, auf die Entfernung lasse sich nichts Genaues sagen. Bei den Flecken auf den Oberschenkeln und am Rücken könne es sich um Räude handeln – oder auch nur um Flecken, um Matsch, um genetisch bedingte Unterschiede in der Fellfarbe.

Falls die Füchsin aber tatsächlich an Räude litt, würde dies ihr geradezu tollkühnes Verhalten bei der Nahrungssuche erklären: Von Räude befallene Tiere sind ständig hungrig und sterben einen qualvollen, schleichenden Tod.

Also besorgte ich beim Tierarzt eine Tablette, die zuverlässig gegen Räudemilben wirkt, selbst nach einmaliger Gabe, drei Monate lang. Nur musste ich diese nicht gerade kleine Tablette irgendwie in die Füchsin hineinbekommen. Und sie zudem mit Sicherheit so anbieten, dass kein anderes Tier sie versehentlich verzehrte.

Kapitel 13

Zu jener Zeit besuchte noch ein anderes Wesen die Futterstelle am Tage: Farsi, eine kleine graue Streunerkatze, die ich im Vorjahr eingefangen und kastriert hatte. Ihre Kinder hatte sie kurz zuvor abgestillt, und die hatte ich ins Tierheim gebracht. Farsi ist übrigens kein richtiger Name, sondern bezeichnet nur die Sprache Persisch. Die allerdings wirkt auf mich ein wenig rau und dabei sehr poetisch – und darum heißt nun auch die kleine graue Katze so.

Farsi also durfte die Tablette keinesfalls mitessen. Zum Glück mochte sie eingeweichtes veganes Trockenfutter gern, die Füchsin aber nicht. Ich machte daher zwei Schalen für die Futterstelle zurecht: eine mit dem Eingeweichten und eine weitere mit fleischhaltigem Katzenfutter; über Letzteres legte ich einen leichten Deckel. Es war Abend, üblicherweise kam die Füchsin irgendwann zwischen halb sieben und halb zehn; ich bezog meinen Beobachtungsposten im Haus, im Schneidersitz auf meinem Bett sitzend und den Blick durchs Fenster fest auf die Futterstelle gerichtet.

Leider bin ich kein geduldiger Mensch. Im direkten Umgang mit Tieren bringe ich durchaus die notwendige Geduld auf, aber bei Menschen und allgemeinen Vorgängen werde ich schnell hibbelig, um nicht zu sagen unleidlich, und erwarte, dass alles zackig über die Bühne geht, wie von mir gewünscht. Eine Tablettengabe auf die Entfernung hin zählt in diesem Sinne unter »allgemeine Vorgänge«, und bereits der bloße Gedanke, eventuell drei Stunden hier auf dem Bett sitzen zu müssen, brachte mich an die Grenzen meiner Vorstellungskraft. Ich konnte nicht telefonieren, weil meine Stimme die Füchsin verschreckt hätte, nicht lesen oder Videos schauen, weil ich ja ununterbrochen die Futterstelle im Auge behalten musste. Ich hatte keine Ahnung, womit ich die Zeit füllen sollte.

Es war Ramadan, es bot sich an zu beten – aber nicht nach ritueller muslimischer Art, sondern reglos dasitzend. Ich ging dazu über, mit offenen Augen zu meditieren. Irgendwann merkte ich, dass ich die Zeit am besten verstreichen ließ, indem ich einfach gar nichts tat. Ich schaute mir die Äste der Kirsche an und ihre Blätter. Die Bewegungen der Zweige. Das Moos auf dem Dach des Gartenhäuschens. In den Brennnesseln neben dem Gartenhäuschen ruhte eine gelbe Hainschnirkelschnecke ganz oben am Stengel.

Wie froh ich sein konnte, so viele schöne Details zu erblicken! Nichts tun zu müssen. Diese Ruhe zu haben und genug Nahrung für mich und so viele weitere Tiere. Mein weiches Bett unter mir. Meine Freundin schickte mir ab und zu eine solidarische Nachricht – ich war also überhaupt nicht alleine.

Die Tönung des Tageslichts änderte sich. Eine Amsel flog herbei und dann gleich weiter. Und noch eine.

Und dann kam Farsi. Vorsichtig – sie hatte ihre Scheu gegenüber Menschen nie abgelegt – schlich sie aus der Brombeerhecke heran und schnupperte an dem für sie bereitgestellten eingeweichten Futter. Nahm ein oder zwei Happen. Roch dann aber, dass da noch etwas Besseres in der Nähe lag – ihr Schnäuzchen suchte und fand das präparierte Katzenfutter mit der losen Abdeckung.

Ich klopfte energisch an die Scheibe: »Nein!«

Farsi schrak zusammen, blickte mich mit großen Augen an. Befand dann aber wohl, dass ich zu weit entfernt sei, um ihr gefährlich zu werden, und versuchte sich erneut an dem Deckel.

Noch einmal, noch energischer: *»Nein!«*

Wieder schaute sie mich an. Dann aß sie sich erst einmal an dem Eingeweichten halbwegs satt und verzog sich in die Nähe der Brombeeren, von wo aus sie mich nicht mehr sehen konnte und wo sie glaubte, auch von mir nicht gesehen zu werden. Was nicht zutraf. Ich sah den gesamten Bogen ihres Rückens sowie den Po. Sie wartete und ich wartete. Nach einer halben Stunde schlich sie erneut auf das Futter zu …

Ich klopfte an die Scheibe.

Ach, menno! – Sie drehte um und verzog sich für heute.

Ich wartete weiter und weiter, bis die Dämmerung um halb zehn Uhr einsetzte und es kurz darauf zu dunkel war, als dass ich die Füchsin hätte genau ausmachen können. Ausgerechnet heute war sie nicht erschienen, zum ersten Mal seit Wochen! Hoffentlich lag es nicht an dieser schrecklichen Räude!

Ich holte ihr Futter wieder herein, barg die bombastische – und übrigens sündhaft teure – Tablette, um es am kommenden Abend erneut zu probieren.

Wieder baute ich alles um halb sieben auf und bezog Stellung. Erneut tauchte als Erste Farsi auf, schnupperte an dem für sie gedachten Futter und reckte dann das Schnäuzchen in Richtung des anderen …

»Ich hab's dir doch schon erklärt!«, sagte ich durchs geschlossene Fenster. Sie schaute mich kurz an, fügte sich und aß das für sie bestimmte Futter.

Noch mehr Blätter-, Zweiglein- und Schneckenbeobachtung. Am zweiten Tag erschien es mir nicht mehr so genüsslich, so kontemplativ; diesmal wollte sich keine Dankbarkeit und keine Ramadanstimmung einstellen. Die Stunden vergingen zäh und nervig. Ich war nie gut im Fasten, vermute aber: Genau darum geht es ja wohl auch dort, nicht wahr? Die Mühen der Ebene ertragen, das Fasten durchhalten, auch wenn es sich nicht erhaben anfühlt, sondern einfach nur hungrig. Auf den Anbruch der Nacht warten und sich über das Mahl freuen in dem Wissen, wofür man durchgehalten hat.

Wieder wurde es dunkel, ich erwog schon den Abbruch. Da erschien endlich, gerade noch im schwachen Licht erkennbar, die Füchsin. Alles klappte wie am Schnürchen. Zuerst beschnupperte sie die Reste von Farsis Futter – eklige Pappe! – und schob dann ohne Zaudern den Deckel von dem ihren und verspeiste es komplett.

Hatte sie auch die Tablette geschluckt? Das konnte ich nicht genau erkennen. Aber ich hatte vorher wohlweislich rund um die Futterstelle dickes Packpapier ausgelegt, damit ich die Tablette, falls ausgespuckt, nicht im Gras übersehen würde. Nun also kam mir, kaum war die Füchsin abgezogen, die schöne Aufgabe zu, im Dunkeln mit der Taschenlampe die Futterstelle und die Fläche drumherum zu durchkämmen: Da lag keine Tablette. Es war zu früh, um zu jubilieren, aber ich ging davon aus: Sie war geschluckt.

In den nächsten zwei Tagen bemerkte ich noch keine Veränderung an der Füchsin, aber bereits am dritten hatte ich den Eindruck, dass sie ihr Futter nicht mehr ganz so hastig verschlang. Fast zu schön, um wahr zu sein – aber tatsächlich heißt es, dass diese Tabletten nahezu unmittelbar wirken, weshalb der Juckreiz und der Hunger der Tiere rasch abnehmen und die Heilung beginnt. Von nun an erschien die Füchsin seltener, und wenn, dann wirkte sie nicht mehr so hektisch, nicht mehr ganz so getrieben. Eine Woche später sah ich sie erstmals auf der Weide, wie sie nach Art der Füchse einer Maus auflauerte und in hohem Bogen sprang.

Erst da fiel mir auf, dass ich sie bis dahin noch nie bei so normalem füchsischem Tun beobachtet hatte. Vermutlich hat ein Fuchs, der quasi bei lebendigem Leib von Milben aufgefressen wird, nicht die Zeit, einer Maus aufzulauern, sondern geht in seiner Not lieber das Risiko menschlicher Nähe ein, um sich zu versorgen.

Auch in den folgenden Tagen sah ich die Füchsin immer wieder auf der Weide jagen. Ihr Napf blieb gefüllt, aber sie kam nicht mehr wieder. Ich freute mich.

Und freute mich nicht, wenn ich an die Mäuse dachte, die nun gefangen wurden.

Dachte an die Fuchsjungen, die laut Aussage der Tierärztin nun auch in gewissem Maße gegen Räude geschützt waren.

Und auch diese Jungfüchse waren ja wieder Räuber … Wen würden sie in ihrem Leben alles fressen?

Kapitel 13

Obwohl ich in dieser Ursachenkette eine Rolle spielte, hatte ich diese Abläufe doch nicht wirklich in Gang gesetzt, sagte ich mir. Ich hatte nur versucht, das Bei-lebendigem-Leibe-aufgefressen-Werden zu stoppen, das sich direkt vor meinen Augen vollzogen hatte. Es tatenlos mitanzusehen, wäre mir gemein erschienen. Für alles andere zeichnete die Evolution verantwortlich oder Gott, oder das Leben.

Kapitel 14

Das große Kribbeln

Im Dezember 2019 begann ich ein neues Buchprojekt, und das wie eigentlich immer mit ausgiebigem Lesen. Zur Vorbereitung hatte ich mir bereits einen schönen Stapel Bücher zum Thema zusammengekauft, nun knöpfte ich sie mir kreuz und quer vor, machte Notizen und kaufte noch mehr Bücher. Ein angesehener Verlag hatte mich gefragt, ob ich ein essayartiges Büchlein für ihn verfassen wollte. Das Thema durfte ich frei wählen, Hauptsache, es trug ein Warum im Titel und umspielte eine Frage, für die es ähnlich viele Pros wie Contras gab.

Ich wusste sofort, mit welcher Warum-Frage ich mich befassen wollte: »Warum sich selbst verbessern?« Schon in meiner Jugend hatte ich mit einem gewissen Rigorismus gegen meine Wissenslücken angekämpft und kühne Stundenpläne entworfen, in denen auf eine Stunde Lateinlernen eine Stunde Dostojewski-Lesen folgte, dann eine Stunde Klavierüben und schließlich eine Stunde Englischvokabeln. Selbstverständlich wurde nichts davon umgesetzt. Insbesondere die Klavierlehrerin zeigte sich jede Woche erneut enttäuscht, weil ich mich nicht einmal zu den Fingerübungen hatte durchringen können. Einzig der Dostojewski und eine Menge anderer voluminöser Russen wurden gelesen, allerdings ohne Uhr, ohne Programmatik und vermutlich auch ohne Selbstverbesserungsmehrwert.

Später hielten Terminkalender und Zeitplaner in meinem Alltag Einzug, Sie kennen es selbst. Man führt endlose To-do-Listen, legt Bullet-Journals an oder lädt Apps zum Selbsttracking runter, um »gute neue Gewohnheiten« zu erlernen … E-Mails zügig abarbeiten, täglich Yoga, selbst kochen (frische Zutaten! Gesund!) und Freundschaften pflegen plus, in meinem Fall, die regelmäßig wiederkehrenden tierbezogenen Aufgaben: Gänse wiegen, entwurmen, ausmisten, Klauen schneiden, Tränken säubern, Heu umschichten, Tierarzttermine vereinbaren und so weiter und so fort.

Die erste Zeit funktioniert so etwas ja meistens ganz gut, man denkt, man wäre dieses Problem, das man letztlich für sich selbst darstellt, losgeworden; dann gibt man ein, zwei Tage mal nicht Acht, und schon kommt das alte Selbst mit all seinen schlechten Angewohnheiten, abzüglich der guten neuen, wieder zur Tür herein.

Immer deutlicher haben auch soziologische Arbeiten in den letzten Jahren gezeigt, dass die Selbst*verbesserung*, die zunächst solch einen harmlosen und lebenszugewandten Anschein hat, nahtlos in eine Selbst*optimierung* übergeht, die problematisch, überfordernd und sogar fremdbestimmt sein kann. So wäre es zwar sonderbar, nicht aus Fehlern zu lernen und sich nicht verbessern zu wollen. Und auch die Klimakrise macht ja klar: Wir müssen jede Menge an uns und der Gesellschaft verändern, sprich: verbessern, damit das Leben auf dieser Erde überhaupt eine Zukunft haben kann. Gleichzeitig aber ist das Verbesserungsbemühen längst in Richtung kapitalistischer Effizienzsteigerung verrutscht: Wir »arbeiten« an uns wie an anderen »Projekten«, suchen unsere Fortschritte und Leistungen in Zahlen zu erfassen und tracken Schlaf und Wachsein mit der Unerbittlichkeit einer Stechuhr.

Wenn uns das ganze Tracken und Trainieren zu viel wird, trainieren wir zum Ausgleich Achtsamkeit, um in letzter Minute einen Selbstoptimierungsburnout abzuwenden. Der neue Punkt auf der To-do-Liste lautet von nun an: regelmäßiges zwanzigminütiges Nichtstun, es wird von dem Ton einer tibetischen Klangschale (aus dem Handy) gerahmt und natürlich auch wieder getrackt.

Und irgendwann, wenn man zum x-ten Mal mit schlechtem Gewissen feststellt, dass man nicht achtsam genug war und nicht genug Meditation und Self-Care praktiziert hat, beschleicht einen der Verdacht: Was, wenn uns auch solche Achtsamkeit letztlich bloß fit machen will für den Wiedereinstieg ins Hamsterrad? Ist das, was wir für Selbstverwirklichung halten, womöglich derselben knechtischen Logik unterworfen, laut der sich alles um Gewinnmaximierung und Effizienzsteigerung dreht?

Ich fand das Thema spannend, gerade weil es so nah an meinem Alltag war. Außerdem erwartete der Verlag nicht, dass ich das Problem lösen würde; ich müsste es nur erzählerisch gewinnend diskutieren.

Es war im Dezember, ich hatte just die ersten Kapitel entworfen, als es mir in den Fingerspitzen zu kribbeln begann. Das hört sich erst einmal nicht schlecht an, wenn man es metaphorisch auffasst, aber es kribbelte leider ganz buchstäblich, und so etwas ist höchst irritierend. Meine Fingerspitzen fühlten sich an, als hätte ich vor einigen Stunden in ein Büschel Brennnesseln gefasst; das starke Brennen wäre bereits verklungen, aber es bliebe ein Gefühl der Taubheit. Wieder und wieder schaute ich mit Befremden meine Fingerspitzen an und hielt sie Freunden vor die Nase: Sind die rot? Seht ihr etwas Ungewöhnliches?

Vielleicht war es die Kälte oder der Wechsel vom kalten Stall in die warme Stube; eine Durchblutungsstörung vielleicht?

Äußerlich war nichts zu sehen, doch als Nächstes begann auch die Haut des linken Oberschenkels sonderbare Empfindungen zu vermelden, die Arme, der Rücken. Mal fühlte sich die Haut brennend warm an, dann wieder kalt, ohne kalt zu sein, wie Eiskonfekt. Ich kam mir vor, als steckte ich in der falschen Haut. Inzwischen war Weihnachten vorüber und die Zeit »zwischen den Jahren« angebrochen. Mein Hausarzt war in Urlaub, der

Neurologe, den ich vor Jahren zum letzten Mal aufgesucht hatte, ebenfalls.

Eines Abends suchte ich Rat beim Notdienst der hiesigen Klinik, ich wurde abgeklopft, meine Reflexe wurden untersucht, Blut entnommen. Anhand dieser Parameter war nichts Außergewöhnliches festzustellen, und der junge Arzt konnte mir bloß »anbieten«, wie es dann immer heißt, mich stationär aufzunehmen. Aber es sei kurz vor Silvester, »da wird erst mal gar nichts geschehen«, sagte er. Ich lehnte daher dankend ab und redete mir ein, mir das Ganze vielleicht nur einzubilden. So steht es übrigens auch in dem Begleitbrief für den Hausarzt: »Patientin räumt selbst ein, es sich vielleicht nur einzubilden.«

Das war ziemlich blöd von mir, denn im Grunde wusste ich: Ich bildete es mir nicht ein. Ich konnte es mir aber nicht leisten, im Krankenhaus zu bleiben, weil ich so viele kleine Leute zu versorgen hatte, darunter zwei geliebte, alte, schwerkranke Katzen. Drei Tage in einer Klinik zu bleiben, um *nicht* weiter untersucht zu werden, kam da einfach nicht infrage. Dann lieber ein andermal, wenn auch etwas für mich getan werden konnte und ich das mit der Versorgung der Tiere geklärt hatte.

Zu Hause angekommen, schob ich erst einmal den Wohnzimmertisch in die Diele und breitete alle Medikamente darauf aus, die meine Tiere zu der Zeit benötigten. Dann klebte ich Zettel mit Anweisungen für jeden Fall daneben – Dosierung, Verabreichungsform und Spezialfutter. Der Tisch sah sehr übersichtlich aus, als ich fertig war, aber er war auch recht voll. Die Person, die das alles umsetzen müsste, ohne sich auszukennen, war nicht zu beneiden.

Normalerweise war diese Person ich selbst, und als ich den Tisch betrachtete, ging mir ein Licht auf, warum es in vielen Bereichen der »Selbstverbesserung« dermaßen haperte. Vor allem aber ging mir der Po mittlerweile auf Grundeis. Das Kribbeln nahm nämlich immer weiter zu, ich ging nochmals zum Krankenhaus, dann zum

Neurologen. Um es etwas abzukürzen: Innerhalb zweier Wochen hatte ich meine Diagnose, und die lautete Multiple Sklerose.

Das kam für mich nicht ganz so überraschend wie jetzt eventuell für Sie, denn zum allerersten Mal fiel dieses Stichwort nicht. Seitdem ich Ende zwanzig gewesen war, hatte ich immer wieder Phasen gehabt, in denen ich mal auf dem einen, mal auf dem anderen Auge plötzlich nur noch verschwommen sehen konnte. Der Hausarzt schickte mich zur Augenärztin und die in die Uniklinik: Es handelte sich um eine Entzündung des Sehnervs, die häufig eines der ersten Symptome von Multipler Sklerose ist. Es wurden MRTs gemacht und Wasser aus meiner Wirbelsäule untersucht, doch es war anscheinend »nur« eine Sehnerventzündung. Es folgten Infusionen, die die Entzündung stoppten, und mit der Zeit kehrte meine Sehkraft fast vollständig zurück. Jedes Mal. Ich weiß gar nicht mehr, wie oft ich eine solche Sehnerventzündung hatte, vielleicht acht- oder neunmal. Jedes Mal Infusionen, MRTs und die Aussage: Das könnte eine MS sein, ist es aber (noch?) nicht.

Und je häufiger ich dies hörte, desto mehr fühlte ich mich auf der sicheren Seite. Es war zwar nicht angenehm, alle paar Jahre eine Sehnerventzündung zu bekommen, und die Infusionen vertrug ich jedes Mal schlechter – aber es war immerhin nicht MS.

Mein Neurologe allerdings, frisch aus seiner kurzen Winterpause zurückgekehrt, erkannte gleich die Zusammenhänge zwischen Fingerspitzen, Schenkeln, Rücken und Augen. Weitere MRTs bestätigten seine Diagnose, doch schon davor fackelte er nicht lange und hängte mich sofort an den Tropf.

Man erhält diese Infusionen im Liegen, und sie dauern oft eine Dreiviertelstunde. Ich lag also auf dieser nicht wahnsinnig gemütlichen Pritsche, heilfroh, versorgt zu werden, und zugleich konnte ich meine Gedanken einfach nicht sortieren. Die Gefühle noch weniger.

In den ersten Wochen habe ich sehr viel geweint, vor allem dann, wenn jemand mich fragte: Wie geht es dir/Ihnen? – Sofort wurde ich von Tränen übermannt. Einigen Redakteur:innen musste ich Arbeiten absagen, und weil das Tippen selbst von kurzen E-Mails mit den kribbelnden Fingern äußerst unangenehm war, rief ich einige von ihnen an – unter Tränen. Kolleg:innen empfahlen mir, E-Mails per Spracheingabe zu diktieren; einige boten sogar an, ich könne meine Kommentare und Kolumnen per Whatsapp aufsprechen, und sie würden sie abtippen!

Aber ich war dazu einfach nicht in der Lage. Ich wusste, dass es Menschen gab, denen es viel schlechter ging als mir; ich hörte es, wenn mich die Ärzt:innen trösten wollten, indem sie sagten, dies sei immerhin erst mit neunundvierzig Jahren mein erster richtiger Schub – es half alles nichts. Noch mehr Tränen.

Bevor Sie jetzt ergoogeln müssen, was Multiple Sklerose eigentlich genau ist, ein paar Sätze zur Erklärung: Es handelt sich um eine Autoimmunerkrankung, bei der sich unsere Abwehrzellen nicht nur gegen Eindringlinge von außen, sondern (ohne dass man die Ursache dafür versteht) auch gegen körpereigene Zellen richten, und zwar gegen Nervenzellen. Deren Hülle wird so beschädigt, dass die Signalübertragung gestört wird. Und weil nun einmal alle möglichen Funktionen des Körpers und auch unsere Wahrnehmung von Nerven gesteuert werden, kann dies alle Stellen im Körper betreffen. Bei dem Stichwort »MS« assoziieren viele Menschen zunächst einen Rollstuhl, der auch tatsächlich notwendig werden kann, wenn die Steuerung der Beine stark beeinträchtigt ist. Aber es kann auch Probleme mit der Blase geben oder mit der Sexualität, mit dem Gedächtnis oder der Konzentration, mit dem Gleichgewichtssinn oder, wie bei mir, mit dem Sehen; viele Menschen leiden dazu unter starken Erschöpfungsanfällen, die ganz plötzlich kommen – nach Stress und Anstrengung, aber auch dann, wenn man gar nicht sonderlich viel gemacht hat.

Diese sogenannte Fatigue suchte auch mich eine ganz Zeit lang heim. Außerdem war es, als ob meine Beinmuskulatur durch Pudding ersetzt worden wäre (tatsächlich ist die Muskulatur intakt, es versagen nur die entsprechenden Nerven). Manchmal knickte mir das linke Knie weg, und ich begann mich vorm Treppensteigen zu fürchten; an manchen Tagen konnte ich gerade mal hundert Meter am Stück gehen. Und ständig war ich erschöpft, konnte kaum die Spülmaschine selbst ausräumen.

Am meisten allerdings beschäftigte mich die Frage, wie – und ob überhaupt – ich die Tiere versorgen konnte. In den nächsten Monaten und auf lange Sicht. Mit den Katzen käme ich alleine klar, aber was war mit den Schafen? Den Gänsen? Ich telefonierte herum und sprach mit allen möglichen Freunden und Bekannten, und die telefonierten ihrerseits viel herum. Einige Freunde kamen für mehrere Tage zu mir, führten mir den Haushalt und versorgten die Tiere; zum Glück war dies noch knapp vor dem Ansteigen der Corona-Zahlen und dem ersten Lockdown. Innerhalb zweier Wochen hatten wir gemeinsam und teils mit Menschen, die ich kaum kannte, einen Trupp von Leuten zusammengestellt, die herkommen und mir im Stall helfen würden. Morgens ließ ich die Tiere aus dem Stall, und abends kam immer eine oder einer der Helfer:innen und übernahm alles andere.

Im Rückblick wirkt es so ironisch, dass ich gerade über Selbstverbesserung hatte schreiben wollen und sich dann so vieles so rapide verschlechterte; es war, als wäre ich in zwei Wochen um zwei Jahrzehnte gealtert. Es ging nun nicht mehr darum, meine Post schneller zu bearbeiten, sondern die Briefe vom fünfzig Meter entfernten Briefkasten überhaupt erst einmal ins Haus zu tragen und zu öffnen; nicht mehr darum, *mehr* Bücher zu lesen, sondern nicht gleich dabei einzuschlafen; nicht mehr darum, Projekte effizienter zu realisieren, sondern nicht alle Hoffnung auf Projekte fahren zu lassen. Zu allem Überfluss bekam ich auch noch eine Art Rheuma in den Fingern; ein halbes Jahr lang, bis die Behandlung anschlug, hatte ich ununterbrochen leichte Schmerzen und konnte meine Finger nicht vollständig bewegen, oft nicht einmal eine Teetasse oder ein Buch halten.

Christopher, ein alter Freund von mir, der Mediziner und Psychiater ist, rief mich fast jeden Abend auf seinem Nachhauseweg an. (Falls Sie sich an diesen Namen erinnern: Dieser Christopher ist der Namenspate für meinen kleinen Kamerunbock Christopher gewesen. Was ebenfalls nicht einer gewissen Ironie entbehrte, denn Mensch-Christopher war ein recht lang gewachsener Lulatsch und Schaf-Christopher ein zierliches kleines Wesen.)

Ich weiß nicht, wie tief ich ohne diese Gespräche abgestürzt wäre. Christopher, der Mensch, erzählte mir von anderen Erkrankten und wie sie mit ihren Schwierigkeiten umgingen. Beispielsweise wusste er von dem Fall eines Mannes, der aufgrund einer Veränderung im Gehirn ständig doppelte und verzerrte Bilder sah; dies war unheilbar. Der Mann musste sich »einfach« daran gewöhnen, dass sich die Welt von nun an so für ihn darstellte, und lernte es auch im Verlauf von etwa zwei Jahren. Heute könne er zwar seinen alten Beruf nicht mehr ausüben, er sei aber innerhalb seiner Firma versetzt worden, sodass er wieder voll arbeiten könne.

»Ich *will* aber keinen anderen Beruf ausüben«, schnaubte ich schluchzend und vorwurfsvoll, als ob Christopher an meiner Lage schuld wäre.

Viele MS-Symptome können sich mit der Zeit zurückbilden, wenn es dem Körper gelingt, die Nervenhüllen zu reparieren. Mein Neurologe hatte mich jedoch gewarnt, dass die Empfindungsstörungen in meinen Finger wohl bleiben würden (und er hat damit recht gehabt). »Ich habe Angst, dass ich nie wieder einen Menschen mit den Fingerkuppen anfassen und spüren kann«, sagte ich zu Christopher.

»Man kann auch mit anderen Körperstellen fühlen und streicheln«, entgegnete Christopher. (Auch er behielt recht damit.)

Darauf wieder ich: »Ich *will* aber nicht mit anderen Körperstellen streicheln, ich will meine Finger zurück!«

»Auch ein kranker Körper ist ein Wunderwerk«, meinte dann Christopher, und ich spürte sofort, dass dieser Satz eine wichtige Wahrheit enthielt. Ich wiederholte ihn von da an regelmäßig im Geiste, er schien mir eine Richtung anzugeben, in die ich gehen musste.

Aber die Pille war einfach schwer zu schlucken. Es ist oft schwierig, sich mit der Realität einer Veränderung abzufinden, auch wenn man sie kognitiv ja gar nicht bezweifelt. Dennoch rennt der Geist immer wieder gegen die neuen Umstände an, sucht Auswege, versucht mit dem Schicksal zu verhandeln, bildet sich ein, wenn er trotzig würde, könnte er die Realität damit erweichen … Man schaut sich im Grunde selbst dabei zu, wie man sich kindisch und unreif verhält, aber man – oder ich zumindest – kann die Reifung kaum beschleunigen.

Eine Freundin hatte mir erzählt, dass sie das erste Jahr nach ihrer MS-Diagnose ein Jahr lang depressiv gewesen sei. Ein Jahr, das ist aber lang!, dachte ich. Und brauchte ebenfalls mindestens ein Jahr, um wenigstens nicht mehr bei der Frage »Wie geht es dir?« zu weinen. Während des ersten Corona-Jahres, in dem man sich ja ungern mit vielen anderen Menschen in Wartezimmern aufhielt, hatte ich unzählige Arzttermine; und ich nahm und nehme Mittel, die auf mein Immunsystem einwirken, was die subjektive Corona-Angst auch nicht gerade lindert. In meinen Haushalt hielten Gerätschaften Einzug, die gehandicappten Menschen Hilfe bieten sollen, zum Beispiel ein elektrischer Öffner für Konservengläser, ein gummiartiges Polster, damit ich einen Stift benutzen konnte, und eine ziemlich monströs wirkende, inzwischen aber heiß geliebte Apparatur, in die ich Bücher einspannte und mir vor die Nase halten ließ. Zudem war ich jetzt Besitzerin und Nutzerin zweier Tablettenboxen, deren natürliches Habitat ich bisher in Altenpflegeheimen vermutet hatte.

»Ich komme mir steinalt vor«, sagte ich zu meinem Neurologen.

»Sie sind nicht alt, aber Sie haben eine schwere neurologische Krankheit.«

Und eigentlich ist es doch auch egal, ob man »alt« oder »krank« ist, beides ist keine Schande, nicht wahr? Sind wir nicht »offiziell« immer dagegen, die Menschen in Fitte und weniger Fitte zu sortieren und Letztere zu diskriminieren? Dennoch ist es etwas anderes, ob man dies aus einer Position vermeintlicher Unversehrtheit sagt oder ob man sich plötzlich rundherum so verletzlich fühlt und auf die Hilfe anderer angewiesen ist.

Natürlich weiß man, dass man ohnehin nicht bis ins hohe Alter, wenn man es denn erreicht, ungehindert herumspringen kann. Aber man denkt nun mal, das käme »irgendwann später«! Ich habe den Eindruck, dass man in solchen Situationen nicht nur mit ihren ganz objektiven Herausforderungen kämpft, sondern auch mit einer gleichsam narzisstischen Kränkung – ausgelöst durch die schlichte Erkenntnis, dass man selbst Krankheit, Pech und »Schicksal« eine genauso verwundbare Angriffsfläche bietet wie alle anderen auch. Was man immer schon wusste – aber vielleicht nicht wirklich glauben wollte?

Ich sehe hier durchaus Parallelen zu anderen Fällen, in denen es uns schwerzufallen scheint, unser Selbstbild an sich wandelnde Realitäten anzupassen, zum Beispiel beim Klimawandel. Wir Bewohner:innen der Industrieländer auf der nördlichen Halbkugel dachten lange Zeit, nur die »Armen im Süden« würden unter dem steigenden Meeresspiegel und unter Dürre zu leiden haben. Jetzt stehen wir selbst vor vertrocknenden Wäldern und überfluteten Dörfern und können es kaum fassen. Auch Epidemien verorteten wir »in Afrika« und in den Slums Südasiens; *dort* gab es Lepra, *dort* wütete Ebola. »Die Armen« ganz woanders sind aus der Ferne leicht zu bedauern, solange man sich selbst vom Schicksal begünstigt fühlt; man will aber keinesfalls selbst zu diesen Bedauernswerten gehören.

Bei mir jedenfalls war das Vertrauen darauf, in einem gesunden Körper zu leben, mit einem Schlag einer umfassenden Unsicherheit gewichen. Eigentlich aber gehört beides zur Realität von uns Menschen: Um zu leben, zu handeln und dabei froh zu werden, benötigen wir ein gewisses Vertrauen. Gleichzeitig sind wir äußerst verwundbar; ständig kann alles Mögliche passieren. Wir müssen das anerkennen und dürfen die Kränkung, die darin steckt, nicht einfach abwehren. Wir müssen unsere Fragilität akzeptieren *und* dürfen uns dadurch gleichzeitig nicht völlig aus der Ruhe bringen lassen. Wenn sich die Balance zwischen beidem verschiebt, werden wir handlungsunfähig und depressiv – oder wir handeln irrational. Und wenn ich mir so ansehe, mit welchem Furor viele Menschen auf ihrer »Freiheit« beharren, ein schnelles Auto zu fahren, Tiere zu essen oder auch ein Virus zu ignorieren, denke ich, dass diese Balance in unserer Gesellschaft ziemlich verschoben ist.

Wobei ich annehme, dass auch meine Vorsicht in Sachen Corona manch anderem unausgewogen vorkommt; aber so wie ich empfinden viele chronisch Kranke. Mehrfach hat mich mein Neurologe gemahnt, vorsichtig zu bleiben – egal, wie die gesellschaftliche Stimmung die Pan- oder Endemie derzeit einschätzt. Und die mangelnde gesellschaftliche Solidarität – oder was ich als solche empfinde – und Bereitschaft, in stark besuchten Räumen Maske zu tragen, bedeuten für mich, dass ich mich noch mehr einschränken muss. Ihre »Freiheit« verstärkt unsere Isolation.

Eines der Medikamente, die ich regelmäßig einnehme, ist übrigens Cortison – ein sehr potentes Mittel, das aber keinen sonderlich guten Ruf hat. Viele Leute reagieren entsetzt, wenn sie »Cortison«

hören. Viele äußern ihr Bedauern, wenn sie hören, dass ich Cortison einnehmen *müsse*. Das finde ich dem Cortison und seinen Möglichkeiten gegenüber sehr unfair, immerhin hat dieses Mittel mehrfach meine akuten Entzündungsschübe gestoppt, bevor sie noch mehr Unheil anrichteten. Dank Cortison kann ich mich uneingeschränkt fortbewegen und auch meine Hände wieder fast wie früher benutzen.

Darum habe ich mir angewöhnt, jenen Cortison-Gegner:innen zu antworten, dass ich Cortison nicht einnehmen muss, sondern *darf* und dass ich äußerst dankbar bin, dass es entdeckt wurde. Ich widerspreche auch, wenn jemand, dem ich von meiner Erkrankung erzähle, über »die Schulmedizin« oder die Ärzteschaft im Allgemeinen schimpft. »Schulmediziner:innen« haben vermutlich den meisten von uns schon mehrfach das Leben gerettet, sei es nun bei Mandelentzündungen, Lungenentzündungen oder inzwischen auch bei Covid-19.

Ich würde zwar nicht ausschließen, dass es neben der sogenannten Schulmedizin noch weitere Methoden gibt, wie Menschen einander (oder auch andere Tiere) heilen können. Bereits in früheren Gesellschaften gab es zum Beispiel Wissen um die Wirkungsweise von Kräutern, das dann zum Teil in die Allopathie miteingeflossen ist. Und auch Schamanen oder sonstige Geistheilerinnen werden oft gewusst haben, was sie taten, auch wenn sie nie ein Bakterium unterm Mikroskop und nie einen Knochen auf dem Röntgenbild gesehen hatten.

Aber nicht jeder, der sich heute Schamane nennt, weil er oder sie einem Online-Kurs über Geistheilung gelauscht hat, hat auch wirklich Kontakt mit Geistern, und nicht automatisch entfalten in der Apotheke erkaufte Kügelchen eine heilende Wirkung. Gerade wenn man herkömmliche Behandlungsmethoden als zu mechanisch, zu »seelenlos« empfindet, sollte einem doch eigentlich klar sein, dass es Gesundheit und Heilmittel nicht abgepackt zu kaufen gibt und dass sich Heilwissen nicht im Schnellkurs erlernen lässt. Und zu leugnen, was studierte Mediziner:innen tagtäglich vollbringen, und eine reflexhafte Skepsis gegenüber Menschen »im weißen Kittel« an den Tag zu legen ist schlicht respektlos und einem guten Umgang mit Krankheit und Gesundheit nicht dienlich.

Allerdings bleibt ein anderer Einwand gegen die medizinische Wissenschaft bestehen: nicht der, dass sie nicht wirke oder dabei auch viel Schädliches bewirke, sondern der, dass sie mit dem Leid unzähliger nicht menschlicher Tiere erkauft ist. Es ist kein sonderlich gutes Gefühl, als chronisch Kranke noch häufiger und umfassender als ohnehin auf Produkte angewiesen zu sein, die solchen Verfahren entstammen und die auch künftige Tierversuche indirekt legitimieren oder mitfinanzieren.

Ganz gleich, wie Tierversuche im öffentlichen Diskurs beschrieben und vor Ethikkommissionen begründet werden: Die bei Weitem meisten von ihnen bedeuten für die Tiere regelrechte Folter. Bei Menschen jedenfalls gilt Isolationshaft als Folter, und Mäuse und Ratten sind ebenso gesellig wie wir; dennoch werden sie zumeist einzeln gehalten, weil sich unter anderem Keimfreiheit so besser garantieren lässt. Um Heilmittel für Depressionen zu finden, werden Mäuse ins Wasser geworfen, wo sie so lange um ihr Leben strampeln sollen, bis sie verzweifelt sind. Um Schlaganfälle zu erforschen, durchtrennt man Nerven, und um Multiple Sklerose zu verstehen, werden Immunzellen von einem Tier ins andere transferiert. Für die Krebsforschung werden Tiere bereits zur Krankheit hin gezüchtet – geradezu eine Perversion dessen, was Medizin sein sollte. Und Millionen Tiere werden dabei aussortiert, weil sie nicht auf die »richtige« Art krank sind.

Das ist anders als bei »echter« – also politisch intendierter – Folter keine Grausamkeit um ihrer selbst willen und dennoch unfassbar grausam. Wir laden hier immense Schuld auf uns, als Menschheit, und tragen bereits historische Schuld mit uns, indem wir von den früheren Qualen anderer profitieren. Auch von den Qualen anderer Menschen: Etliche Ergebnisse der NS-Versuche in Konzentrationslagern sind Teil medizinischen Erfahrungsschatzes geworden, ebenso wie immer wieder Medikamententests an Menschen durchgeführt werden, die sich in finanzieller Notlage befinden und deren Teilnahme insofern nicht wirklich freiwillig zu nennen ist.

Früher dachte ich, in einigen medizinischen Fragen wären Tierversuche moralisch zulässig. Dann habe ich mich für das schon erwähnte Buch über Tierethik genauer damit befasst, wie solche Versuche angelegt sind, und mit Schrecken festgestellt, wie drastisch diese Praxis unserer üblichen moralischen Haltung zuwiderläuft. Man darf andere Wesen nicht derart den eigenen Wünschen unterwerfen, wenn es sie in solchem Ausmaß ihres eigenen Lebens, ihrer Freiheit und ihres Wohlbefindens beraubt. Es läuft auf reine Willkür der Stärkeren hinaus, und wir haben einfach nicht das Recht dazu. Das gilt, auch wenn es »nur« Tiere sind und man einräumen würde, dass Menschenleben doch höhere Priorität hätten als das Leben von Tieren. Und es gilt, selbst wenn wir keinen anderen praktischen Weg fänden – was strittig ist. Immerhin hat sich die Forschung zu lange auf Tierversuche gestützt und andere Methoden zu selten erforscht.

Als Patientin wie ich aber ist man hier in einer schwierigen, ja tragischen Lage. Denn selbst wenn wir uns gegen Tierversuche aussprechen und eine andere Medizin befürworten würden, sind wir doch momentan auf die Erkenntnisse angewiesen, die unethisch gewonnen wurden. Und weil Tierversuche für die Zulassung eines Medikaments gesetzlich vorgeschrieben sind, gibt es keine anderen Optionen. So können wir zwar von Tieren stammende Nahrungsmittel boykottieren und stattdessen auf pflanzliche Nahrung umsteigen, aber ein Boykott medizinischer Behandlung würde fast hundertprozentigen Verzicht bedeuten. Ich denke nicht, dass dies moralisch geboten oder auch nur sinnvoll wäre; denn die paar Tierrechtler:innen, die schwer erkranken oder sterben würden, wenn sie herkömmliche Behandlungsmethoden ablehnten, würden damit keine Umkehr der medizinischen Forschung erzwingen. Ihr Protest bliebe auf der rein symbolischen Ebene und zudem so gut wie unsichtbar. Es wäre ein Selbstopfer. Und obwohl es historische Situationen gibt, in denen Menschen sich selbst geopfert und damit unsere Bewunderung verdient haben, würde ich dies hier nicht befürworten und hätte selbst auch nicht die Kraft dazu.

Eine Zeit lang musste beziehungsweise durfte ich ein Medikament einnehmen, bei dem jede einzelne Charge, die die Fabrik verließ, nochmals an Tieren getestet wurde, um zu überprüfen, ob die Zusammensetzung stimmte. Dies fand ich allerdings erst heraus, als ich bereits auf dieses Medikament »eingestellt« war. In diesem konkreten Fall habe ich tatsächlich überlegt, ob ich zu einem anderen Medikament wechseln sollte; allerdings standen nur begrenzte Optionen zur Auswahl, und ich konnte mich letztlich nicht einmal hier dazu durchringen, ein Risiko oder eine größere Unbequemlichkeit in Kauf zu nehmen. Ironischerweise vertrug ich dieses Medikament dann aber doch nicht, ich bekam ein anderes und wurde so von diesem moralischen Konflikt befreit.

Hätte ich meinen Arzt auf das Problem hinweisen oder dem Hersteller eine Protestnote schreiben sollen? Auch sie müssen sich jeweils an die gesetzlichen Vorgaben halten, und die lassen sich nur auf politischem Wege verändern. Wäre ich also als chronisch Kranke mit erhöhtem Medikamentenbedarf moralisch verpflichtet, mich noch stärker gegen Tierversuche zu engagieren, einfach weil ich so viel von ihnen profitiere? Ich versuche doch ohnehin, mich »für die Tiere« zu engagieren …

Vielleicht sollte man dazu auch einmal eine andere Perspektive einnehmen und nicht vorrangig fragen, was wir Patient:innen einnehmen *dürfen* oder gegen Tierversuche tun *sollten*, sondern der

Tragik auch unserer Situation Ausdruck verleihen – der Tragik, die uns dadurch aufgebürdet wird, dass wir wissen, mit welchem Leid unsere Heilungschancen erkauft sind. Denn ja, ich bin dankbar für meine Medikamente, und ja, ich habe eine Heidenangst vor dem nächsten Schub, der vielleicht weitere, womöglich irreversible Schäden mit sich bringt. Aber mit derselben Gewissheit kann ich leider auch sagen, dass es mich belastet zu wissen, dass ungezählte Tiere Qualen erleiden, damit ich mein Leben möglichst komplikationslos weiterführen kann.

Wie gerne würde ich einmal von einem Fortschritt der MS-Forschung lesen, ohne dass im nächsten Satz nüchtern geschildert wird, was Mäusen dafür angetan wurde: Verstümmelungen, Injektionen, durchtrennte Nerven! So gut wie nie wird dieses Leid in Nachrichten oder auf Wissenschaftsseiten problematisiert. Vielmehr wird einfach über Amputationen, Verstümmelungen und Injektionen berichtet, als ob dies neutrale Ereignisse wären. Man muss keine Expertin für Verhaltensbiologie sein, um sich vorstellen zu können, was dieses vollständige Ausgeliefertsein für die Tiere bedeutet. Und chronisch krank zu sein kann eben auch bedeuten, auf medizinischen Fortschritt zu hoffen und zugleich entsetzt zu sein, auf welchen Wegen er erreicht und auf welchen er gar nicht erst gesucht wird.

Vielleicht fragen Sie sich jetzt, wie es mit meiner Erkrankung weiterging, jedenfalls käme es mir erzählerisch unlauter vor, daraus ein großes Geheimnis zu machen: Gott sei Dank haben sich heute, zwei Jahre nach jenem ersten Schub, die meisten der Nerven, die meine Bewegungen steuern, wieder regeneriert. Ich habe viel Kraft und Ausdauer, vielleicht sogar mehr als je zuvor, weil ich meine Arm- und Beinmuskeln gezielt trainiere. Wenn Sie mich gerade sehen würden, würden Sie nichts von meiner Erkrankung bemerken – außer vielleicht, wir begegnen uns am späten Vormittag, wenn die Nebenwirkungen meiner morgendlichen Medikamente in Form von Hitzewellen und roten Flecken bisweilen absurde Ausmaße annehmen. Ansonsten aber scheinen die Medikamente zu wirken, wie sie sollen.

Für mich selbst am belastendsten sind nach wie vor Taubheit und Kribbeln in meinen Fingerkuppen. Vieles, was ich anfasse, fühlt sich einfach seltsam an, und wenn ich in eine Tasche fasse, spüre ich nicht, was darin ist – der Autoschlüssel, ein Stift, ein Chip für den Einkaufswagen? Jedes Mal werde ich daran erinnert, dass etwas nicht so ist wie zuvor, und an die Ungewissheit, wie es morgen wird.

Während ich mich mal schwächer, mal wieder besser fühlte, wurden auch einige der Tiere krank; manchen konnten wir helfen und anderen kaum. Und allmählich bemerkte ich, wie sich diese beiden Prozesse glichen, wie sie einander spiegelten: meine Erkrankung und das Altern der Tiere. An den Tieren hatte ich vorher zahllose Situationen von außen betrachtet, was mir zumindest ein wenig half, sie nun aus der Innensicht zu akzeptieren. Umgekehrt hatte ich mich als Helferin der Schafe mal mächtig, mal hilflos gefühlt, mal beides auf einmal; und beides traf nun auch auf die zu, die mir halfen.

Schon seit geraumer Zeit bin ich in eine Situation hineingerutscht, die der einer Altenpflegerin ähnelt und die besagter Freund Christopher gelegentlich Palliativmedizin nennt; seit meiner Erkrankung muss ich in besonderer Weise auch für mich sorgen. Wenn ich nicht seit Jahren schon den Schafen Injektionen verabreicht hätte, hätte ich wohl kaum so unbekümmert genickt, als der Arzt mir sagte, ich solle mir täglich selbst welche geben. Wenn ich nicht über Jahre an anderen beobachtet hätte, was es bedeutet, krank zu werden und sich eingeschränkter zu bewegen, hätte es mich garantiert noch kolossaler getroffen, als mich selbst eine Beeinträchtigung erwischte. Schließlich habe ich zur Genüge erfahren, wie viel Mühsal Krankheit, Heilung und Fürsorge bedeuten, auch wenn der Prozess, von Ferne betrachtet, etwas Heroisches haben kann: »Sie leben meinen Traum!« Wäre ich ohne diese Erfahrung nicht noch anfälliger für den Irrtum und die damit einhergehende Verzweiflung gewesen, nur ich wäre aus der Bahn geworfen worden, während alle anderen sorglos vor sich hin leben?

Man nennt die MS häufig eine »unsichtbare Krankheit«, weil viele Symptome äußerlich nicht zu erkennen sind. Mittlerweile frage ich mich allerdings immer öfter, wie viele andere Krankheiten ebenfalls unsichtbar sind … Zumindest bekommen wir in der Regel nichts von ihnen mit. Als ich aber einmal in der Halböffentlichkeit meines Facebook-Profils in einem kurzen Video von meiner Erkrankung erzählte, meldeten sich überraschend viele Menschen mit ähnlichen Erfahrungen. Manche hatten auch MS, andere Erkrankungen musste ich erst googeln. Viele bedankten sich dafür, dass ich über meine Probleme gesprochen hatte, denn in den sozialen Netzwerken entsteht leicht der Eindruck, allen anderen gehe es hervorragend und sie hätten alles »im Griff«. Auch Menschen mit überstandenen oder noch akuten Krebserkrankungen schrieben mir. Obwohl ich viele dieser Menschen seit Jahren kannte, hatte ich nicht einmal geahnt, womit sie sich herumschlugen, sondern einfach unterstellt, sie seien allesamt tipptopp gesund.

Seither frage ich mich, warum wir ständig so tun, als wäre Gesundheit die »Normalität« und Krankheit wäre es nicht; warum wir so reden, als wäre Krankheit nur etwas, das dem Leben ab und zu in die Quere kommt, und nicht etwas, das zu uns gehört. Überspitzt gesagt, kommt es mir so vor, als würden wir unsere Körperlichkeit nur da akzeptieren, billigen oder zeigen, wo sie unproblematisch ist und noch dazu sehr gute Leistung zeigt: wenn wir uns rühmen können, uns gesund zu ernähren, und/oder schlank sind; wenn wir meinen, tollen Sex zu haben oder ein erfülltes Sexualleben; wenn unser Körper geschmeidig, trainiert oder gestählt ist.

Über all dem Mess- und Erreichbaren vergessen wir leicht, welch ein Genuss darin liegt, überhaupt zu laufen, zu rennen, zu tanzen, sich zu strecken. Und eigentlich müssen unsere Körper nichts Spezielles leisten außer dem, was sie ohnehin tagtäglich tun: sehen, verdauen, atmen, gehen, träumen … Nicht immer fällt alles gleichermaßen leicht. Aber wir leben in unseren Körpern, wir leben *dank* ihnen, wir leben *als Körper* – und jeder Körper, der dies ermöglicht, ist eben, wie Christopher völlig zu Recht sagte, »ein Wunderwerk«. Das gilt für die Körper der Tiere und für meinen auch.

Kapitel 15

Merlins Geschichte

Über Nacht hat jemand an diesem Text weitergeschrieben, und zwar zunächst eine 4, dann ein H und dann drei Reihen voll Leerzeichen; außerdem wurde meine Teetasse umgekippt (sie war glücklicherweise schon leer). Ich ahne, dass es Merlin gewesen ist, jener Kater, der demnächst sein achtzehntes Lebensjahr vollendet. Er ist inzwischen so fragil, dass er nicht mehr direkt auf Tische springen kann. Sogar auf sein geliebtes Sofa muss er sich mühsam hochziehen, indem er seine Krallen weit oben einhakt und dann eine Serie von Klimmzügen vollbringt, die mir noch anstrengender erscheint als einfaches Springen. Um auf meinen Schreibtisch zu gelangen, nimmt er den Umweg über ein Polster am Fenster; in seinem Alter und Gesundheitszustand geht es ihm nicht mehr darum, etwaige Nahrungsmittelvorräte ausfindig zu machen, die ich vor ihm geheim halten will (mit diesem Ziel springen die jüngeren auf die Tische), sondern er ist einfach nur neugierig. Jetzt, wo ich meinen Platz am Schreibtisch wieder eingenommen habe, lässt er sich auf erwähntem Polster nieder. Noch ist es draußen dunkel, aber wenn es gleich zu dämmern beginnt und trotz Spätherbst einige Vögel in der Pappel Platz nehmen, wird sich Merlin aufrichten, gebannt nach draußen spähen und die Vögel voller Jagdlust anmeckern, als wollte er ihnen vorwerfen, dass sie ihm nicht direkt entgegenflögen.

Und ich werde die Szene mit ambivalenten Gefühlen betrachten – nicht wegen der Vögel, an die kommt er nicht mehr ran, sondern wegen Merlins allgemeinen Temperaments. Inzwischen verbindet Merlin und mich eine sechzehnjährige, nicht immer ganz harmonische Geschichte. Krank und angeblich »unsauber« hatte ich ihn aus einem Tierheim übernommen, tatsächlich aber litt er an bis dahin unentdeckten Blasensteinen, die nach der Umstellung auf ein Spezialfutter (das übrigens nicht vegan erhältlich ist) nicht mehr auftraten. Doch auch wenn ich Merlin auf diese Weise helfen konnte, hatte ich ihm gegenüber in anderer Hinsicht immer ein etwas schlechtes Gewissen. Hatte er in der Frankfurter Wohnung Maggie tyrannisiert, bis sie sich nicht mehr unterm Bett hervortraute, gewann hier auf dem Land bald Maggie die Oberhand. Ich hätte es ja furchtbar gern gesehen, wenn sich die beiden einfach vertragen hätten, aber Merlin hatte in seinen frühen Jahren den fragwürdigen Humor von Jungen, die ihren Mitschülerinnen die Mäppchen verstecken und mit dem Fingernagel über die Tafel kratzen, um sich daran zu weiden, wie sehr es die anderen nervte. Man brauchte jedenfalls mehr Geduld mit ihm, als Maggie (und, ehrlich gesagt, auch ich) sie hatten.

Daher bekam Merlin über viele Jahre deutlich weniger menschliche Gesellschaft, als er sich wünschte. Er hätte gerne in meinem Bett geschlafen, aber er war ja so furchtbar hibbelig! Zunächst ließ er sich mit Schwung an der einen Seite nieder, wechselte nach zwei Minuten auf die andere, probierte dann das eine Menschenbein als Kopfstütze aus und stapfte gleich danach auf dem anderen entlang – so konnte ich nicht schlafen. Auch tagsüber gelang es mir nicht, beide Katzen zu annähernd gleichen Teilen zu beschmusen, und so lebte Merlin in seinem großen Zimmer unterm Dach, das er jederzeit über eine lange Katzenleiter erreichen und verlassen konnte, recht allein mit Matratzen, Heizung, Futter … und bisweilen auch den Überresten einer Maus, die er all die Meter über die Treppe nach oben geschleppt hatte, um sie dann im Schatten meines Gerümpels zu verspeisen.

Kapitel 15

Es war nicht wirklich das Leben einer Hauskatze, aber doch immerhin das eines privilegierten Stallkaters, so definierte ich es mir zurecht. Er war gut versorgt und blieb weiterhin von Harnsteinen verschont. Vor allem aber verließ ich mich darauf, dass Merlin ja noch relativ jung war; später einmal könnte ich mich ihm mehr widmen, und dann wäre er vielleicht auch etwas ruhiger, würde weniger Mäuse anschleppen und im Bett einfach schlafen.

Es kam anders. Denn auch wenn man relativ zu anderen »jung« ist, gilt man als vierzehn Jahre alter Kater als Senior. So alt war Merlin, als ich erstmals bemerkte, dass er mehr trank als gewöhnlich, und ihn vom Tierarzt untersuchen ließ. Die Blutprobe zeigte, dass Merlins Nieren beeinträchtigt waren (ein häufiges Problem von älteren Katzen). Inzwischen lassen sich aber Herz- und indirekt die Nierenfunktion medikamentös gut beeinflussen, und auf meine bohrenden Nachfragen hin meinte der Tierarzt, Merlin könne damit vielleicht noch ein weiteres Jahr leben. Ich war wie vor den Kopf gestoßen, als ich den Transportkorb wieder zum Auto trug: Merlin, das war doch eigentlich der rüstige, fitte Stallkater für später! Stattdessen wurde er aber zum x-ten Patienten, der einmal am Tag seine Tablette zermörsert unter eine Paste gemischt bekam; für den ich im Obergeschoss, später überall im Haus Wassernäpfe aufstellte, über die ich gelegentlich stolperte und in denen er mit der Pfote herumfuhrwerkte, sodass Pfützen entstanden, auch wenn ich *nicht* stolperte. Insgesamt fünf Katzenklos waren nötig, um ihn von dem fälschlichen Benutzen von Teppichen, Hausschuhen oder heruntergefallenen Klamotten abzuhalten, denn wer viel trinkt, muss auch viel pullern.

Nierenkranke Katzen haben meist wenig Appetit, daher erfordert es viel Überredungskunst, damit sie genug Nahrung aufnehmen. Man läuft praktisch Dutzende Male am Tag mit einem Tellerchen hinter dem Tier her, besser noch: versucht ihm den Weg abzuschneiden und es von vorne zu überraschen. Dasselbe

Futter, das unterm Tisch, neben dem Sofa und neben der Treppe uninteressant bis ungenießbar war, findet vielleicht, wenn man es anderswo zum vierten Mal anbietet, endlich seinen Gefallen. Falls nicht, macht man noch eine Dose auf und noch ein Beutelchen, und während der mäkelige Patient mit der Zunge jedes Bröckchen einzeln untersucht und vom Teller wirft und dann doch nur die Sauce akzeptiert, fragt man sich, wie viele andere Tierleben eigentlich dafür draufgehen mussten, um dieses eine zu erhalten.

Später entwickelte Merlin noch dazu eine Schilddrüsenüberfunktion; nun hatte er zwar wieder mehr Appetit, magerte aber immer weiter ab und übergab sich häufiger, tigerte unruhig herum. Auch hier gibt es medizinische Abhilfe in Form von Tabletten oder Tropfen. Ich bevorzuge schon seit Längerem die Tropfen, weil man die Dosis sehr gut an den jeweiligen Bedarf des Tiers anpassen kann. Eigentlich hätte man dann nach ein paar Monaten den Schilddrüsenwert wieder überprüfen müssen, aber nachdem die Tierärztin zweimal gekommen war, um Blut abzunehmen, und keinen Tropfen aus Merlins schwächelnden Beinen gewinnen konnte, dosierte ich von da an nach Intuition und Erfahrung.

Auch wenn man ein krankes Tier versorgt, an dem man sehr hängt, gibt es Phasen, in denen man, seien wir ehrlich, ziemlich genervt ist. Zum x-ten Mal trägt man dem kleinen Patienten sein Medikament hinterher. Und wieder will er nichts von dem, was er gestern noch als neues Lieblingsfutter entdeckt und verschlungen hatte. Und muss er denn wirklich für komfortableres Erbrechen auf die Matratze klettern?

Weil Merlin extrem schwerhörig war, konnte ich meinen Gefühlen in solchen Situationen freien Lauf lassen. »Jetzt iss das doch auf, du kleiner Blödmann!«, sagte ich zum Beispiel. Oder: »Vielen Dank für die Verzierung der Matratze.« Oder: »Mensch, kannst du nicht endlich liegen bleiben – *irgendwo*?«

Und der solcherart als kleiner Blödmann oder sogar als regelrechter Mensch Beschimpfte bekam von alledem nichts mit, sondern aß hier einen Haps und dann dort einen, und dazwischen saß er in all seiner Knochigkeit mit stoischem Gesichtsausdruck herum. Schwerhörig, wie er war, machte er einem auch nicht Platz, sodass man immer wieder fast über ihn stolperte, woraufhin er empört reagierte, weil man sich seiner Auffassung nach unbemerkt angeschlichen hatte. Dann wollte er Zuflucht neben einer Tür suchen, die man doch gerade öffnen wollte, fiel bei dem Versuch wegzurennen aber hin, weil Weg*rennen* mit Kaltstart nicht mehr ging, nur allmähliches Wegschleichen.

Es ist typisch für diese Nierenerkrankungen bei alten Katzen, dass sich der Zustand immer wieder mal verbessert und dann rapide verschlechtert. In den guten Zeiten atmet man auf, so etwas wie Normalität stellt sich ein. Dann beginnt wieder eine schlechtere Phase: Es wird plötzlich ernst, man trägt dem Tierchen noch häufiger Futter hinterher und lässt ihm alles an Runterschmeißen und Okkupieren durchgehen, will die letzten gemeinsamen Tage genießen; man schläft nachts mit bangem Gefühl ein und spürt insgeheim gleichzeitig vielleicht sogar die leise Vorahnung einer Erleichterung, wenn alles vorbei ist … Man ertappt sich bei Gedanken, was man machen würde, wenn das Tier nicht mehr wäre: als Erstes die Batterie von Medikamenten wegräumen und wieder eine freie Fensterbank haben. Ein Wochenende wegfahren. Oder auch einfach nur mal wieder ausschlafen, weil nicht jemand morgens seine Tablette braucht und herummaunzt, wenn sie sich verspätet!

All diese ambivalenten Gefühle kennen auch Menschen, die andere Menschen pflegen. Es ist nichts Neues: Pflege ist belastend. Und sie ist bereichernd, sie gehört zum Leben, ist Normalzustand und Ausnahmesituation in einem. Sie ist eine Lebenssituation, in der wir Nähe und Verantwortung in einem Ausmaß erleben wie selten. Sie erfordert von uns, Schamgrenzen immer wieder zu überschreiten und manchmal sogar zu hinterfragen; sie zeigt uns Seiten eines anderen, die dieser andere vielleicht gern vor einem verborgen hätte und die man selbst nicht unbedingt gerne gesehen hätte. Und auch wir Pflegenden beobachten an uns Impulse, die wir noch nicht kennen und die uns nicht durchweg gefallen.

Manchmal ist man auch erstaunlich pragmatisch. Bevor der dritte Winter kam, den Merlin vielleicht, vielleicht aber auch nicht überleben würde, bat ich einen Freund, sicherheitshalber, ein … *Loch* am Rande des Gartens auszuheben.

»Was für ein Loch?«, fragte er.

»Na, ein Grab«, sagte ich.

»Für wen?«

Es schien mir respektlos, den Namen laut auszusprechen. Aber ich deutete mit einer Kopfbewegung Richtung Merlin.

Ich finde es ohnehin mühsam, den Spaten in das von Brennnesseln und Brombeeren durchzogene Gelände zu treiben; wenn dann aber noch Frost dazukommen würde … Ich hatte schon von Leuten gehört, die ihre verstorbene Katze einige Wochen in der Tiefkühltruhe aufgehoben hatten, bis der Boden wieder aufgetaut war! Dem wollte ich zuvorkommen.

Jener Freund hob daraufhin ein sehr ordentliches Grab aus, nicht nur ein längliches Erdloch mit unebenem Boden, so wie ich es allenfalls hinbekommen hätte, sondern ein richtiges Grab, schön rechteckig und plan. Wir legten eine Latte hinein, damit hineinstürzende Mäuse wieder herausfänden, und deckten Grab und Erdhaufen gegen den Regen ab.

Der Winter kam, der Winter ging, und Merlin war munter wie eh und je. Knochig und dünn, das Fell war fahl und teilweise auch etwas schütter. An manchen Stellen fehlte es ganz, was auf das Konto des Säbelzahntigers ging, der Merlin bei einigen territorialen Fehltritten ertappt und in die Klauen bekommen hatte. Meistens aber sah man die beiden einträchtig auf ihrer Matratze liegen, mit einem Meter Abstand, der eine so klapprig, wie der andere prächtig war. Die Katzenleiter war inzwischen zu steil für den Hochbetagten geworden, und ich fand es ziemlich umsichtig von ihm, dass er sie mied. Daher nervte ich an meinem Geburtstag Ende Mai die Gäste so lange, bis sie Merlin eine andere Treppe bauten, an deren Konstruktion ich insgeheim schon seit Tagen herumgeknobelt hatte. Es war eine Mischung aus der alten Leiter, zwei Europaletten und diversen an die Hauswand verschraubten Holzkisten; auf diese Weise wurde aus der einst so eleganten, sich unauffällig an die Hauswand schmiegenden Leiter ein vielgestaltiges Baugerüst, das die halbe Terrasse umrahmte. Merlin aber erkannte sofort die Vorzüge der Konstruktion und schritt die Leiter hoch und runter. In der Abendsonne des folgenden Sommers sah man ihn häufig auf den Paletten sitzen, sein altägyptisch anmutendes Katzengesicht den wärmenden Strahlen zugewandt. Noch lieber aber schien ihm Folgendes zu sein: runter auf die Terrasse, die inzwischen Porto gehörte; gucken, ob Porto etwas dagegen hatte; Porto ein bisschen provokativ anfunkeln und dann wieder hoch. Oder: runter, etwas Gras knabbern und dann, wenn man die Übelkeit anrollen verspürt, schnell hoch auf die Matratze und raus mit dem Ganzen. Alles in allem kann man sagen, dass Merlin dank der Leiter einigen wirklich schönen Hobbys frönen konnte.

Und nachdem er schon mehrere Male eine Talsohle durchschritten und sich wieder emporgeschwungen hatte, lebte ich beinahe in dem Glauben, er würde niemals sterben. Bis zu diesem einen Morgen im Juli.

Eine Freundin war zu Besuch und arbeitete von hier aus im Homeoffice. Diesen einen Tag aber hatte sie sich freigeschaufelt, damit wir ans Meer fahren konnten – das anderthalb Stunden entfernt war und das ich dennoch seit Jahren nicht mehr gesehen hatte. Auch ich hatte diesen einen Tag Abwesenheit von langer

Hand geplant und für den Mittag eine Freundin aus dem Ort gebeten, vorbeizukommen und nach dem Rechten zu sehen. Am Nachmittag würde eine weitere Helferin kommen, sich um Futter und Wasser kümmern und in dem Fall, dass wir in einen Stau gerieten, abends die Tiere in den Stall bringen. Wir hatten ein Picknick vorbereitet und Decken hinten in den Schafskrankenwagen gelegt und überhaupt alles so genüsslich vorbereitet, als ob wir in den Urlaub fahren würden – was sich für mich ja auch so anfühlte.

Doch ausgerechnet an jenem Morgen kam mir Merlin nicht bereits ungeduldig entgegen, um seine Medikamente aufzuschlecken, und er war im ganzen Haus nicht aufzufinden. Das war absolut ungewöhnlich, denn er ging nachts nie hinaus, und auch tagsüber saß er ja meist nur auf der Terrasse oder drehte kurze Runden durch den Garten. Ich ging ihn suchen, rief seinen Namen, wie es bei einem Schwerhörigen nötig ist, extra laut in alle Büsche, in den Wald hinein, in die Scheune. Als er um zehn Uhr immer noch nicht zurück war, erweiterten wir unseren Suchradius. Mit Taschenlampen durchkämmten wir alle Abteile im Stall, teilten die Brennnesselstauden mit Besen und Harken, drückten uns in die Brombeerhecke, so weit sie es zuließ; mit jeder Stunde, die verging, wurde es unwahrscheinlicher, dass wir Merlin finden würden – jedenfalls lebend. Ohne Herztablette, ohne Wasser, zu schwach, sich körperlich zu verteidigen, falls ihn in der Nacht ein anderes Raubtier aufgescheucht hatte.

Den Ausflug ans Meer hatten wir längst abgeblasen, uns beiden war nicht mehr nach »Urlaub« zumute; auch die Freundin hing sehr an Merlin. Leider hat sie eine Katzenallergie, wovon er allerdings nichts wusste. Außerdem wäre es ihm vermutlich egal gewesen, denn dass sie abends versuchte, ihn aus ihrem Schlafzimmer auszusperren, war ihm schließlich auch egal. Er belauerte ihre Tür und schlüpfte bei jeder sich bietenden Gelegenheit hinein, um sein schütteres Haar großzügig über ihr Kopfkissen zu verteilen. Wenn sie das Badezimmer aufsuchte, verfolgte er sie ebenfalls hartnäckig, setzte sich vor der Badewanne oder der Toilette mit großen Augen hin – eigentlich sind seine Augen nicht besonders groß, nur ist alles andere an ihm so viel kleiner geworden – und beobachtete alles, was sie tat, mit einer Aufmerksamkeit, die an Bewunderung grenzte.

Irgendwann am Nachmittag stellten wir die Suche ein und gestanden einander unsere Angstfantasien, wann und in welchem Zustand wir ihn in den nächsten Tagen wohl finden würden. Wir beschlossen, eine Trauerfeier für ihn abzuhalten. Im Wohnzimmer stellten wir ein Bild von ihm auf und verlasen eine Art islamische Lithurgie (die eigentlich zu einem anderen Zweck als der Katzenbeerdigung gedacht war, aber wir mussten improvisieren).

Wäre es pietätlos zuzugeben, dass wir nicht nur Merlins Ableben, sondern auch den ausgefallenen Ausflug betrauerten? Dass ein Anflug von Vorwurf in meiner Stimme lag, als ich sagte: Musste er ausgerechnet heute Nacht das Haus verlassen? War es respektlos, dass wir mit demselben Pragmatismus, mit dem wir das Picknick zum Mittagessen umfunktioniert hatten, wenig später begannen, ein neues Strandpicknick für den kommenden Tag zu entwerfen? Nur die Helfer:innen musste ich umbuchen, die Decken und die Getränke waren ja noch im Auto.

Am Abend werkelten wir gerade in der Küche herum, als ich durch die Türöffnung zur Haustür schaute und sah, wie sich die daneben befindliche Katzenklappe hob. Herein kam – Merlin.

Ich rief seinen Namen, er blickte mich wiederum mit großen Augen an und lief gleich die Treppe zu seinem Obergeschoss hinauf.

Meine Freundin dachte zunächst, ich hätte vor Kummer eventuell Halluzinationen. Bestenfalls hätte es ein Scherz sein können, dass ich so *tat*, als hätte ich Merlin gesehen. Allerdings wäre das ein ziemlich geschmackloser Scherz gewesen, nach einem Tag voller

Tränen samt Trauergottesdienst. Ich trat also zur Seite, sodass auch meine Freundin gerade noch einen Blick auf das knochige kleine Hinterteil von Merlin erhaschen konnte, der zu seinem Hauptquartier hocheilte, lang gestreckt und dünn wie ein Stück Schnur. Jetzt konnte ich den Vorwurf ohne schlechtes Gewissen wiederholen: »Ja, musstest du dir ausgerechnet den heutigen Tag für dein Abenteuer aussuchen, du niedlicher kleiner Blödmann?«

Und er hörte es natürlich wieder nicht, sondern setzte sich mir so in den Weg, dass ich fast über ihn stolperte, als ich ihm zunächst seine Herztablette und dann noch diverse weitere Teller servierte, damit er sich stärkte.

Ich habe nie herausgefunden, wo er gewesen ist. Ich nehme an, irgendein anderes Tier hat ihn aufgeschreckt, sodass er sein übliches Gebiet verließ. Doch was auch immer es war, es hatte ihn, wie sich zeigte, nicht verängstigt, sondern, im Gegenteil, mächtig Wind in seine kleinen Katzensegel geblasen. Hatte uns in den Wochen davor schon imponiert, wie er immer wieder seine Außentreppe hinabstieg und ausprobierte, wie lange Porto ihn dort duldete, so begann er jetzt, sich auch das Untergeschoss mit neuem Selbstvertrauen zu erobern.

Dort hatte sich nämlich in den zurückliegenden Monaten Porto breitgemacht. Er beanspruchte jede Nische und jedes Sofa mit königlichem Selbstbewusstsein für sich, außer wenn er das betreffende Fleckchen explizit und huldvoll Merlin zum gelegentlichen Gebrauch überließ. Doch Merlin wollte mehr als diese Brosamen vom Reich des Prächtigen. Er wagte sich mal hier und mal da auf ein Kissen und unter einen Stuhl, zog sich mit seinen Streichholzärmchen an den Sofalehnen hoch und schaute über die Polster, wie Porto wohl reagierte; mit dieser Taktik gewann er ein handtuchgroßes Fleckchen Territorium nach dem anderen.

Dieselbe Beharrlichkeit, mit der er im Obergeschoss in Schlaf- und Badezimmer eindrang, setzte er nun auch hier ein, um Porto gegenüber auf seine Rechte zu pochen. Die, ich möchte nicht sagen Rücksichtslosigkeit, aber doch: Kaltschnäuzigkeit, mit der er meine Bedürfnisse ignorierte, kam ihm in den Verhandlungen mit Porto zupass. Mehr als einmal trug er Blessuren davon, wenn er nicht schnell genug wegschleichen konnte; letztlich werden Katzenstreitigkeiten jedoch dadurch entschieden, wer aufgibt und wer am längsten durchhält. Und so blieb Porto zwar offiziell der Herrscher, aber weil es ihm wohl zu mühsam war, den widerspenstigen Untertanen wieder und wieder in seine Schranken zu weisen, setzte Merlin seinen Willen durch.

Immer noch ist Merlin hibbelig und stur, und er hat einen starken Willen und verschafft sich die Nähe, die Bequemlichkeit, die Umgebung, die er möchte. Nach allen äußeren Kriterien kann er eigentlich gar nicht mehr am Leben sein, und wenn man ihn sähe, ohne ihn zu kennen, würde man denken, dass dieses magere Kerlchen mit ausflockenden Haaren sicher sehr arm dran sei und ihm dringend jemand helfen müsste, vielleicht gar, indem man ihn von seinem mutmaßlichen Leiden »erlöst«. Aber von alledem ahnt Merlin nichts, und es wäre ihm wohl auch egal. Er lebt einfach mit Freude weiter.

So lernte ich ihn, nach bereits sechzehn Jahren Zusammenwohnens, überraschend neu kennen – allerdings nicht in seiner Eigenschaft als Jüngling, der alle anderen überlebte, sondern in der als Senior, der nicht einsah, kürzerzutreten, nur weil die Muskeln schwanden und die Knochen knackten. Inzwischen ist er so anhänglich geworden, dass er mir im Haus folgt wie ein Hündchen. Das ist einerseits rührend und eine Freude für eine Freiberuflerin, zumal wenn deren Radius unter Corona-Bedingungen mehr oder weniger auf ihr abgelegenes Häuschen eingeschränkt ist. Aber selbst ich möchte nicht in jedem einzelnen Moment jemanden zwischen den Füßen oder auf dem Brustkorb sitzen haben! Zum Beispiel habe mir einen wunderbar ergonomischen Lesesessel gekauft und würde ihn gerne nutzen, um meine ja ebenfalls alternden Gliedmaßen genüsslich seinen Rundungen anzuschmiegen und das Nichtstun zu genießen. Doch keine fünf Minuten nachdem ich mich in diesem Lesesessel niedergelassen habe, erscheint an der linken Sessellehne ein kleines schwarzes Gesicht, das ans alte Ägypten erinnert und ein wenig nach Fisch riecht. Es gehört zu jemandem, der seine acht sichelförmigen Krallen in die Lehne versenkt und sich mit aller Kraft auf den Sessel hochzieht. Dort wiederum probiert der energische kleine Jemand so viele Liegepositionen aus, dass mir nichts übrig bleibt, als meine Beine aufzustellen, übereinanderzutürmen oder in einem 90-Grad-Winkel über die Lehne baumeln zu lassen – Dinge, auf die ich in einer Yogaklasse wohl stolz wäre, die aber nicht meiner Vorstellung von gemütlichem Feierabend entsprechen.

Es gibt einige Dinge, die ich in den letzten zwei Jahren immer wieder verschoben habe, um sie dann in Angriff zu nehmen, wenn Merlin nicht mehr leben würde. Dazu gehört vor allem das Aufräumen des »Katzenzimmers« im Obergeschoss, das ein einziger Abenteuerspielplatz aus Kisten, Säcken und ausrangierten Möbeln ist. Ein großer Kratzbaum steht auch da, den Merlin schon seit Langem nicht mehr nutzt, weil er zu spirrelig und kraftlos geworden ist.

Vor ein paar Wochen habe ich beschlossen, nun doch mit dem Ausmisten anzufangen, obwohl der Satz »Wenn Merlin nicht mehr lebt« inzwischen aus meinem Repertoire gestrichen ist. Nicht, dass ich wirklich an seine Unsterblichkeit glaube; aber er hat mich eindrücklich gelehrt, lieber unabhängig von ihm zu planen, so wie er ja auch seinen eigenen Stiefel durchzieht. Etliche alte Möbelteile habe ich seither zum Sperrmüll gegeben, es sieht schon viel ordentlicher aus da oben. Letzte Woche bat ich einen Freund, auch den Kratzbaum auseinanderzunehmen, dessen Hängematten nach zwei Jahrzehnten Gebrauch ohnehin verschlissen sind und dessen Sisalseile nur noch müde herabhängen.

»Kein Ding«, sagte der Freund, »mach ich morgen.«

Am folgenden Tag war Merlin wieder einmal außer Sicht, aber nicht weit entfernt: Er hatte sich mit wer weiß welch überkätzischer Muskelkraft den Kratzbaum hinauf in die Kuschelschale ganz oben gehangelt, um dort zu schlafen. Seither wird der Kratzbaum wieder täglich genutzt.

Meinen Lesesessel habe ich inzwischen in ein anderes Zimmer geschoben, das sich vor den Katzen zumindest ein paar Stunden am Tag verschließen lässt. Seitdem ich diesen kleinen Rückzugsort gewonnen habe, wo nicht ständig jemand über meine Gliedmaßen hinwegstapft, kann ich das niedliche ägyptische Gesichtchen zu allen anderen Tageszeiten wieder mehr würdigen.

Und meine Tastatur stöpsele ich in den Arbeitspausen einfach aus, denn – oops, he did it again! And again and again! Aber was soll man anderes erwarten von einem Kater, der seine eigene Trauerfeier überlebt hat?

Kapitel 16

Vom Baby zur Seniorin

Ich habe ja bereits von Jana erzählt, die lange so etwas wie das heimliche Leitschaf der Herde war, sowie von Emil, meinem »Söhnchen«. Nun springe ich kurz zurück an den Anfang seines Lebens, in das Jahr 2008, als hier gut zwei Dutzend Lämmer geboren wurden, weil ich die Herde im fliegenden Wechsel von den Nachbarn übernommen hatte und noch nicht alle Böcke hatte kastrieren lassen können. (Ich erzählte davon in meinem Buch *Landleben*.) Eines dieser Lämmer war der zierlich geratene Emil, der an einem kalten Januartag recht unsanft das Licht der Welt erblickte, indem er vor dem Stall von seiner Mutter per Sturzgeburt aus dem Uterus ent- und dann auch sofort für immer verlassen wurde. Bei einem befreundeten Schäfer besorgte ich Kolostralmilch für die ersten Stunden, eine Nuckelflasche und einen Sack Milchaustauscher – ein Pulver, das man mit entsprechend angewärmtem Wasser zu Ersatzmilch anrührt.

Am nächsten Morgen gebar Jana, das cremig-weiße, sanfte, madonnenhafte Merinolandschaf, Drillinge, die sie nicht selbst ernähren konnte, weil sie an einer Euterentzündung erkrankte, der sich sogar eine lebensbedrohliche Gebärmutterentzündung beigesellte. Noch mehr Nuckelflaschen wurden gekauft. Die nun folgenden zwei Monate gehörten zu den erfülltesten, aber auch anstrengendsten meines bisherigen Lebens. Anstrengend, weil ich mit den vier kleinen Schluckspechten, die alle paar Stunden exakt zubereitete und temperierte Milch benötigten, ihrer kranken Mutter, die täglich Spritzen erhielt und deren Temperatur ich messen musste, sowie noch zwei bissigen Gänsen, von denen eine ebenfalls erkrankt und behandlungsbedürftig war, vollkommen überfordert war. Meine Küche stand voller frisch abgekochter Nuckelflaschen, meine Kleidung hatte Milchflecken, und weil noch weitere Schafsgeburten zu erwarten waren, war ich ständig unter Anspannung. Ich erinnere mich noch, wie ich während eines Treffens mit einer Berliner Verlegerin die ganze Zeit aufs Handy schaute, weil Hazel kurz vor der Geburt ihres Sohnes Pünktchen stand … Bei den meisten Schafsgeburten muss man als Mensch zwar nicht eingreifen, aber einige Handgriffe danach empfehlen sich doch, beispielsweise das Desinfizieren des Nabels und, je nach Stallarrangement, das Verbringen in die Mutter-Kind-Abteilung des Stalls.

Warum diese Zeit erfüllend war, muss ich wohl nicht extra erklären … Es kann sich jede und jeder leicht vorstellen, wie niedlich Lämmer sind, wenn sie noch saugen und man sie füttert! Diese aufgeregt herumsuchenden Lämmerschnäuzchen, diese während des Saugens propellernden Schwänze, diese zarten Mählaute, diese minikleinen, präzise gearbeiteten Hüfchen hauen einen einfach um.

Und ehrlich gesagt, nervt es mich jedes Mal, wenn manche Leute davon sprechen, dass Menschen Tiere – und vor allem Tierbabys – als »Kindersatz« behandelten. Das Wort »Ersatz« suggeriert ein Defizit, so als wäre es das eigentlich und einzig Richtige, Menschenkinder großzuziehen, und mütterliche oder elterliche Gefühle für Tiere wären zwangsläufig eine Art psychopathologischer Irrweg.

Nun, es ist nicht ausgeschlossen, dass dem bisweilen so ist – jede Form von Liebe kann ein Irrweg sein. Auch die Liebe zum eigenen biologischen Menschenkind kann pathologische Züge annehmen und in diesem Sinne ein Ersatz oder ein Versuch der Kompensation für etwas anderes sein.

Aber es scheint mir nicht richtig, die Liebe zu nicht menschlichen Tieren sozusagen standardmäßig in die zweite Liga einzuordnen, oder auch die Fürsorge für sie. Ist es nicht vielmehr umgekehrt eine sehr schöne Eigenschaft der Elternliebe, dass sie uns über Grenzen hinweg und zur Liebe zu anderen trägt? Dass wir uns nicht nur um die Zukunft der eigenen Kinder, sondern auch um die anderer Gedanken machen? Sich selbst um sein Kind zu sorgen ermöglicht es oft, sich in andere einzufühlen, gerade in solche, denen es nicht so gut geht, etwa weil sie vom Klimawandel, von Krieg oder Deportationen betroffen sind.

Aus Sufi-Sicht – oder jedenfalls aus meiner persönlichen Sicht als von der Mystik geprägten Muslimin – denke ich, dass die Liebe eine Art Quelle ist, aus der viel mehr sprudelt, als wir unmittelbar für unseren eigenen Alltag »benötigen«. Gerade durch die Liebe in ihren stärksten biologischen Urformen, also etwa jener zwischen Eltern und Kindern, werden wir angeleitet, auch andere mit Wohlwollen zu behandeln und diejenigen, die uns zunächst fernstehen, gleichsam als Nachbarn oder Familienmitglieder zu adoptieren.

Auch die Mitglieder anderer Spezies adoptieren übrigens bisweilen Babys anderer Tierarten. Im Internet kursieren unzählige Videos, in denen man sieht, wie eine Katze kleine Igel säugt, ein Hund ein gefundenes Rehkitz abschleckt oder gar eine Henne Katzenbabys buchstäblich unter ihre Fittiche nimmt. Solche Videos gehen zu Herzen und ernten online auch tausendfach Herzen. Wenn wir eine solche »Leistung« bei Katze, Hund und Henne zu würdigen wissen, warum betrachten wir sie bei uns selbst so oft mit Skepsis?

Ich würde übrigens nicht behaupten, dass ich meine Tiere mit all denselben Schattierungen liebe wie andere Menschen ihre Kinder. Allerdings ist meine Fürsorge von dieser Liebe inspiriert und entspringt auf einer sehr tiefen Ebene derselben Quelle. Daher dieses starke innere Mitschwingen, wenn sich ein geliebtes Tier genüsslich putzt oder räkelt, isst oder trinkt; daher die Freude, die so viele Menschen beim Füttern oder Tränken von Tieren empfinden. Daher diese nagende Sorge, wenn ein geliebtes Tier Zeichen einer möglichen Erkrankung zeigt, und dieser beklemmende Reif, der sich um den Brustkorb legt, wenn die Tierärztin unseren Verdacht bestätigt, dass es wirklich schwer krank ist. Daher diese Angst, wenn die Katze nicht zur gewohnten Zeit nach Hause kommt, und umgekehrt diese wohlige, reiche Ruhe, wenn alle, die zur erweiterten Familie gehören, in Haus und Stall und gefüttert und »im Bett« sind.

Man könnte nun meinen, dass die Lämmer, für die ich wochenlang die Milchbar gegeben hatte, später an mir hingen wie zumindest an einer Tante – mitnichten! Nur Emil blieb lebenslang gleichsam bikulturell: vollumfänglich Schaf und zugleich zugewandt und vertraut mit Menschen.

Für die Drillinge aber, die ich zusammen mit ihm aufzog, blieb immer nur Jana die eigentliche und einzige Mutter; und ab dem Tag, an dem sie keine Flasche mehr benötigten, reagierten sie auf mich wie auf eine Fremde.

Ich gebe zu, dass mich das anfangs etwas schmerzte. Immerhin wurde Josh, der einzige Bock unter den dreien, später wieder zutraulich; seine Schwester Jane hingegen fand meine Anwesenheit im Stall überflüssig bis empörend. Und Julchen – um deren Geschichte es im Folgenden gehen soll – war ein dermaßen schreckhaftes Schaf geworden, dass sie jede Berührung durch mich scheute wie einen Wolfsbiss. Es war ausgesprochen schwierig, sie zu untersuchen oder gar zu behandeln, denn sie bockte und sprang gegen Gitter und Menschen, ohne Rücksicht auf Verluste.

Wenn sie aber von keinem Menschen mit Spritzen oder Klauenscheren bedroht wurde, war sie ein zufriedenes, sogar vergnügtes Schaf – ein Träumerchen, wie eine Lehrerfreundin sie einmal treffend charakterisierte. Auf der Weide liegend und wiederkäuend, während die großen dunklen Augen unter der üppig gewachsenen Punker-Stirnbehaarung hervorfunkelten, genoss sie das äußere und eben auch das innere Leben. Typisch war und ist, dass sie ihren Kopf oft schräg hält und ihr Schnäuzchen wie versonnen nach oben streckt, einfach nur froh, wenn sie mit der Welt und sich und ihrem eigenen Tempo in Ruhe gelassen wird.

Die Punkerfrisur ist dem inzwischen dreizehnjährigen Julchen geblieben, ebenso die Wesensart: schreckhaft, aber auch leicht zufriedenzustellen. Doch ihre Augen, genauer: die Linsen beider Augen, begannen sich irgendwann zu trüben.

Rückblickend kann ich nicht mehr genau sagen, wann dieser Prozess – ein Grauer Star – begonnen hat. Aber im März 2021, als sich die Herde nach dem Winter wieder häufiger und länger draußen aufhielt, wurde die Erkrankung offensichtlich. Als Erstes bemerkte ich es nicht an den Augen selbst, die ohnehin je nach Lichteinfall unterschiedlich stark reflektieren, sondern an Julchens Verhalten. Mehrmals am Tag wurde sie regelrecht panisch, fing an, vehement zu mähen, wie es erwachsene Schafe eigentlich gar nicht mehr tun, sondern eher wie Lämmer, wenn sie von der Mutter getrennt oder sonst wie in Not sind. Julchens Schreien war erschütternd. Sie lief aus dem Stall und über die Weide, schräg an der Herde vorbei, die sie nicht zu sehen schien (und tatsächlich erst aus einem Meter Entfernung erkannte); sie schien etwas zu suchen, und das so offensichtlich orientierungs- und ratlos, dass ihr bald die Zunge leicht schäumend aus dem Mäulchen hing.

Ich ging dann natürlich zu ihr, versuchte sie, in Richtung der Herde zu dirigieren; aber das Julchen ist noch nie ein leicht dirigierbares Schaf gewesen! Sobald sie mich sah – aus einem Meter Entfernung –, lief sie bisweilen auf mich zu, ebenso oft aber auch in eine andere Richtung, wie jemand, der weiß, dass der andere einem nicht helfen kann und wird. Und ich die ganze Zeit hinterher. Auch halb blind und schnaufend war das Julchen noch ganz schön schnell und stark auf seinen vier Beinen, und es einzuholen und zu umschlingen und in die gewünschte Richtung zu führen eine äußerst anstrengende Angelegenheit.

Inzwischen sah ich selbst als Laiin, dass Julchens beide Linsen stark getrübt waren, und die Augenspezialistin des hiesigen Tiergesundheitszentrums bestätigte es. Doch noch etwas anderes schien Julchens Panik zu verursachen. Womöglich Demenz? Der auf Schafe spezialisierte Professor der Veterinärmedizin aus Hannover erklärte mir, dass es so etwas auch bei alten Schafen gebe.

Das machte den Versuch, Julchen zu helfen, doppelt kompliziert: Wir konnten versuchen, ihren Grauen Star operieren und ihr künstliche Linsen einsetzen zu lassen, obwohl dies bei Schafen offenbar noch nie gemacht worden war, nirgends. Aber wenn die eigentliche oder zweite Ursache ihrer Verwirrtheit und Orientierungslosigkeit Demenz war, würde ihr die OP nicht wirklich helfen; und die Wochen, die sie in der Klinik verbringen müsste, würden für das ohnehin ängstliche und eventuell durch die Demenz zusätzlich verunsicherte Julchen schwer werden.

Wir überlegten hin und her, womit ihr besser gedient wäre; beide Optionen bargen Risiken. Aber auch im Laufe der nächsten Wochen konnte sich Julchen überhaupt nicht an die veränderten Umstände gewöhnen und lief etliche Male pro Stunde panisch rufend durch die Gegend. Wir entschieden uns schließlich für eine OP.

Dazu waren umfangreiche Vorbereitungen nötig. Die Augenärztin untersuchte Julchen vorab zweimal im Stall und musste dann einen Ultraschall machen, wozu wir Julchen in die Praxis bringen mussten. Ein Helfer kam, um das Tier ins Auto zu verfrachten, doch kaum waren wir losgefahren, zeigte sich, dass Julchen überhaupt nicht reisefest war: Sie war unruhig und ängstlich und bähte fast ununterbrochen. Vor allem das Geschaukel des Autos, erst recht in den Kurven, machte ihr zu schaffen; sobald wir standen, wurde sie ruhiger. Es musste ja auch furchtbar sein, wenn man nichts sah und sich nur auf Gehör und Gleichgewichtssinn verlassen konnte, um festzustellen, wo auf der Welt man sich gerade in welcher Lage befand!

Das Gesundheitszentrum der Augenärztin lag zum Glück nur zehn Minuten entfernt – bis zur Tiho in Hannover aber, wo die OP stattfinden sollte, waren es fast zwei Stunden. Für diese Fahrt, das zumindest hatten wir nun gelernt, würden wir Julchen ein Valiumzäpfchen besorgen. Der Ultraschall selbst ergab, dass ihre Augen ansonsten in gutem Zustand waren und somit nichts gegen eine OP sprach.

Zu deren Vorbereitung allerdings benötigten wir spezielle Augentropfen, und für diese wiederum musste ich mich um eine Ausnahmegenehmigung des Veterinäramts bemühen. Diese Präparate sind nämlich zwar für Hunde und Katzen und teils auch für Pferde, nicht aber für Schafe zugelassen. Warum nicht? Nun, nach gesetzlicher Regelung gilt ein Schaf als ein Tier, das »der Lebensmittelgewinnung dient«. Qua Geburt sozusagen und natürlich ohne gefragt zu werden, obwohl das Wort »dienen« ja eine Art Freiwilligkeit suggeriert. Trotz bester Absichten dürfen Tierärzt:innen in diesen Fällen nicht ihr volles medizinisches Wissen zur Anwendung bringen, und auch ich, die ich ja offiziell die »Besitzerin« von Julchen bin, konnte an ihrem »Dienen« nichts machen.

Auch mit dem Wort »Besitzerin« habe ich, wie Sie an den Anführungszeichen ersehen, meine Probleme: Moralisch gesehen kann man Lebewesen mit eigenem Bewusstsein und eigenem Willen nicht besitzen, bloß Sachen. Doch obwohl dies explizit ein Lebenshof ist und ich auch beruflich so viel Kraft und Zeit dafür aufwende, Menschen für die Idee zu gewinnen, dass man Tiere eben nicht als Eigentum und nicht als Lebensmittel betrachten sollte, änderte dies nichts an Julchens juristischem Status. Dass sie nicht der Lebensmittelgewinnung diente, konnte nur das Veterinäramt in einer Ausnahmegenehmigung verfügen, die ironischerweise die Bezeichnung »Schlachtuntersagung« trägt.

Und so hieß es »Schlachtuntersagung« hier und »Schlachtuntersagung« da in den entsprechenden E-Mails und Formularen. Dabei war ich einerseits natürlich froh, dass das hiesige Veterinäramt unser OP-Vorhaben unterstützte und die entsprechenden Voraussetzungen schuf; andererseits aber brauchte man gerade mir keine Schlachtuntersagung zu schicken, ich wollte vielmehr eine Medikamentengenehmigung. Einmal verzögerte sich etwas, und prompt schrieb das Veterinäramt, wenn wir den entsprechenden Termin nicht einhalten könnten, müssten sie die Schlachtuntersagung leider erst noch einmal zurückziehen und später neu aussprechen. Wie verrückt das alles wahr! Ich würde mich so freuen, wenn das Veterinäramt oder unser Parlament eine Schlachtuntersagung für die 800 Millionen Tiere verhängen würde, die in Deutschland jährlich getötet werden. Aber mir, die ich eine sehr aufwendige und auch sehr kostspielige Augen-OP an einem Schaf durchführen lassen wollte, brauchte man das Schlachten nicht zu untersagen. Das Julchen muss sogar eine extra Markierung tragen, die jährlich kontrolliert wird und die verhindern soll, dass sie aus Versehen geschlachtet wird – als ob ich sie je verwechseln könnte! Als ob ich nicht ihr Leben und das der anderen Schafe nach allen Kräften schützen wollte.

Letztlich aber war diese bürokratische Hürde klein und eher zum Staunen angetan, als dass sie uns behinderte; die tatsächliche Organisation und die Durchführung der OP waren dagegen unendlich komplizierter. Wie gesagt, Julchen musste mit Augentropfen auf die OP vorbereitet werden, und wenn Sie schon einmal versucht haben, einem Schaf, einer Katze, einem Hund oder auch nur sich selbst mehrmals täglich Augentropfen zu verabreichen, werden Sie sicher zustimmen, dass es Angenehmeres gibt.

Diese Vorbereitung dauerte vier Tage. Anschließend fuhren zwei Helfer das für diesen Zweck mit Valium leicht sedierte Schaf nach Hannover – halt, ganz so war es nicht! Wir verabreichten Julchen das Valium und warteten brav eine halbe Stunde. Tatsächlich wirkte Julchen dann auch etwas verlangsamt, als wir sie zum Auto bugsierten. Doch kaum wollten die drei losfahren, war Julchen wieder hellwach und aufgeregt. Schließlich fingen wir ein zweites Schaf ein, Nelly, mit dem Julchen befreundet war, und Nelly fuhr daraufhin als Begleitschaf mit. Die Sache funktionierte insofern, als Julchen nun tatsächlich ruhiger war. Dafür fand Nelly zwar die Hinfahrt ganz okay, war aber auf dem Rückweg allein und mähte verständlicherweise aufgeregt herum.

In der Tiho angekommen, stellten die Ärzt:innen bei Julchen ein Problem fest, das schwerwiegender war als zunächst angenommen: Schon seit drei Jahren hatte Julchen am Brustbein eine Liegewunde, die zwar regelmäßig zuheilte, aber immer wieder zurückkehrte. Anscheinend entwickeln einige ältere Schafe eine solche Wunde, wenn sie wegen ihrer Altersarthrose weniger laufen mögen. Mir widerstrebte es allerdings sehr, Julchen als »älteres Schaf« zu bezeichnen: Zu deutlich erinnerte ich mich an ihre Fläschchenzeit, und sie war ja auch erst dreizehn! Außerdem wollte ich, dass die OP glückte und Julchen danach noch recht lange etwas von den Strapazen hatte. Doch diese Wunde stellte laut der Augenärztin, die operieren sollte, eine Gefahr für die OP beziehungsweise die anschließende Heilung der Augen dar.

Also musste die OP um ungewisse Zeit verschoben werden. Julchen verblieb in Hannover, wurde jeden Tag an einer Leine in einen Bereich geführt, wo sie gewaschen wurde; den Rest der Zeit stand sie in ihrer Patientinnenbucht, die vielleicht zwei mal zwei Meter maß. Auch dort war sie orientierungslos und mähte die ganze Zeit. In den ersten Tagen freundete sie sich mit einem Hammel an, der von seiner Bucht aus auf ihr Rufen antwortete;

dann aber genas der Hammel und durfte nach Hause, und Julchen fühlte sich sicher mutterseelenallein.

Alle paar Tage rief ich an, um zu fragen, wie es mit der Wunde vorangehe, und ja, es ging voran. Nur eben nicht schnell genug!, fand ich. Erst nach zehn Tagen hatte sich die Wunde so weit verbessert, dass an eine Augen-OP zu denken war. Wieder erhielt Julchen zur Vorbereitung Augentropfen, und dann fuhr man sie eines Morgens in eine andere Klinik der Tiho zur OP. Sie wurde begleitet von einer auf Schafe spezialisierten Tierärztin, die die Anästhesie durchführen würde, während eine Ärztin der Kleintierklinik die Augen operierte. Nach der OP fuhr man Julchen wieder in die erste Klinik zurück, wo sie einige Zeit für die Nachbehandlung verbleiben sollte.

Am frühen Nachmittag rief mich die Anästhesistin an und sagte, die OP sei gut verlaufen. Die Kunstlinsen, die man hatte einsetzen wollen, hätten leider von der Größe her nicht gepasst; doch die körpereigenen, durch den Grauen Star getrübten Linsen konnten auf beiden Seiten entfernt werden. Allein dadurch würde das Julchen wieder viel besser sehen können, zwar nicht auf die Nähe, aber immerhin auf Entfernung.

Die ersten Tage allerdings stand für sie mangels Brechung durch eine Linse alles Kopf. Aber damit nicht genug. Sie erhielt täglich Tropfen, die die Pupille erweiterten. Und wurde weiterhin täglich zum Waschen geführt. Und sah immer noch nicht viel, verstand immer noch nicht, wo sie war, und wollte zunächst auch nichts trinken, weil sie einen Halskragen tragen musste, der sie daran hindern sollte, sich die eventuell juckenden Augen an den Wänden ihrer Bucht zu schubbern. Dann allerdings bestellten wir einen super ausgetüftelten Gesichtsschutz, der größenmäßig exakt angepasst werden konnte, und zumindest dieses Problem hatte sich erledigt.

Und dennoch: Als ich Julchen eines Tages endlich abholen konnte und sie an einem Strick zu meinem Auto geführt wurde, war ihre Statur so dünn und gebrechlich und ihre Persönlichkeit so wenig wiederzuerkennen, dass es mir schier das Herz brach. Sie schien kaum gehen zu können. Die Arthrose, erklärte der Tierarzt, sei in mehreren Beinen stark ausgeprägt und habe sich ohne den täglichen Weidegang deutlich verschlechtert; die linke Hüfte sei etwas steif. Julchen lehnte sich quasi an die Beine des sie führenden Pflegers. Während der Rückfahrt plumpste sie dreimal hin, so schwach war sie. Sie war ein bemitleidenswertes Bündel aus Haut und Knochen, und vornedran prangte ein sonderbares, ihr Gesicht verdeckendes Visier. Oh, wie ich die ganze Unternehmung bereute!

Wieso hatte ich bloß auf dieser OP bestanden? Um dem Julchen zu helfen – oder mir? Hatte ich mir oder anderen insgeheim beweisen wollen, dass mich all die organisatorischen Hürden nicht stoppen konnten? Dass man dem Älterwerden und dem Krankwerden etwas entgegenhalten kann, trotzig und mit purer Willenskraft? Falls diese Motive mit ihm Spiel gewesen waren, war das Vorhaben einfach nur grandios gescheitert.

Vier belastende Wochen hatte Julchen hinter sich, mit Spritzen und Augentropfen und fremden Menschen, die sie ständig anfassten und festhielten. Das Frustrierendste aber war: Auch in der Klinik, nach der OP, hatte sie ihre orientierungslosen, ängstlichen Phasen beibehalten; der Verdacht, dies könne an Demenz liegen, erhärtete sich. Und somit würde es nach ihrer Rückkehr womöglich genauso weitergehen wie zuvor.

Der Tierarzt hatte mir ein Beutelchen voller Medikamente mitgegeben, die ich täglich mehrfach verabreichen sollte – ich hatte allerdings noch keine Ahnung, wie. Die OP war in die Corona-Zeit gefallen, ich bekam selten Besuch, und ich bat auch ungern andere Menschen, sich dicht neben mich zu stellen und ein Schaf für mich festzuhalten. Außerdem musste ich natürlich Julchens heikle Brustwunde weiter versorgen, wozu man mir etliche Materialien empfohlen hatte. Wie sollte ich das alles ganz allein technisch hinbekommen und wie psychisch wochenlang durchhalten?

Sogar den Tierärzt:innen gegenüber empfand ich Schuldgefühle: Unter Aufbietung all ihres Könnens hatten sie mein Schaf gepflegt, und nun waren sie sicher auch nicht froh über das Ergebnis. Ich dachte an meine Spender:innen: Drei Leute hatten von sich aus zugesagt, die Kosten für die OP zu übernehmen; ich hatte sie bereits darüber informiert, dass die reinen Klinikkosten wegen des langen Aufenthalts höher ausfallen würden. Aber wozu das Ganze? Damit ein Schaf, das bereits vorher wegen trüber Linsen und Demenz orientierungslos war, immer noch wenig sah und immer noch dement war und obendrein die Erinnerung an mehrere schlechte Wochen zu verdauen hatte?

Sogar an Sie, liebe Leserinnen und Leser, dachte ich. Kurz vor Julchens OP hatte ich mit dem Schreiben dieses Buches begonnen, während ihrer bitteren Rekonvaleszenzzeit hatte ich pausiert. In diesen Wochen, in denen ich täglich viermal in den Stall musste, um jeweils drei Medikamente zu verabreichen, war ich schon froh, wenn ich einfach nur das Nötigste abhaken konnte, Stallgang für Stallgang, Tag für Tag. Zum Schreiben blieb da einfach keine Zeit. Dabei hätte ich Ihnen damals so gerne eine schöne Geschichte von Julchen erzählt, die Geschichte einer Heilung, eine Geschichte, die sich am Ende freundlich und hoffnungsvoll rundet … Ich dachte an Toffee, dessen Geschichte bereits nach wenigen Monaten so traurig endete: Wie viele traurige Geschichten mochte jemand, der sich für Tiere, Landleben und Lebenshof interessiert, noch hören? Und ehrlich gesagt: Wie viele solcher Geschichten vermochte ich selbst noch zu ertragen?

Aber damit Sie jetzt nicht verzagen: Irgendwann war Licht am Ende dieses Tunnels zu erkennen. Julchens Situation verbesserte sich – und meine auch.

Die ersten Wochen nach ihrer Rückkehr waren allerdings hart, allein aufgrund der Arbeitsbelastung. Bei Schafen, die ja Fluchttiere sind, sitzen die Augen seitlich am Kopf. Um in ein Auge einen Tropfen einzubringen, musste ich Julchen also festhalten, dann ihren Kopf festhalten und seitwärts drehen, ihre Augenränder etwas auseinanderziehen und besagte Tropfen hineinträufeln. Wenn Sie mitgezählt haben, werden Sie gemerkt haben, dass man damit auf vier involvierte Hände kommt – ich besitze aber nur zwei. Schon rein theoretisch erschien es mir völlig unmöglich, ganz alleine einem Schaf Augentropfen zu verabreichen, und zwar viermal am Tag drei Präparate, insgesamt achtzehn Gaben.

Diese Zahl rechnete ich aus und hielt sie mir vor, um die eigene Mutlosigkeit gleichsam masochistisch zu verstärken. Zwar gelang es mir hin und wieder, das Julchen festzuhalten, ihren Kopf herumzubiegen und dann auch noch einen Tropfen dort zu platzieren, wo sich zufällig ein Auge öffnen sollte. Aber es musste schon sehr viel zusammenkommen, bis das funktionierte, und damit hatte ich ja nur eines von achtzehn Malen geschafft.

Ich rief die Augenärztin der Tiho an und fragte, ob sie einen Trick habe. Nun, sie habe es auch nie ohne eine Helferin hinbekommen, die das Julchen zumindest festhielt, gestand sie.

Ich überlegte also weiter, wie ich wenigstens eine, besser aber zwei der vier benötigten Hände durch etwas anderes ersetzen könnte. Und so unwahrscheinlich, ja unmöglich es mir anfangs erschien – ich fand etwas. Dieses geheimnisvolle Etwas war die nicht zu unterschätzende, ganz erstaunliche Kooperationsfähigkeit der Schafe.

So konnte ich die Hand, mit der ich die Patientin festhalten musste, bald schon einsparen. In den Jahren zwischen Julchens Kinderzeit und ihrer Erkrankung war sie, wie gesagt, scheu gewesen, als wäre ich eine völlig Fremde. Seit ihrer Erkrankung und noch mehr seit ihrer Rückkehr aber war sie vertrauensvoll, geradezu anhänglich geworden. Schon nach kürzester Zeit konnte ich direkt auf sie zugehen, ohne dass sie auswich, ihr das Visier abnehmen, mich neben sie setzen und ihren Hals in meiner Armbeuge fixieren. Wenn ich ihren Kopf dann auf meiner rechten Schulter ablegte und einklemmte, konnte ich mit der linken Hand ihr rechtes Auge öffnen und mit meiner rechten Hand Tropfen einträufeln. Um an ihr linkes Auge zu gelangen, klemmte ich sie mir entsprechend an die linke Schulter oder die linke Hälfte des Brustkorbs.

Es lief nicht ganz reibungslos ab, bis diese Choreografie ausgereift war, denn weder hatte das Julchen Lust auf aufgerissene Augen oder auf Tropfen noch ich auf blaue Flecken und Zwang; aber das alles ließ sich zunächst nicht vermeiden. In den ersten Tagen rangen wir recht lebhaft miteinander, und ich hatte Muskelkater am ganzen Körper: In den Armen, weil ich das Julchen fixieren, und in den Oberschenkeln, weil ich meinen eigenen Körper stabilisieren musste. Meine Rumpfmuskulatur stärkte ich ebenfalls, denn wir kugelten bisweilen ganz schön herum, und mehrmals fiel ich auch einfach ins Stroh.

Als die Routine dann aber ungefähr saß, entwickelten wir gemeinsam den nächsten Trick: Immer wenn Julchen eine Medikamentengabe (von achtzehn – also einen Tropfen) zugelassen hatte, gab es ein minikleines Stück Knäckebrot. Auch bereits eines, wenn sie neben mir stehen blieb und sich das Visier abnehmen ließ, sowie ein weiteres, wenn ich es ihr wieder angezogen hatte. Das macht in der Summe immerhin dreißig Stücke Knäckebrot pro Tag, und sie mussten daher wirklich klein sein, denn Schafe dürfen nicht so viele Kohlenhydrate aufnehmen, wie sie möchten. Aber auch bei dreißig minikleinen Stückchen kommt einiges zusammen, und im Nachhinein verstehe ich meinen damals doch recht hohen Knäckebrotverbrauch.

Während dieser Manöver war das Julchen absolut entzückend: Sie wusste nämlich genau, welche Belohnung ihr zustand! Nur dass sie eben noch nicht so richtig *sah*. Jedes Mal, wenn einer der Tropfen gelandet war, entzog sie ihren Kopf meinen Armen und suchte mit ihrem Schnäuzchen in der Luft herum, bis ich ihr ein Stückchen direkt vor die Nase hielt. Das mampfte sie mit leicht übertrieben wirkender Gründlichkeit, wenn man die Größe ihres Mäulchens zu jener der Nahrung ins Verhältnis setzte, und dann und nur dann war sie bereit für die nächste Behandlung. Wenn es zwischendurch keine Belohnung gab, spielte sie einfach nicht mehr mit. Auch wenn ich, was gelegentlich vorkam, ein, zwei Tropfen neben das Auge fallen ließ, machte sie mich deutlich darauf aufmerksam, dass ihr aufgrund unserer Vereinbarungen eine Belohnung zustünde, ob ich meinen Part nun vermasselt hatte oder nicht.

Aus den quälenden Ringkämpfen der ersten Tage wurde bald ein eingespieltes Ritual. Manchmal legte Julchen nun, wenn die Behandlung abgeschlossen und das Visier wieder angezogen war, ihren Kopf auf meine Oberschenkel – ganz so, wie es Lämmer mit dem Rücken ihrer Mutter oder der Verwandten tun. Auch alte Schafe suchen auf diese Weise Nähe, aus Freundschaft, Behaglichkeit oder, wie mir scheint, um Trost zu finden.

Julchens Verhalten rührte mich. Nach all den Jahren war sie praktisch wieder zum Lamm geworden, das in mir eine Art Mutterersatz sah! Gleichzeitig kam mir die Vermutung, ihre orientierungslosen Phasen vor der OP könnten dadurch ausgelöst worden sein, dass sie tatsächlich ihre – vor zwei Jahren verstorbene – Mutter Jana suchte. Deren Tod musste sie zwar eigentlich längst realisiert und verwunden haben, aber wenn man erblindet, ist man womöglich nachhaltig in seinem ganzen Weltbezug irritiert.

Nach ihrer Rückkehr aus der Klinik wurde Julchen noch einige Male unruhig, brach in lautes Mähen aus, erhob sich und durchsuchte Stall und Vorhof. Es war aber nicht mehr das planlose Kreuz- und Querlaufen von vorher, sondern ein gezieltes Suchen – ich denke wirklich, sie suchte ihre Mutter. Diese Phasen wurden seltener und kürzer. Das Mähen weniger panisch. Nach einigen

Tagen hörte Julchen schließlich gänzlich damit auf: Sie hatte verstanden, wo sie war und wer noch da war und wer nicht. Ihre Mutter war nicht nur im Nebel des Grauen Stars verschwunden, sondern überhaupt nicht mehr im Stall. Auch junge Lämmer rufen oft noch tagelang nach ihrer Mutter, wenn sie beim Sortieren fürs Schlachten getrennt werden. Es klingt verzweifelt, und die Mütter rufen ebenfalls; und irgendwann fügen sich diejenigen, die überleben, in das traurige Schicksal der endgültigen Trennung.

In Julchens Fall war ich wirklich sehr froh, dass sie die »neuen« Umstände realisierte; allein dafür, sagte ich mir ein paar Mal laut, habe sich die OP gelohnt: Sie sah zumindest ein wenig besser, und die Panik war vorbei.

Dennoch war die Lage alles andere als rosig. Denn ob es nun auf die vier Wochen in der relativ beengten Klinik zurückzuführen war, auf ein Hinfallen während des Transports oder eine Stolpern in den ersten Tagen daheim – Julchen schleppte sich mehr auf drei Beinen, als dass sie auf vieren ging. Das Becken hing völlig schief, das linke Vorderbein mochte sie nicht recht belasten; außerdem war sie stark abgemagert, sodass sich ihre ungelenk zusammenarbeitenden Knochen deutlich unter der kurz geschorenen Wolle abzeichneten.

Und dann noch die Wunde auf dem Brustbein, also genau da, wo das Gewicht eines Schafes beim Liegen hauptsächlich ruht. Sie maß ungefähr acht mal drei Zentimeter und war voller gelblich-weißer Beläge.

Ich hatte einen Polsterverband empfohlen bekommen, der nicht half, und sprühte ein antiseptisches Mittel auf, dessen Wirkung, wie ich später erfuhr, zwanzig Minuten Einwirkungszeit benötigt hätte. Ich zog Julchen alte Tanktops und neu gekaufte Männerunterhemden an und umwickelte das Tier mit einem stark klebenden Tape, das mir zwar ebenfalls empfohlen worden war (»kann man sogar auf der Haut verwenden«), das beim Abreißen aber offensichtlich schmerzte. Jeden Tag reinigte ich die Wunde, jeden zweiten Tag kam ein Helfer, und wir tauschten die Hemdchen aus. Dennoch schien sich die Wunde eher zu verschlechtern. Das Auswaschen und Abkochen der Hemdchen wiederum gestaltete sich mühsam, weil ich vorher all die Klebepolster und -bänder entfernen musste. Ich hatte, ehrlich gesagt, das Gefühl, mein kleines Julchen – für mich immer noch eine Art Lamm – beginne, mir unter den Händen zu verfaulen. Ich kaufte andere Mittel und andere Pflaster, aber was ich auch tat, nichts schien zu helfen.

Ich nehme an, es ist besonders belastend, einen alten Pflegedürftigen zu versorgen, wenn man ihn einst, vor wenigen Jahren noch, als Kind erlebt und umsorgt hat. Das Julchen kannte ich als Lamm und als Seniorin. Und wenn wir so dasaßen – ihr Köpfchen auf meinem Oberschenkel, die intensiv nach Schaf riechenden Verbände neben mir im Stroh –, schwankte ich zwischen Verzweiflung und blankem Staunen darüber, wie wir an diesen Punkt hatten gelangen können: das Julchen plötzlich alt und auch ich nicht ganz gesund. Immerhin ließ sich mein Rheuma in Schach halten, ich konnte wieder Scheren benutzen und Pflaster abreißen. Ich hatte wieder genug Kraft, um Julchen zu versorgen, und genügend Ausdauer für die vielen Gänge in den Stall. Aber nach wie vor hatte ich wenig Gefühl in meinen Fingerspitzen, sonderbare Empfindungen liefen mir gelegentlich die Gliedmaßen hinauf und hinunter, an warmen Tagen waren meine Beine wenig belastbar, und so weiter. Und da saßen wir nun beide, verzagt, lädiert.

Wie war das jetzt noch mal mit meinem Vorsatz gewesen, auch Krankheit und Beeinträchtigung als Teil des Alltags zu akzeptieren und dankbar zu sein für die Pflege, die ich empfangen und geben durfte? In diesen Momenten hatte ich keine Ahnung mehr, was das bedeuten sollte. Oft haderte ich und war voller Selbstmitleid, und wenn mir Christopher in diesen Momenten mit seinen Weisheiten gekommen wäre, hätte ich ihm wohl bloß müde Blicke geschenkt – bestenfalls. Wahrscheinlicher aber trotzig gesagt: »Dann übernimm du es doch!«

Die OP-Wunde auf dem Auge entwickelte sich übrigens auch nicht nach Lehrbuch. Es seien Wucherungen bei den Fäden entstanden, hatte die Augenärztin bei einer Nachuntersuchung bemerkt und ein weiteres Medikament empfohlen.

»Fäden?? Man näht Augen mit Fäden?!«, fragte ich sie leicht entsetzt.

Sie hob zu weiteren Ausführungen an.

»Ach nee, ich will es lieber doch nicht so genau wissen.«

Doch ich habe Ihnen oben schließlich versprochen, es werde besser. Und nachdem sich die Lage erneut verschlechtert und mich an den Rand einer Depression gebracht hatte, ging es wirklich endlich aufwärts! Erstens wirkte die Augensalbe, die die Tierärztin verschrieben hatte, die Wucherungen gingen zurück, und die Nähte heilten innerhalb von zwei, drei Wochen recht gut ab. Von nun an gab es nur noch einen Augentropftermin am Morgen, und das Visier wurde nicht mehr gebraucht.

Zweitens hat mir dieselbe Tierärztin ein »Rezept« für ein leckeres Schafgericht (*für* Schafe, nicht *aus* Schafen!) gegeben, das ich Julchen nun täglich zubereitete und in einer breiten Schüssel mäulchengerecht präsentierte. Es bestand aus einem Haufen Brennnesselspitzen samt Samen und Blättern, die geschreddert wurden, einer Möhre, ebenfalls zerkleinert, und einer kleinen Schüssel Heupulver. All das wurde vermischt und mit Wasser zu einer nicht allzu nassen Pampe verrührt und anschließend mit einem Esslöffel Haferflocken bestreut.

Hört sich vielleicht unspektakulär an, duftete aber auch für Menschennasen äußerst appetitlich. Das hochwertige Heupulver verströmte Honigflair, die Brennnesseln rochen würzig-krautig, die Möhren versprachen Süße und die Haferflocken Kraft – ich hätte am liebsten selbst den Kopf in die Schüssel gehängt und es aufgeschlabbert.

Zum Glück reagierte Julchen ebenso begeistert. Nach einer Woche bereits hatte sie sich deutlich gerundet, Rückgrat und Hüftknochen waren wieder unter dem Fell verschwunden, und das Shirt über der Vorderhälfte ihres Rumpfes wirkte richtiggehend proper – tatsächlich sogar so proper, dass die Tierärztin bei der nächsten Kontrolle empfahl, die Futtermenge zu reduzieren. Arthrose plus Übergewicht sind auch bei einem Schaf keine gute Kombination. Inzwischen war Julchens Vorderbein – ob aufgrund der vielen Bewegung oder einfach, weil eine Verletzung ausgeheilt war – wieder einsatzbereit; sie humpelte zwar immer noch leicht, aber sie ging wieder ganz normal mit den anderen Schafen auf die Weide und graste, dass es eine Freude war zuzusehen.

Um einen Durchbruch bei der Liegewunde zu erzielen, mussten wir einen kleinen Umweg einschlagen. Zwar kenne ich unter den Tierärzt:innen Augenspezialistinnen und Zahnexperten, aber veterinärmedizinische Dermatolog:innen sind extrem selten und mir nicht persönlich bekannt. Daher hatte ich mich schon früher einmal durch etliche PDFs zur Wundpflege bei Menschen gelesen, um ein anderes Schaf nach einer OP zu versorgen. Hier bei Julchen aber kam ich mit angelesenem Halbwissen nicht weiter. Da fiel mir zum Glück ein, dass der Mann meines lieben Freundes Stefan ja Dermatologe war! Natürlich für Menschen. Aber ich fragte Stefan, ob ich seinem Mann Hans per Whatsapp ein paar Bilder schicken dürfte; ich durfte, und für Stefan folgten einige unappetitliche Wochen.

Das befürchte ich zumindest, ich habe ihn sicherheitshalber nicht gefragt. Nach jedem Verbandswechsel schickte ich ihm neue Fotos, und dann kommentierte Hans die Fortschritte oder Fehlentwicklungen, schickte Lob und Empfehlungen. Als Erstes verbannte er fast alle Mittel und Verbandsstoffe, mit denen wir bisher gearbeitet hatten, und schickte eine Liste mit neuen. Manukahonig, Wasser und Seife und was sonst alles in der Wundpflege von Tieren oft zum Einsatz kommt, wird anscheinend seit Jahrzehnten nicht mehr im professionellen Kontext an menschliche Wunden herangelassen, und entsprechend fand es vor Hans' Augen keine Gnade. Auch die üblichen Jodlösungen ersetzte er durch »Modernes«. Und schließlich redete er mir meine fixe Idee aus, dass eine Wunde atmen müsse, und erklärte, seit den 1970er-Jahren sei dies widerlegt, die Wunde müsse vielmehr feucht gehalten werden. Dies funktioniere am besten mit recht neuartigen, leider auch eher kostspieligen Verbänden.

Wir hatten nun eine ganze Batterie von hochwertigen Mitteln und Verbandsstoffen, die mühsam online zusammen bestellt werden mussten und inzwischen einen eigenen Werkzeugkoffer füllten. Alle drei Tage kam respektive kommt ein Helfer vorbei, hilft mir, die kompliziert verschnürten Verbände von Julchen zu lösen, und setzt sie auf ihren Po. Dann weichen wir die Wunde ein, spülen und säubern sie, sprühen antiseptische Mittel darauf, warten die Einwirkzeit ab, reiben die Wolle drumherum trocken, entfernen Klebstoffreste und andere Spuren, pappen ein neues, sogenanntes Hydrocolloidpflaster und dann noch Polsterverbände drauf. Alles in allem dauert die Prozedur jedes Mal eine gute halbe Stunde, wir tragen Mundschutz wegen Corona, wir schwitzen, das Julchen ächzt ein wenig – wird aber durch gelegentliche Gaben von Knäckebrot für die weitere Kooperation gewonnen. Derweil steuert uns Hans per Whatsapp durch verschiedene Phasen und Wundregionen. Anfangs sah ich überhaupt keinen Unterschied zwischen neu gebildeter Haut und den alten Belägen. Ich kringelte alles Mögliche auf den Fotos ein und quetschte den armen Hans – alles via den noch bedaudernswerteren Stefan – aus.

»Wieso ist das hier so milchig-weiß?« – »Sind Fibrinbeläge, die müssen weg.«

»Wieso ist dies hier hellbraun?« – »Das sind die Wundränder, ist normal.«

Nur einmal konnte ich vor Ort etwas besser erkennen als Hans aus der Ferne. Bei einigen schwarzen Punkten auf Julchens Brust vermutete er nämlich zunächst, dies könnten nekrotische Stellen sein, räumte dann aber ein, eigentlich seien sie ihm ein Rätsel. Mir waren sie aber keines: Julchens Papa war schließlich ein Vierhornschaf gewesen, und Vierhornschafe sind bekannt für ihre schwarzen Punkte, einige handtellergroß und größer, einige kleiner. Ebensolche trug Julchen auf ihrer sonst rosigen Brust, und sie mussten jeden Menschenarzt verwirren, der unregelmäßige schwarze Flecken auf rosiger Haut mit Skepsis zu betrachten gelernt hatte.

Nach jedem Verbandswechsel ziehen wir Julchen dann ein Männerunterhemd oder ein ausrangiertes T-Shirt über – wir haben übrigens alle dieselbe Größe: das Julchen, der Helfer (der im Fitnessstudio mit allerlei Gewichten trainiert) und auch ich! Obwohl wir unsere Ausbuchtungen an unterschiedlichen Stellen tragen, ist das sehr praktisch. Derart eingekleidet, stellen wir das Julchen vorsichtig, ohne dass der Verband verrutschen kann, auf die Beine – Knäckebrot, Knäckebrot, Knäckebrot! – und wickeln sie in einer ausgetüftelten Weise mit Ducttape ein (das Tape berührt nicht Haut oder Fell, sondern nur das Shirt). Zwischendurch natürlich noch ein Foto für Hans.

Liebe Leserinnen und Leser, falls Sie möglicherweise finden, ich hätte die Wundbeläge etwas zu ausführlich beschrieben, und Sie jetzt unschöne Bilder vor Augen haben, möchte ich zu bedenken geben, dass ich Ihnen diese Bilder immerhin nicht zugeschickt habe wie dem armen Hans respektive seinem Mann Stefan. Außerdem müssen Sie die Unterhemden oder das, was von Ihrem einstigen pinkfarbenen Lieblingsshirt übrig geblieben ist, nicht nachher noch im Waschbecken einweichen und später in die

Waschmaschine stecken. Sie sind mit anderen Worten noch recht gut dabei weggekommen, finde ich!

Mein Interesse an den Fotos von den Wunden allerdings steigerte sich derart, dass ich schon fast eine charakterliche Deformierung befürchtete. Ich schaute mir die Aufnahmen mit ähnlicher Begeisterung an wie Menschen, die für ihre Urlaubsplanung Fotos von Reisezielen und Hotels studieren. Mit den Augen folgte ich den Wundrändern wie Küstenverläufen und erfreute mich an dem gesunden Rot gereinigter Stellen wie an einem Korb exotischer Früchte. Nach all den Wochen der Verzagtheit, in denen vermeintlich alles nur schiefgegangen war, war es großartig, mal wieder etwas gelingen zu sehen.

Ja, ich war und bin auf die Besserung dieser Wunde richtiggehend stolz, auch wenn sie immer noch nicht ganz geheilt ist, sondern ihren Umfang inzwischen um etwa drei Viertel verringert hat. Das Wichtigste ist aber, dass sie sich nicht entzündet, sondern sauber bleibt und daher Julchens Gesundheit insgesamt nicht beeinträchtigt.

Wird sie je zuheilen? Kann irgendjemand vorhersagen, wie lange Julchen und andere Schafe, die strapaziöse Behandlungen über sich ergehen lassen mussten, sich noch ihres Lebens erfreuen? Oder natürlich auch wir selbst uns unseres eigenen Lebens?

Zu den üblichen Unsicherheiten des Lebens sind in letzter Zeit für uns alle noch einige dazugekommen, die es erschweren, ja manchmal geradezu unmöglich erscheinen lassen, sich die Zukunft vorzustellen – nicht nur die eigene, sondern die der gesamten Erde. In einem früheren Kapitel habe ich von der Dürre erzählt, die uns der Klimawandel beschert hat, und erwähnt, dass das Pendel dann auch in die andere Richtung schwang, bis im Westen Deutschlands ganze Ortschaften unter Wasser standen.

Seither haben wir, auch in den mit Gütern so reich versorgten Industrieländern, viel über drohende mögliche Lebensmittelknappheiten oder andere Engpässe gesprochen, sie manchmal vielleicht auch nur imaginiert: Knappheiten durch die Folgen von Corona, von Kriegen und geopolitischen Verwerfungen, von missglückter Globalisierung. Und nicht zuletzt verursacht durch den Klimawandel, dem Einhalt zu gebieten noch schwieriger werden dürfte als bei all den anderen Gefahren. Manchmal, wenn ich Tomaten oder Erdbeeren esse, deren Anbau viel Wasser benötigt, frage ich mich, ob wir sie in einem Jahrzehnt noch werden verzehren können und ob der Geschmack von Schokolade und Kaffee dann vielleicht nur noch in Form künstlicher Aromen vorliegt. Welch ein Luxus, dass wir rund um die Uhr sauberes Wasser aus der Leitung erhalten, nicht nur zum Trinken, sondern auch zum Duschen oder Putzen! Oder dass die Luft, die wir alle ganz selbstverständlich und ungefiltert einatmen, im Großen und Ganzen noch als Wohltat und Lebensspenderin erscheint (wobei bereits jetzt hunderttausend verfrühte Tode jährlich der Luftverschmutzung geschuldet sind).

Manchmal denke ich, dass sich die heutige Zeit, die mir mühevoll oder bedeutungslos erscheinen mag, von jenen künftigen Jahren aus als Jahre der Fülle ausnehmen wird. Und genau genommen ist Fülle immer dort, wo wir in etwas hineinbeißen oder jemanden streicheln oder tief Luft holen können; selbst wenn wir gestern noch mehr zu essen hatten, noch schöner streichelten, noch unbeschwerter einatmeten.

Es gehört zu den ersten, aber auch immer wieder fordernden Übungen meditativer Achtsamkeit wahrzunehmen, was hier und jetzt ist. Was also ist? An meinem Fleckchen Erde haben wir inzwischen Oktober, allerdings nicht den des Jahres, in dem ich dieses Buch zu schreiben begann, sondern den des darauffolgenden. Vieles ist in diesem Jahr geschehen, von vielem habe ich Ihnen bereits erzählt. Auf der Weide wächst kaum nahrhaftes Grün mehr nach, ich muss viel zufüttern. Dennoch ist es wichtig, dass die Herde jeden Tag ein paar Stunden auf die Weide geht, schon allein, damit Knochen und Muskeln gefordert bleiben; auch das habe ich aus Julchens längerem Klinikaufenthalt gelernt.

Also rupfen die Schafe die letzten Blätter von den Brennnesseln. Das Joylein hat sich neuerdings angewöhnt, die grasende Herde kurzfristig zu verlassen, um ein paar Blätter vom Pflaumenbaum zu schnabulieren. Das Julchen gehört zum Team Brennnessel. Die Ziege schubbert ihre juckende Stirn an einem herabhängenden Ast der Linde; Tuff präsentiert seine linke Flanke den Gänsen in der Hoffnung, dass sie ihn – nicht zu sanft und nicht zu fest – zwicken.

Wenig später finden alle in der Nähe des Stalls zusammen und legen sich zum Wiederkäuen nieder. Man stellt sich das als Laie so einfach vor, den Vorgang des Wiederkäuens und was man davon von außen mitbekommt, erscheint nicht so wahnsinnig appetitlich. Tatsächlich aber ist der Pansen mit seinen Zotten und Muskeln ein höchst raffiniertes Organ – jeder Körper ist ein Wunderwerk! – und interagiert mit den anderen Mägen, um die verflüssigte und die noch gröbere Nahrung je nach Bedarf weiterzutransportieren.

Während die Schafe also geduldig die (Wieder-)Ankunft der noch bearbeitungsbedürftigen Teilchen aus ihrem Pansen erwarten, wirken sie in sich gekehrt, ja fast andächtig, als wäre Wiederkäuen die genüsslichste Tätigkeit, die es gibt. (Vielleicht ist sie das auch.) Ab und zu werden Gliedmaßen neu justiert, wird sich gestreckt, ein Bein lang gemacht, um den Kopf entspannt darauf abzulegen. Eine leichte Trance erfasst die Beobachterin, die aber ursprünglich von der Herde ausgeht: alle beisammen, volle Bäuche, keine Sorgen

Ich betrachte sie von der Terrasse aus, stehe auf dem kleinen Mäuerchen, neben einer sehr dornigen, sehr wild wuchernden Rose. Sie hat am einen Ende ihres krakeligen Zweiges noch eine

Hand voll pinkfarbener Blüten gebildet und streckt sie dem Herbst entgegen wie ein Cheerleader seine Puscheln. Egal, was als Nächstes kommt, ich zwinge mich dazu, ein, zwei Minuten dort stehen zu bleiben, die Ruhe der Schafe empathisch mitzuerleben und ihren Anblick zu genießen. Diesen Moment der Freude gönne ich mir, und ich gönne ihn Ihnen. Die Fülle ist jetzt.

Zum Schluss

Sie wissen ja, dass ich eigentlich keine weiteren Tiere aufnehme – es sei denn, mir legt sich ein Begleitlöwe auf den Gartenweg, Wölfe haben die Herde der Nachbarn angefallen oder ich leide an Liebeskummer oder dergleichen. Aber ich darf einfach nicht so viel weitere Verantwortung auf mich nehmen, zumal mit meiner jetzigen Diagnose. Zwar bekomme ich eine Menge Hilfe von anderen Menschen, zumeist Veganer:innen von auswärts sowie Freund:innen und Feuerwerkamerad:innen aus meinem Dorf. Aber wer in diesem Jahr noch fleißig Mist schaufelt und mit mir die Klauen schneidet, bekommt im nächsten Jahr ein Kind, einen weit entfernten Studienplatz oder einfach nur »Rücken«. Und so dankbar ich bin, wie viel Hilfe mir im Laufe der vergangenen fünfzehn Jahre insbesondere aus der veganen Community entgegengebracht wurde – und auch nach wie vor immer wieder wird –, letztlich bin ich es, die hier die Stellung halten und die Mäulchen füllen muss.

Sie wissen inzwischen auch, dass meine Berichte, die ein »Eigentlich« im Anfang tragen, danach anders weitergehen. Vor gut einem Jahr erreichte mich eine E-Mail von zwei mir Unbekannten namens Sam und Sebastian. Die beiden hatten zwei erwachsene Coburger Füchse – hellbraune Wollschafe – gerettet und zwischenzeitlich bei einer Nachbarin untergestellt. Nun suchten sie einen dauerhaften Platz auf einem Lebenshof für sie; im Gegenzug würden sie hier mithelfen, sie wohnten nur wenige Kilometer entfernt.

Ich war drauf und dran, den beiden direkt abzusagen, ohne weitere Nachfragen, aber irgendetwas in der E-Mail ließ mich innehalten. Vielleicht war es der Verweis auf einen anderen Lebenshof, den ich gut kannte. Ich schlug vor, sie sollten einmal vorbeikommen – ohne die Coburger Füchse natürlich –, sich meinen Hof anschauen, und wir würden alles bereden.

Es erschienen eine schlanke, hochgewachsene Frau Anfang zwanzig und ein junger Mann Ende zwanzig, von dem im vergangenen Kapitel schon die Rede war, als ich von den Verbandswechseln erzählte. Zwei Stunden blieben sie, wir wanderten auf der Weide herum, saßen im Gras und beobachteten die Schafe, und wir klopften alle Themen ab, die relevant werden konnten: seit wann wir vegan lebten, wie wir Tierrechte verstanden, dass ich schwerkranke Tiere in die Klinik fuhr, dass und unter welchen Bedingungen ich gelegentlich welche euthanasieren ließ. Auch die Schwachstellen meines Hofes verbarg ich nicht: das viele Improvisieren, das Stricken mit heißer Nadel, den fehlenden Traktor, das löchrige Vordach. Die Ansichten der beiden und ihr Umgang mit den Schafen gefielen mir sehr, und auch sie schienen mit allem einverstanden zu sein. Es passte alles ideal.

Die Schafe der beiden hießen Fuchsi und Cobi. Ich holte sie mit meinem Transporter ab; zunächst blieben sie zwei Wochen in Quarantäne, führten danach einige Wochen lang eher ein Leben zu zweit und wurden schließlich Teil der alten Herde. Sams und vor allem Sebastians Liebe zu den beiden war phänomenal – und sie beruhte auf Gegenseitigkeit. Wenn Sebastian sich irgendwo in eine Ecke setzte, den Namen seiner Böcke rief und die Arme ausbreitete, schossen die zwei herbei und schmiegten sich in seine Hände.

Phänomenal war auch, wie viel die beiden Menschen wegschafften und wie beherzt und umsichtig sie dabei waren. Bislang hatte ich den Schafstall nur ein Mal im Jahr ausmisten (lassen) können, wenn nämlich der Jahresablauf meines Nachbarn und Vermieters eine Lücke ließ, in der er den Traktor nicht anderweitig brauchte. Inzwischen aber misten Sam und Sebastian mehrmals im Jahr von Hand aus, wir sind dadurch wunderbar flexibel. Und wann immer wir finden, dass die oberste Schicht Stroh nicht mehr trocken und frisch genug ist, schubst Sebastian einfach einen neuen Ballen vom Vorrat nach vorne und verteilt ihn mit quasi fliegender Heugabel.

Irgendwie geht den beiden alles leicht von der Hand, oder jedenfalls wirkt es so. Weil Sebastian sich mit der üblichen Methode, Schafe »umzusetzen« – also sie vom Stehen in eine sitzende Position zu bringen, in der man zum Beispiel ihre Klauen schneiden kann –, nicht anfreunden kann und zum Glück außergewöhnlich stark ist, hebt er sie komplett hoch und lässt sie auf einem alten Sofakissen nieder. Dann schneidet er die Klauen, oder Samantha träufelt denjenigen Schafen, die es gerade benötigen, ein Mittel gegen Milbenbefall auf die Füße.

Gestern morgen habe ich von Sebastian eine Nachricht erhalten: »Schaust du bitte mal, wie es Tuff heute geht?« Denn Tuff hatte am Vorabend leicht gehinkt. Heute hinkt er zum Glück nicht mehr. Und ich freue mich, dass nun Menschen da sind, die mir nicht nur so viel Arbeit abnehmen, sondern mit denen ich die Sorge um die Tiere teilen und Möglichkeiten und Maßnahmen besprechen kann. Sollen wir mal probieren, ob es die Schafe bevorzugen, wenn die beheizte Tränke im Stalleingang steht? Findet ihr auch, dass Einhorn wieder viel fitter wirkt als vor den Infusionen? Wieso ist das angeblich sich selbst entleerende, frostsichere Außenwassersystem schon wieder eingefroren – seht ihr irgendwo eine Krümmung in der Leitung?

Und schließlich ist es für mich, die ich ja keine (eigenen, menschlichen) Kinder habe, schön, mit Menschen befreundet zu ein, die in dem Alter sind, in dem meine Kinder vielleicht wären. Um Missverständnissen vorzubeugen: Keine Kinder bekommen zu haben, empfinde ich nicht als Verlust oder Versäumnis; für mich ist wichtig, überhaupt Verantwortung und fürsorgliche Verbindungen in meinem Leben zu haben, und damit beschenken mich die Schafe reichlich. Aber ich finde es schön, nun, da ich allmählich zu einer älteren Generation gehöre, eine jüngere nachwachsen zu sehen, die man in vielem versteht und in manchem auch nicht.

Manchmal, wenn die beiden mir gerade wieder besonders jung und frisch vorkommen, nenne ich sie (mit ihrem Einverständnis) »die Welpen«; zum Beispiel dann, wenn sie steif und fest behaupten, zu einer speziellen Generation zu gehören, die nicht telefonieren könne. Oder vielleicht könnten sie es notfalls, aber es sei ihnen völlig fremd. Wenn ich sage: »Aber dann ruf doch einfach mal an und frag, ob ein Termin frei ist«, kommt zunächst ein bedeutungsvolles Drucksen und dann eben die Erklärung mit der »Generation«.

Ich finde das absurd, denn auch Sam und Sebastian sind ja, wie ich, mit ihren Smartphones quasi verwachsen; Sprachnachrichten beherrschen sie auch. Und man kann sich ganz normal von Angesicht zu Angesicht mit ihnen unterhalten. Nur dieses eine Segment menschlicher Kommunikation, die Echtzeit-Dialoge per Telefon, scheint sie zu irritieren. Gleichzeitig genieße ich es, verständnislos den Kopf zu schütteln und sie deswegen ein wenig zu belächeln, während sie andererseits mich ein wenig belächeln, und in beide Richtungen ist es ein durch und durch liebevolles und kein bisschen abfälliges Belächeln. Manchmal rufe ich sogar irgendwo für sie an. Ich wähle die Nummer, sage meinen Namen und spreche los – nichts einfacher als das, meiner Meinung nach, aber na gut.

Im Gegenzug erklären sie mir, was ihre Generation tut und nicht tut, wie sie etwas ausdrücken und welche Wörter man schon lange nicht mehr benutzt. Und ich empfinde es als großes Vergnügen, schon einundfünfzig Jahre alt zu sein und solche Dinge erklärt zu bekommen, um ihnen manchmal, ganz gelegentlich, meinerseits

Perlen aus dem Schatz meiner Altersweisheit zukommen zu lassen, die sie höflich dankend und mit betont interessierten Blicken entgegennehmen und dann innerlich ablegen in einer Datei mit der Aufschrift: »Nichts Neues, hab ich schon längst gewusst.«

Kurzum, die Welpen sind zwei ganz famose Menschen (auch wenn »famos« sicher wieder so ein Wort ist, das man schon lange nicht mehr benutzt). Natürlich weiß ich, dass junge Menschen ihre Pläne manchmal ändern müssen oder wollen, so wie es Menschen in anderen Lebensphasen ja ebenfalls tun, und dass schon übermorgen wieder Schluss sein kann mit diesem Segen in Form der beiden Schafsfans und ihrer hilfreichen Hände. Aber jetzt genieße ich ihre Freundschaft und Unterstützung. Wieder einmal: Die Fülle ist jetzt.

Die menschlichen Welpen sind nicht die einzigen jungen Wesen geblieben, die im vergangenen Jahr auf meinem Hof Einzug gehalten haben. Anfang Januar stieß noch ein kleiner Kater hinzu, der sich an der Katzenfutterstelle zunächst so scheu verhielt, wie man nur scheu sein kann, und sich später als so sanft entpuppte, dass ich ihn Clemens (»der Milde«) nannte. Zunächst hatte ich ihn nur kastrieren lassen wollen, dann aber entwickelte er eine Bronchitis und starken Durchfall. Länger als beabsichtigt musste ich ihn in meinem Arbeitszimmer gefangen halten (dessen Arbeitsflächen und Sitzgelegenheiten ich dazu in umfangreiche Bettenburgen verwandelte). Als er wieder fit war und ins Freie durfte, blieb er vierundzwanzig Stunden fort. Mein Herz fühlte sich an wie von einer Eisenhand zusammengequetscht – ich war selbst erstaunt, wie sehr ich bereits an dem Kleinen hing! Dann ging die Katzenklappe auf, der noch sehr menschenscheue Clemens schlüpfte wieder herein, und seitdem lebt er hier.

Vielleicht zogen ihn gar nicht so sehr Futter und Wärme an, sondern wohl vor allem Porto: Mit dem ist er nämlich ein Herz und eine Seele. Manche Leute behaupten, die beiden sähen einander zum Verwechseln ähnlich. Dabei sind sie einander äußerlich so unähnlich, wie es zwei Rotgetigerte nur sein können! Portos Fellfarbe geht ins satte Orange, und sein Fell hat dichte, dunkle Flecken. Clemens hingegen ist von zartem Orange und getigert. Außerdem ist er lang gestreckt, hat lange Beine und einen marsipulamiähnlichen, langen Schwanz, wohingegen Porto breiter und irgendwie kompakt wirkt. Porto hat ein rundes Gesicht und Clemens ein zartes, Porto spricht mit kräftiger Stimme, Clemens piepst. Porto schreitet bedächtig, und Clemens hopst überall herum wie ein Grashüpfer, purzelt von hinten an Porto heran, springt über ihn hinweg, stupst ihm im Sprung mit der Pfote an den Rücken, legt direkt vor Porto eine Seitwärtsrolle hin und blinzelt ihn an und fragt mit Blicken: »War das nicht toll?«

Clemens liebt Porto. Er bewundert ihn regelrecht. An einigen Tagen ist die Bewunderung so groß, dass dem großen Vorbild in allem nachgeeifert werden muss. Wenn Porto dann an einem kleinen Baum seine Krallen wetzt, sucht sich Clemens den nächstgelegenen noch kleineren Baum und wetzt auch. Wenn Porto auf einem Baumstamm balanciert, springt Clemens auf das andere Ende des Baumstamms und balanciert ihm entgegen. Porto macht einen genüsslichen Buckel, Clemens macht einen Buckel – denn man kann einfach nichts besser und würdevoller machen als Porto! Sogar das Putzen vollziehen die beiden oft gleichzeitig, Pfote-Zunge-Pfote-Ohren in perfekter Synchronizität.

Wenn ausnahmsweise einmal Porto alleine draußen war und Clemens drinnen auf einem Sofa liegt und die Katzenklappe sich öffnen hört, schießt er von dem Sofa herunter in die Diele und begrüßt Porto mit hoch erhobenem Schwanz: Endlich ist er wieder da, mein bester Freund und großer Meister! Und wenn umgekehrt Clemens alleine Abenteuer erlebt hat, geht er im Haus oft als Erstes auf die Suche nach Porto. Eine kleine Begrüßung, ein kurzes kätzisches Auftanken – danach erst schaut Clemens nach seinem Futter.

Obwohl immerhin acht Jahre zwischen den beiden liegen – als Clemens hier einzog, war er noch nicht ganz ausgewachsen –, spielen die beiden wie zwei ganz Junge. Na ja, ein bisschen sieht man schon, dass Clemens noch ein Kind ist und Porto ein Erwachsener. Aber sie kugeln sich, sie beißen einander spielerisch in Hals und Nacken, spielen Verstecken und mit der Kugelbahn, sie fallen einander aus einem Hinterhalt an. Wenn es Porto etwas zu bunt wird, beginnt er zu quietschen; wenn er sich pädagogisch berufen fühlt, hält er Clemens' Kopf fest und leckt ihm besänftigend die Öhrchen; und wenn Clemens Angst hat, es zu weit getrieben zu haben, revanchiert er sich an Portos Öhrchen.

Auch mit Merlin würde Clemens gern spielen, aber hier handelt es sich um einseitiges Interesse. Es vergeht kein Tag, an dem Clemens sich nicht auf den Boden legt, Merlin anblinzelt und den Bauch entwaffnend vorzeigt – und Merlin faucht: »Lass mich in Ruhe!« Wenn Clemens, der viel Größere, Wendigere, zu dicht an Merlin vorbeigeht, haut ihm Merlin mit verblüffender Geschwindigkeit eine runter. Clemens scheint dann weniger von der Pfote verletzt zu sein als von der Geste: Wie konnte es nur dazu kommen? In einigen Metern Entfernung setzt er sich mit perplexem Gesichtsausdruck hin und muss diese unerwartete Grobheit von einem, den er doch gern zum Freund hätte, erst einmal verarbeiten.

Vielleicht übersehe ich manche Nuancen, aber mir scheint: Clemens ist ein vollkommen argloses Wesen. Dass er leider Mäuse und Grashüpfer jagt und viele tötet – geschenkt. Aber er spielt auch mit Blättern. Mit verwelkten Kirschbaumblüten. Mit Radieschen im Einkaufskorb. Er attackiert Sofakissen und schmeißt die Bösewichter anschließend hinunter, und er balgt sich mit seinem Plüschwildschwein. Wenn ihm dann Bedenken kommen, dass er mit Sofakissen und Wildschwein zu ruppig umgegangen sein könnte, umklammert er sie mit den Vorderpfoten und schleckt sie begütigend ab.

Mehrmals sah ich Clemens sogar mit der Füchsin spielen, von der ich bereits erzählt habe. Jedenfalls unterbreitete er ihr entsprechende Angebote. Sie wissen ja, dass die Füchsin wahrhaft genug andere Probleme hatte, und sie tat mir etwas leid, wenn Clemens sie auf dem Dach des Futterhauses erwartete oder freudig auf sie zustapfte, wenn sie aß, oder ihr folgte, wenn sie Nahrung forttrug. Zwei Mal verlor die Füchsin vor Schreck ihre Ladung, als der flummiartige Flausch hinter ihr herhüpfte; dann bemerkte sie, dass es ja nur das altbekannte harmlose Katerchen war, kehrte zurück und packte sich den Kiefer wieder voll.

Clemens ist, wie gesagt, arglos, bloß für gewisse Nuancen des Zusammenlebens hat er wenig Gespür. Mit unverblümter Selbstverständlichkeit geht er davon aus, dass alle Gaben des Lebens vor ihm ausgebreitet sind, ja speziell für ihn ausgebreitet wurden; wenn Porto gerade etwas zu essen begonnen oder sich einen Ball geschnappt hat und Clemens ebenfalls Hunger oder Lust zum Spielen verspürt, spaziert er einfach hin und nimmt sich, was er will. Im Fall des Spielzeugs zieht sich Porto sofort höflich zurück, aber wenn es um einen frisch gefüllten Teller geht, sieht man ihn gründlich überlegen. Denkblasen steigen über Portos pausbackigem Kopf auf: »Ganz schön frech!« – »Aber er meint es sicher nicht so …« – »Wie sag ich's ihm bloß?« Meist entscheidet sich Porto dann dafür, ganz behutsam und ohne Einsatz der Krallen, eine seiner Tatzen auf Clemens' Köpfchen zu tupfen.

Ich habe das zunächst für die Andeutung einer Mikroaggression gehalten, aber meine Freundin hat katholische Theologie studiert und mir erklärt, dass Porto tatsächlich Clemens segnet.

Clemens weiß das natürlich, hält kurz inne und sagt: »Danke, Porti, mit deinem Segen schmeckt es noch mal so gut!«

Und wenn Porto wirklich sehr viel Lust hat weiterzuspeisen, segnet er Clemens noch einmal, und Clemens schaut ihn an und blinzelt dankbar. Wie gemütlich isst es sich im Beisein des besten Freundes!

Irgendwann aber wird Clemens müde, ganz furchtbar müde, und dann sucht er sich eine kuschelige Stelle – am liebsten wieder in der Nähe Portos. Manchmal, wenn sich Clemens so kuschelbedürftig an Porto ranschmeißt, hebt der kurz den Kopf und überlegt vermutlich, ob er sich erheben und einen anderen Rückzugsort suchen soll, wo er nicht ständig Pfoten und Schwanzspitze eines jungen Springinsfelds in die Ohren oder ins Gesicht gestreckt bekommt. Aber dann ist Porto doch auch wieder zu gutmütig, und wenig später sieht man sie Löffelchen liegen, oder Clemens schmiegt wenigstens sein Köpfchen an Portos Hintern, oder er hat seine vier Pfoten mit denen des Älteren verhäkelt.

Und ich sitze, statt etwas zu schreiben, zu lesen, E-Mails zu beantworten oder mich selbst zu verbessern, einfach nur herum und bestaune meine drei Kater, wie sie sich balgen, auf dem Sofa liegen oder einander segnen. »Bliss«, sagt die Engländerin. – »Welche Wonne!« Nachdem ich zwanzig Jahre lang eigentlich nur mit Katzen zusammengewohnt habe, die sich nicht mochten, oft stritten und einander bestenfalls duldeten, ist es eine unerwartet große Freude, von drei Katern umgeben zu sein, die eine Art Rudel bilden, mich als Teil ihres Rudels betrachten und mir bei meinen alltäglichen Tätigkeiten Gesellschaft leisten.

Und es ist überhaupt eine Freude, einen Neuzugang wie Clemens unter sich zu haben. Denn Sie haben es in früheren Kapiteln ja schon mitbekommen: Auf einem Lebenshof wird eben nicht nur gelebt, sondern auch schrecklich viel gestorben. Und wenn keine neuen Wesen dazustoßen, fühlt es sich bisweilen so an, als würde man nur hilflos zusehen, wie die Zahl der (Mit-)Bewohner:innen immer weiter schrumpft.

Trotzdem muss ich mich eisern an die Regel halten, keine weiteren Schafe aufzunehmen: kein junges Tier, für das ich möglicherweise nicht mehr lange sorgen kann, und schon gar kein altes, dessen Pflegeaufwand meine Kräfte übersteigt.

Bloß rief halt neulich eine Frau an, die jemanden kannte, der mich kannte, und erzählte von zwei alten Schafen, die am Rand des Dorfs auf einem kleinen Grundstück lebten oder, wenn man ihrer Schilderung Glauben schenken durfte, eher dahinvegetierten. Manche Menschen denken ja, dass man Schafe, weil sie so genügsam wirken, einfach irgendwo abstellen kann, damit sie das Grün kurz halten. Sie schauen gar nicht nach, was für ein Grün das ist, und überlegen auch nicht, ob es das ganze Jahr über reicht. Dann stehen die Tiere das ganze Jahr ohne Unterstand auf einer Art Garagenhof herum.

Manche Leute gehen aber noch weiter und bilden sich ein, sie würden den Schafen damit sogar einen Gefallen tun und die Tiere seien damit glücklich. Zur zweiten Sorte gehörte anscheinend der offizielle »Besitzer« der beiden eben erwähnten Tiere. Ab und zu warf er Heu über den Zaun, gelegentlich dachte er auch daran, einen Eimer Wasser hinzustellen. Aber die beiden Schafe magerten ab und liefen bettelnd auf jeden Menschen zu, der sich näherte.

Darum hatte P. begonnen, den beiden alten Schafen Heu zu bringen, die sie Alma und Thea nannte.

»Da ist etwas ganz Komisches«, sagte P. zu mir. »Die kauen da ewig darauf herum, vor allem Alma. Wenn die Heu im Mund hat, kaut sie und kaut sie, und das Heu hängt heraus wie eine Zigarette oder so, jedenfalls wird es nicht kürzer.«

»Hast du eine Ahnung, wie alt die Schafe sind?«

»Angeblich zwanzig. Gibt es das überhaupt?«

»Es ist nicht unmöglich, aber höchst unwahrscheinlich.« Vermutlich war »zwanzig« nur die vage Auskunft von jemandem, der seine Tiere für steinalt hielt. Wenn sie aber tatsächlich steinalt waren, hatten sie womöglich keine Zähne mehr. Ich erzählte P. von dem Seniorenheu, und sie weichte den beiden welches in einer Schüssel ein. Mehrmals in der Woche fütterte sie die beiden, die längst zutraulich geworden waren.

Dabei bemerkte sie das nächste Problem. »Ich glaube, Alma« – also das noch zahnlosere Schaf – »ist blind. Sie läuft ständig irgendwo dagegen.«

Eine Woche später: »Schwerhörig ist sie auch. Sie hört mich erst, wenn ich sie anschreie.«

Ich ahnte schon, worauf es hinauslief, wollte es aber noch abwenden. »Du musst mit dem Besitzer reden«, sagte ich. »Das geht doch nicht so weiter.«

Aber P. hatte bereits mit dem Mann gesprochen, mehrfach. Sie hatte sogar versucht, ihm die beiden Tiere abzukaufen, um sie anderswo unterzubringen – aber das wollte er nicht, angeblich hing er sehr an den Schafen (auch wenn er oft eine ganze Woche lang nicht nach ihnen schaute). P. hatte auch versucht, das Thema Futter und Magerkeit anzusprechen, aber bei dem leisesten Verdacht, man unterstelle ihm, er würde sich nicht gut genug um die Tiere kümmern, drohte der Mann cholerisch zu werden. Dies wiederum wollte P. nicht riskieren, aus Furcht, Alma und Thea dann eventuell nicht mehr besuchen zu dürfen.

Eines Tages meldete sich P. mit der Nachricht, Thea sei gestorben. Woran, wisse sie nicht. Thea habe vor ein paar Tagen einfach dort gelegen.

»Soll Alma jetzt alleine bleiben? Was sagt der Besitzer?«

»Er hat es wohl noch nicht mal bemerkt. Thea liegt immer noch da.«

Eine Woche später war der Körper immer noch nicht weggebracht worden, er begann zu verwesen. Derweil stand Alma blind, fast taub, zahnlos und nun auch noch alleine auf einem kleinen Stück Wiese, das längst abgegrast war.

Einige Tage und einige legale, aber fruchtlose Bemühungen später stellte ich mir den Wecker auf nachts halb zwei, sammelte um zwei Uhr P. mit dem Auto auf, und wir fuhren zu Almas Weide. Es war stockduster.

»Was für einen Mond haben wir gerade?«, fragte ich.

»Ich glaub, Neumond«, sagte P.

Na toll, perfektes Timing. Aus naheliegenden Gründen hatten wir nicht vor, so nah am Dorfrand Gebrauch von einer Taschenlampe zu machen; da wäre ein kleines bisschen Mond schon praktisch gewesen.

»Ich kann mich im Dunkeln aber sehr gut orientieren«, behauptete P. »Ach übrigens, die Maske solltest du drauflassen, wenn wir auf die Weide gehen.«

Im Auto trugen wir ohnehin eine. Kurz musste ich nachdenken, wozu wir draußen … Herrje! »Liegt Thea immer noch da? Und riecht so schlimm?«

»Ja. Ihr Fell löst sich schon ab, und ihr Kopf ist voller Maden.«

Ich brauchte ein paar Momente, bis ich diese Nachricht verdaut hatte. Wenig später sah ich das Geschilderte selbst im Schein der Taschenlampe, die wir mangels Mondlicht dann doch kurz einsetzen mussten.

Nachdem wir meinen Wagen hinter ein paar Büschen abgestellt hatten, die ihn hoffentlich ein wenig verdecken würden, zeigte mir P. die Weide (oder was als solche herhalten musste) und Theas Überbleibsel. In einiger Entfernung dazu ruhte Alma, die uns wegen ihrer Blindheit und Schwerhörigkeit gar nicht bemerkte. Von der dunklen Nachtlandschaft hob sie sich hell ab wie eine Sandbank im Meer. P. berührte Alma vorsichtig, um ihr deutlich zu machen, dass jemand da war. Sie erschrak nicht sichtlich – anscheinend erkannte sie P. am Geruch, jedenfalls ließ sie sich widerstandslos ein Geschirr umlegen und an kurzer Leine zum Auto führen.

Wenn ich Schafe in die Klinik fahre, gebe ich kein Futter ins Auto, weil ich noch nie erlebt habe, dass sich eines der Tiere während der Fahrt dafür interessierte. Nur diesmal hatte ich eine Schüssel mit Seniorenheu hinten hineingestellt, einfach weil ich glaubte, der Geruch könnte für ein verunsichertes blindes und taubes Schaf wie Alma angenehm sein.

Wir waren noch nicht einmal im vierten Gang, da hatte Alma schon die Schüssel gefunden und machte sich über deren Inhalt her. Sie mähte nicht, beschwerte sich nicht in Kurven und nicht bei Stopps an roten Ampeln. Sie futterte und futterte, und ich erhielt eine ziemlich plastische Bestätigung dessen, was P. über Almas Versorgungszustand erzählt hatte.

Zu Hause hatten Sebastian und ich ein geräumiges Quarantäneabteil eingerichtet. Als Erstes brauchte ich Material für eine Kotprobe und durchsuchte am nächsten Tag das Stroh. Normalerweise sind Schafsköttel ja glatt wie Kaffeebohnen (allerdings ohne Rille); Almas Köttel hingegen waren verschrumpelt. War das überhaupt ihr Kot, oder stammten die Köttel von einem früheren Schaf und hatten sich irgendwie ins Stroh miteingeschlichen?

Doch am ersten Tag produzierte Alma nur solche Bohnen. Und sie trank und trank – allein fünf Mal sah Sebastian sie an dem Eimer stehen, während er nachmittags ausmistete. Am nächsten Tag sah Almas Output dann so aus, wie es sich für ein gesundes Schaf gehörte. Sie musste völlig dehydriert gewesen sein! Ihre Rippen spürte man anfangs unter der Wolle deutlicher, als es gesund war. Auf beiden Augen ist sie wegen eines Grauen Stars fast völlig erblindet, und hören kann sie, wie gesagt, nur, was man ihr zuschreit. Außer diesen offensichtlichen Problemen ergaben die tierärztlichen Untersuchungen aber zum Glück keine weiteren, sogar Almas Blutwerte waren gut und zeigten keinerlei Mangel – und das, obwohl sie nie einen Mineralleckstein gehabt hatte!

Manchmal ist es überraschend, mit welch robuster Gesundheit auch Tiere gesegnet sein können, die unter widrigen Bedingungen leben; wohingegen es keine Garantie gibt, dass ein Tier, dem alles geboten wird, alt wird. Selbstverständlich muss man dennoch jedem Schaf angemessenes Futter, Wasser und Mineralstoffe zur Verfügung zu stellen, und die gesundheitlichen Zusammenhänge lassen sich auch statistisch belegen. Aber auf der Ebene des Individuums gibt es eben immer wieder Ausnahmen und Überraschungen; auch da werden wir daran erinnert, dass ein Körper so viel mehr ist als ein bloßer Mechanismus – oder wenn man ihn doch als Mechanismus verstehen will, dann ist er zumindest ein sehr komplizierter und flexibler, der sich einer vollständigen und deterministischen Beschreibung entzieht.

Robust ist dieses Alma-Kerlchen also und sehr zutraulich, ob vom Charakter her oder aus der Situation relativer Hilflosigkeit heraus, weiß ich nicht zu sagen. Ihre Eltern waren vermutlich Schwarzkopf- und Merinoschafe, sie besitzt nämlich sehr feine, leicht lockige Wolle und einen beinah überdimensionierten dunklen Kopf mit dicken Backen und einer samtigen, breiten Nase. Man kann sich zu ihr ins Stroh setzen und sie knuddeln; sie isst mit bestem Appetit und hat bereits eine anständige Schicht über ihren Rippen zurückerlangt. Vier Wochen lebt sie bereits hier, dennoch bin ich mit dem Erreichten nicht ganz glücklich. Almas Grauen Star können wir nicht operieren lassen, das wäre bei ihrem Alter zu riskant; aber so blind, wie sie ist, kommt sie in dem verwinkelten Stall und mit dem Gang auf die Weide nicht klar und muss daher die meiste Zeit alleine in ihrem inzwischen noch einmal vergrößerten Quartier sein.

»Ich bin froh, dass sie überhaupt noch lebt und genug Essen und Trinken und ein Dach überm Kopf hat«, sagt P.

Aber ohne wirklichen Herdenanschluss und in subjektiver Dunkelheit und Geräuschlosigkeit – ist das ein Leben? Was ist denn »ein Leben«? Ab wie vielen Eindrücken, Erlebnissen, Glücksgefühlen ist ein Leben lebenswert – oder sind nicht vielmehr jedes Leben und jeder Tag lebenswert, zumindest wenn einem kein Leid immensen Ausmaßes widerfährt?

Während des ersten Jahres meiner Erkrankung hatte mich oft, fast zwanghaft oft, die Frage beschäftigt, was ich eigentlich von meinem Leben »erwarte« oder erwarten »darf«. Während ich dies aufschreibe, bemerke ich, welche Tücken solche Formulierungen bergen, mit denen wir den etwas paradoxen Umstand menschlicher Zukunftshoffnung zu fassen versuchen. Natürlich erwarten wir etwas für unsere Zukunft – wissend, dass wir nichts sicher wissen. Natürlich handeln wir in der Hoffnung und im Vertrauen auf das Glücken des regulären Plans A und sind doch nicht frei von der Sorge, dass wir einen Plan B, C oder Y brauchen werden. Irgendwie müssen wir zu einer vertrauensvollen Haltung finden, die nichts für selbstverständlich hält und unser Leben doch nicht ständig mit Kassandrarufen unterbricht.

Ich allerdings habe lange Zeit mehrmals am Tag innegehalten, wurde aus meinem Tun herausgerissen, weil sich eines der Krankheitssymptome meldete, ob in den Fingern oder in den Beinen, und ich die Störung meiner bisherigen Normalität überdeutlich empfand. Es stellte sich eine gewisse Fremdheit gegenüber meinem Körper ein, weil noch die kleinste Bewegung regelmäßig eine Kaskade von Fragen lostrat: Wird es von nun an immer so weitergehen? Oder wird es sogar schlimmer werden – bald? Kann ich damit leben? Wie?

Eines Tages bin ich auf das Buch *Beasts of Burden* von Sunaura Taylor gestoßen, einer amerikanischen Malerin, Tierrechtsaktivistin und Behindertenaktivistin, die sich in vielfältiger Weise dem Thema versehrter Körperlichkeit widmet, bei Menschen und anderen Tieren. Beides gehört für sie zusammen, beide Formen von Diskriminierung wie überhaupt unsere gemeinsame Körperlichkeit. Zunächst war Taylor »nur« Tierrechtlerin, bevor sie, längst auf den Rollstuhl angewiesen, verstand, dass es viele Parallelen gab zwischen unserer Missachtung von Tieren und der Ausgrenzung behinderter Menschen. Unter anderem erzählt sie von ihrem Assistenzhund, der sich als noch stärker behindert herausstellte, als sie es ist, und den sie jetzt mehr unterstützt als umgekehrt.

Und ganz eindringlich weist Taylor darauf hin, dass wir – auch wir Tierechtler:innen – oft mit Einstellungen des *ableism*, der Behindertendiskriminierung, an andere Tiere herangehen. Wenn wir die industrielle Tierhaltung kritisieren, sprechen wir über die verzüchteten Masthühner, die selbstständig »nicht mehr lebensfähig« sind – was rein funktional gesehen stimmt; ihr Brustbereich wächst so rapide, dass die Beinchen den Körper nicht mehr tragen können. Dennoch ist jedes dieser in Deutschland 700 Millionen, weltweit Milliarden Tiere ein Individuum, will leben und hat auch ein Recht darauf. Wir dürfen nicht nur bemitleidend auf sie herabschauen als Lebewesen, die »besser nicht auf der Welt sein sollten«. Jedes Leben hat seinen Wert, und jedem Tier gebührt Respekt, auch einem gehunfähigen »Masthuhn«. Gleichzeitig ist es falsch, was wir diesen Hühnern mit dieser Form von Züchtung antun.

Mir scheint, dass sich hier ein Paradox auftut, das uns im Nachdenken über Behinderung und ein gutes Leben immer wieder begegnet. Zu einem guten Leben gehören viele Komponenten, zum Beispiel Bewegung, auch soziale Interaktion, Sexualität. Es wäre falsch, andere in diesem Handeln mutwillig einzuschränken – aber es ist auch falsch, von einem per se weniger guten Leben zu sprechen, nur weil es in einigen Komponenten im Vergleich zur Mehrzahl der Menschen eingeschränkt ist, so bei einer starken Gehbehinderung, bei Autismus oder Asexualität.

Es ist ein Verbrechen, jemandem die Beine zu brechen, sodass diese Person nie wieder selbstständig gehen kann; dennoch ist ein Leben im Rollstuhl nicht per se unvollständig oder bedauernswert.

Und auch wenn Sunaura Taylor dieses Paradox nicht als solches bezeichnet, sondern nur beide Seiten eindrucksvoll beschreibt, nenne ich es für mich »Taylors Paradox«: Ja, eine Krankheit nimmt uns etwas, und mutwillige Beschädigungen von Körpern und Leben müssen wir anklagen, verhindern, ahnden; doch ein Leben mit Krankheit oder nach einer solchen Schädigung ist nicht nur beschädigt oder defizitär. Wir dürfen das Leben eines anderen nicht geringschätzen, nur weil es sich in unseren Augen ereignislos oder beschränkt ausnimmt.

Eben darin liegt für uns Tierrechtler:innen im Grunde die zentrale Einsicht: Es geht nicht allein darum, dass man Tiere nicht essen darf, dass man sie nicht töten oder einsperren darf. Es geht vielmehr und vor allem darum, dass auch sie kein Etwas sind, sondern ein Jemand. Was sie erleben und *dass* sie leben, hat für sie Bedeutung. Daraus folgt alles andere, so das Verbot, sie zu töten, und ihr Recht auf Freiheit.

Doch selbst wenn man andere als »Jemand« anerkennt, kann man ihnen nicht immer alles geben, was sie wollen, brauchen oder wünschen. Man kann ihnen nur zusichern, dass man sich anhört, was sie wollen, und es ernst nehmen und versuchen, sie darin zu unterstützen.

Und nun haben wir da also Alma. Sie führt nicht das Leben, das sie womöglich wählen würde, wenn sie alle Optionen der Welt besäße, und auch nicht dasjenige, das ich mir für meine Schafe wünsche: mit viel Bewegung, viel Entscheidungsfreiheit, viel sozialer Interaktion. Darüber nachzudenken, wie viel Zeit sie in ihrem Abteil verbringt, macht mich nicht nur traurig, sondern bedeutet eine regelrechte Niederlage: So habe ich mir das nicht vorgestellt – meine Tiere sollen es doch »gut haben«!

Aber derzeit sind die Möglichkeiten nun einmal begrenzt. Und auch meine Zeit ist begrenzt, ich kann nicht den ganzen Tag an

Almas Seite sein. (Oder sollte ich das vielleicht? Ich könnte es ja und will es bloß nicht. Auch das ist verständlich.)

Einmal am Tag versuche ich Alma auszuführen. Ich lege ihr locker eine Leine um den Hals, und sobald sie merkt, dass ich neben ihr gehe, folgt sie mir ganz dicht. Es ist ungefähr so, als ob ich ihr Blindenhund, ihre Assistenzmenschin wäre. Ein wunderbares Gefühl, dass sie mir so vertraut. Nur Emil, mein Flaschenlamm, folgte mir in seiner Kindheit so eng. Lämmer sind das Süßeste auf der Welt, aber ich darf wirklich keine mehr aufnehmen. Jetzt hat mir das Schicksal die zwanzig Jahre alte Alma geschenkt.

Zu Almas zusätzlicher Orientierung spreche ich mit ihr mit hoher Stimme, weil sie die besser hört, und erläutere ihr, was wir gerade machen.

Die geheimen Mechanismen der Multiplen Sklerose, die ja nicht einmal von Menschenärzt:innen wirklich verstanden werden, finde ich für ein schwerhöriges Schaf allerdings zu kompliziert. Bei unserem ersten Spaziergang erklärte ich Alma unsere Situation daher so: »Du und ich, wir sind alte Leute, und wir müssen unsere Muskeln trainieren, unsere Beine! Darum gehen wir jetzt bis da hinten an den Zaun und dann wieder zurück. Denn es ist schön, Beine zu haben und zu gehen.« An dieser Stelle fiel mir Taylors Paradox ein, und ich formulierte sicherheitshalber etwas um. »Und Liegen ist nachher natürlich auch wieder schön. Es tut mir leid, dass es dann wieder dunkel ist und du nicht siehst, wo du bist. Aber es ist besser, im Warmen und Dunkeln zu sein und Nahrung zu haben, als anderswo im Kalten und Dunkeln, wo man Hunger hat.« Solch tiefschürfende Betrachtungen, die man in dieser Naivität nicht einmal einem Kleinkind zumuten würde, quietschte ich dem fast tauben Schaf in die Ohren, und es wagte nicht zu widersprechen, sondern schritt an meiner Seite bis ans Ende des Zauns und wieder zurück. Bisweilen senkte es den Kopf, um ein wenig am Gras zu schnuppern, aber in der momentanen Jahreszeit ist das Gras nicht besonders verlockend für ein Schaf, das im Stall rund um die Uhr den Duft der Voralpen um die Nase hat.

Inzwischen kann ich Alma schon für eine Weile alleine auf der Weide stehen lassen, bleibe aber immer in Rufweite, weil sie manchmal aufschreckt, laut mäht und ziellos herumläuft. Dass in wenigen Metern Entfernung ein Pulk von Artgenoss:innen steht und uns entgeistert aus fünfundzwanzig Augenpaaren anblickt, bemerkt Alma nicht. Vielleicht wird sie sie irgendwann wahrnehmen. Vielleicht kann sie sich bald besser orientieren. Im Sommer könnten wir ihr einen eigenen Pferch auf der Weide bauen, in dem sie dann nicht ständig an ungewohnte Hindernisse anstößt. *Inschallah*, wie wir Muslim:innen sagen.

Jetzt aber ist erst einmal Dezember, und auch wir sehenden Wesen sind sechzehn Stunden am Tag von Dunkelheit umgeben. Heute Nacht habe ich schlecht geschlafen, bin aber trotzdem früh aufgestanden, um noch ein wenig zu schreiben, bevor der Alltag mit den Tieren richtig losgeht. Während sich das Dunkel allmählich zum Hellgrau lichtet, erscheint die Außenwelt in mäßig attraktiven Konturen. Seit den Herbststürmen liegt totes Gehölz unter allen Bäumen, das Thermometer zeigt ein Grad unter null an, und ein seltsames Mittelding zwischen Schnee und Regen kommt vom Himmel herunter.

An einem solchen Tag widerstrebt es mir, Alma aus ihrem Abteil ins Freie zu führen. Einmal, weil sie nicht mehr ganz so dicht bewollt ist, und auch aus Eigennutz: Ich friere schon bei dem bloßen Gedanken, bei dieser Kälte eine Leine zu halten und langsam auf und ab zu spazieren. Apropos: Wo sind eigentlich meine Thermohandschuhe? Wann fing man an, von Leggings zu sprechen statt von warmen Unterhosen?

Lauter disparate Gedanken verstopfen meinen Kopf, und die Müdigkeit zieht so schwer an mir, dass ich mich am liebsten vor dem Dezembermorgen verstecken würde. Doch Kälte hin, Müdigkeit her: Dies kann ein guter Tag werden, sogar ein schöner. Und selbst wenn der Tag nicht rasend schön wird und vermutlich in keiner Weise besonders, so ist er eben doch ein weiterer Tag, den es zu leben lohnt – für die alternde Alma genauso wie für den agilen Clemens, für den klapprigen Merlin und den sich etwas rundenden Porto, für mich als Crazy Sheep Lady und für meine Herde.

Dank & Widmung

Dieses Buch wurde in Dankbarkeit geschrieben für die menschlichen und tierlichen Mitbewohner:innen, Freund:innen und Unterstützer:innen dieses Lebenshofs, allen voran für meine mich stets ermutigende Mutter, für Joylein und Julchen, für Christopher das Schaf und Christopher den Menschen, für unsere Tierärzt:innen und die zahllosen Helfer:innen, die alles am Laufen hielten und halten; für den großen Meister Porto und Clemens, seinen Gehilfen; für Karin und Tanja, Anne, Hartmut, Heiko, Jessica, Lea und Sebastian; für alle (weiteren), von denen dieses Buch erzählt, ob namentlich erwähnt oder still mitgedacht, ob noch unter uns oder anderswo weilend, darunter die beiden Dominos, Einhorn, Lava, Nepomuk, Tuff, Emil, Jana, Jakob, Josh und Jonas. Kurzum:

Für all die lieben Seelen,
die sich in unserer gemeinsamen Geschichte verbinden.

Über die Autorin

Hilal Sezgin wurde 1970 in Frankfurt/Main geboren, studierte Philosophie, Soziologie, Germanistik sowie ein bisschen Biologie. Sie arbeitete mehrere Jahre lang in der Feuilletonredaktion der *Frankfurter Rundschau*. Seit 2007 lebt sie in der Lüneburger Heide, wo sie einen kleinen Lebenshof betreibt. Sie schreibt unter anderem für die *taz, Berliner Zeitung, Süddeutsche Zeitung, Die Zeit,* NDR und WDR. Sie veröffentlichte zahlreiche Bücher, darunter *Artgerecht ist nur die Freiheit, Hilal Sezgins Tierleben und Wieso? Weshalb? Vegan!* Sie war viele Jahre lang Mitglied der Jury für den NDR Kultur Sachbuchpreis, 2021 zudem in der Jury des Deutschen Sachbuchpreises, und nach wie vor ist sie Mitglied der Jury der Sachbuch-Bestenliste von *Die Zeit,* ZDF und Deutschlandfunk Kultur.

Deutsche Originalausgabe

Ein Unternehmen der Média-Participations

Projektleitung: Hans Peter Buohler, Knesebeck Verlag
Lektorat: Ludger Ikas, Berlin
Autorinnenfoto: Dmitrij Leltschuk
Grafikelemente: © Shutterstock (Yoko Design/ROS.art)
Gestaltung und Umschlaggestaltung: Favoritbüro, München
Satz: Buchwerkstatt, Bad Aibling
Herstellung: Arnold & Domnick, Leipzig
Druck: Livonia Print, Riga
Printed in Latvia

ISBN 978-3-95728-702-1

Elektronisch ist folgende Ausgabe erhältlich:
eBook (epub): ISBN 978-3-95728-749-6

www.knesebeck-verlag.de

FSC
www.fsc.org
MIX
Papier | Fördert gute Waldnutzung
FSC® C002795